LEHRBÜCHER UND MONOGRAPHIEN

AUS DEM GEBIETE DER

EXAKTEN WISSENSCHAFTEN

4

MATHEMATISCHE REIHE

BAND II

ANALYTISCHE GEOMETRIE DER EBENE UND DES RAUMES

VON

DR. RUDOLF FUETER

O. PROFESSOR DER MATHEMATIK
AN DER UNIVERSITÄT ZÜRICH

SPRINGER BASEL AG

ISBN 978-3-0348-4074-3   ISBN 978-3-0348-4148-1 (eBook)
DOI 10.1007/978-3-0348-4148-1

VORWORT

Das vorliegende Buch will diejenigen Kenntnisse der analytischen Geometrie vermitteln, die der Studierende sich in seinen ersten Semestern zum Verständnis der übrigen mathematischen und physikalischen Vorlesungen aneignen muß. Es hat daher durchaus elementaren Charakter und setzt den Inhalt keiner andern Vorlesung voraus. Seinem Umfange nach entspricht es im wesentlichen einer Vorlesung, die ich seit bald dreißig Jahren an der Universität Zürich für erste Semester halte. Wie in allen meinen Vorlesungen versuche ich auch in dieser, das *Gedankliche* der Mathematik in den Vordergrund zu stellen und demgegenüber das *Formal-Technische* zurücktreten zu lassen. Gerade dem angehenden Studierenden gegenüber ist es wichtig, das universell Gültige und für unsere Erkenntnis Wertvolle der mathematischen Denkweise hervorzuheben. Die analytische Geometrie eignet sich hierfür ausgezeichnet; sie wirkt um so anregender, je mehr Ausblicke auf allgemeine Fragen sie gestattet.

Methodisch behandle ich Ebene und Raum nicht *nacheinander*, sondern *nebeneinander*. Eine langjährige Erfahrung zeigte mir, daß dies zweckmäßig ist.

Mein Kollege PAUL FINSLER hat große Partien des Manuskriptes und der Korrekturen durchgesehen und mir durch seine ausgezeichneten Ratschläge geholfen, manche Verbesserung anzubringen. Ich spreche ihm dafür meinen aufrichtigen Dank aus. Ebenso danke ich meinem Assistenten, Herrn Dr. H. HÄFELI, für die Ausführung der Zeichnungen und die Durchsicht der Korrekturbogen.

Zürich, im März 1945.   RUD. FUETER

INHALTSVERZEICHNIS

EINLEITUNG

Die *analytische Geometrie* ist ein Teilgebiet der *Geometrie* und nicht der *Analysis*. Sie will *geometrische* Erkenntnisse vermitteln; das Schwergewicht ihres Namens liegt im Worte *Geometrie*. Die *Analysis* oder *Algebra* ist ihr nur ein methodisches Hilfsmittel. Die Einsicht, daß man geometrische Gebilde durch analytische Gleichungen festlegen kann, oder genauer ausgedrückt, daß man Punkte durch analytische Gleichungen, durch sogenannte «*Ortsbedingungen*», an rein geometrisch gegebene Vorstellungen fesseln kann, ist eine der tiefsten und weitreichendsten Ideen der Neuzeit gewesen. Die ersten, die diese Erkenntnis klar ausgesprochen haben, sind RENÉ DESCARTES[1]) in seiner *Géométrie* (1637) und PIERRE DE FERMAT (1636)[2]) in seinem *Brief an* ROBERVAL gewesen. Die Möglichkeit der Verbindung von zwei so heterogenen Gebieten wie Geometrie und Analysis ist keineswegs selbstverständlich, sondern eine der schwierigsten und schwierigst zu beweisenden Beziehungen[3]). Sie greift tief in die Grundlagen jenes Denkens ein, wie es durch EUKLIDS *Elemente der Geometrie* übermittelt wurde.

Da wir in den folgenden elementaren Ausführungen nur geometrische Gebilde betrachten werden, die auf *algebraische* Gleichungen führen, so werden wir von der Analysis nur das Teilgebiet *Algebra* methodisch zu benutzen haben. Es ist eine in unserer Geistesstruktur verankerte Erscheinung, daß sich einesteils die einfachsten und wichtigsten geometrischen Gebilde (wie sie schon die Griechen ohne Analysis betrachteten) und andernteils die einfachsten algebraischen Ausdrücke entsprechen. In der Geometrie sind es Punkte und Geraden, wozu im Raume noch die Ebenen kommen, in der Algebra die Gleichungen ersten Grades in den Veränderlichen. Wir werden so vorgehen, daß wir im ersten Kapitel diese Gebilde in der Ebene, im zweiten im Raume behandeln werden. Erst im dritten gehen wir einen Schritt weiter zu den nächstfolgenden ebenen Kurven, wie zum Beispiel den Kreisen, um im vierten den entsprechenden Schritt im Raume zu machen.

[1]) RENÉ DESCARTES: *La Géométrie*, Nouvelle édition, Paris, J. Hermann, 1927.
[2]) OEUVRES DE FERMAT: Tome 2, Paris, 1894, p. 71.
[3]) Siehe R. DEDEKIND: *Was sind und was sollen die Zahlen?* Gesammelte mathematische Werke, Bd. III, p. 335, Braunschweig, 1932.

Kapitel I

PUNKT UND GERADE IN DER EBENE

§ 1. Ebene Koordinaten

Daß zwischen zwei so vollkommen verschiedenen Dingen wie Punkten und Zahlen eine umkehrbar eindeutige Beziehung hergestellt werden kann, ist eine bemerkenswerte Tatsache, deren schwieriger Beweis tief in erkenntnistheoretische Fragen hineinführt. Als Punkte wählt man alle Punkte einer Geraden, als Zahlen alle reellen Zahlen und fragt nach ihrem Zusammenhang. Dies ist das uralte Problem des «*Messens*». Daß seine Lösung von Anbeginn der mathematischen Forschung im Vordergrund stand, sagt schon die Bedeutung des Wortes Geometrie, nämlich Erdmessung. Um messen zu können, bedürfen wir eines *Maßstabes*, den wir jetzt herstellen müssen.

Dazu nehmen wir eine Gerade und wählen auf ihr einen beliebigen Punkt O, den *Anfangspunkt* (Origo). Wir denken uns die Gerade für den Beschauer von links nach rechts gehend und wählen rechts von O einen zweiten von O verschiedenen Punkt E, den *Einheitspunkt*. Die Strecke OE heiße die *Einheitsstrecke*. Jetzt nehmen wir die Strecke OE in den Zirkel und tragen sie von E aus nach rechts nochmals ab; von dem so erhaltenen neuen Punkt tragen wir sie wieder ab und so fort. Wir erhalten so auf der Halbgeraden von O aus nach rechts beliebig viele Punkte. Jedem dieser Punkte ordnen wir eindeutig eine *Maßzahl* zu, nämlich dem Anfangspunkt O die Zahl 0, dem Einheitspunkt E die Zahl 1, und dem nach n-maligem Abtragen erhaltenen Punkt P die Zahl n, wo n eine natürliche Zahl sein muß. n heißt die *Maßzahl* oder die *Länge der Strecke OP*. Sie wird in Figur 1 den Punkten in Klammer beigefügt. Da Strecken,

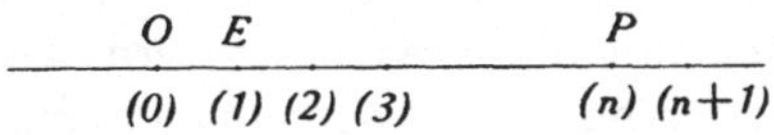

O E P

(0)   *(1)*   *(2)*   *(3)*   *(n)*   *(n+1)*

Fig. 1.

die sich einmal zur Deckung bringen lassen, immer dieselbe Maßzahl behalten sollen, so muß offenbar die Maßzahl bei der Bewegung im Raume ungeändert bleiben, eine Euklidische Hypothese, die in der Relativitätstheorie der Physik nicht mehr anerkannt wird. Wir setzen sie hier stets voraus. Die Länge von OP enthält n-mal die Länge 1 und ist nur von der Wahl der Einheitsstrecke abhängig.

Durch dieses Verfahren haben wir den ersten primitiven Maßstab erhalten. In der Tat können wir eine beliebig gegebene Strecke so in unsere Gerade legen, daß ihr linker Endpunkt mit O zusammenfällt. Nach dem *Archimedischen Axiom* muß es dann stets eine natürliche Zahl n geben, so daß ihr rechter Endpunkt entweder in P oder zwischen P und Q fällt, wo P und Q die Maßzahlen n und $n+1$ zugeordnet sind. Man definiert dann die Länge der Strecke $\geqq n$ und $< n+1$ und erhält damit eine *Approximation* derselben.

Die von den Griechen ersonnene *Proportionslehre der Strecken* zeigte ihnen, daß es noch weitere Strecken gibt, deren Längen man nicht nur approximativ, sondern genau angeben kann. Wir drehen die Gerade um O und um einen beliebigen spitzen Winkel (Figur 2). Bei der Drehung bleiben die Längen der Strecken erhalten. Sind p und q zwei natürliche Zahlen, und haben OP und

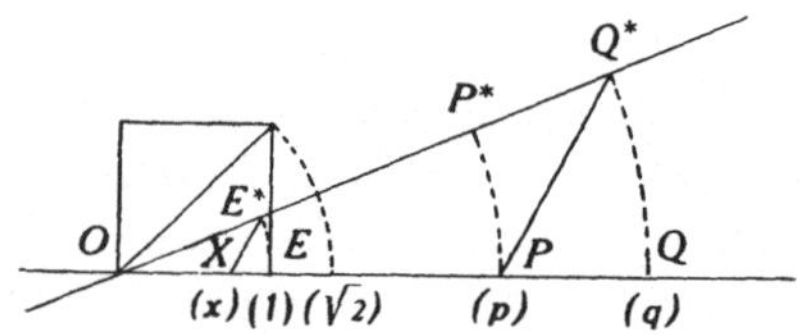

Fig. 2.

OQ die Längen p und q, so haben OP^* und OQ^* dieselben Längen, wenn P bei der Drehung in P^*, Q in Q^* übergeht. Nach der Proportionslehre ist das Verhältnis der Längen von OE^* und OQ^* dasselbe wie dasjenige der Längen von OX und OP, falls XE^* parallel zu PQ^* ist. Die Maßzahl x der Strecke OX berechnet sich somit aus der Formel:

$$1:q = x:p \quad \text{oder} \quad x = \frac{p}{q} = a \,.$$

Wir ordnen dem Punkt X der Geraden die rationale positive Zahl a fest zu. Da p, q ganz beliebige natürliche Zahlen sind, ist jeder rationalen Zahl a ein Punkt der Geraden zugeordnet. Man nennt die letztern *rationale Punkte*. Die Zuordnung ist *geordnet*. Darunter versteht man folgendes: Sind a und b zwei verschiedene rationale positive Zahlen, und entsprechen ihnen die Punkte A und B, so ist entweder $a > b$ oder $b > a$. Tritt zum Beispiel das erste ein, so heißt die Zuordnung geordnet, wenn B *zwischen* O und A liegt. Dies sagt aus, daß den weiter von O entfernten Punkten die größern Zahlen entsprechen, oder daß die Zahlen wachsen, wenn man die rationalen Punkte von O aus nach rechts durchläuft.

Für die *praktische* Mathematik ist durch die Definition der rationalen Punkte der Maßstab vollendet. Denn die Arithmetik zeigt, daß die rationalen Punkte *überall dicht* liegen; das heißt, daß in einem beliebig kleinen Intervall, in dessen Mitte der gegebene Punkt liegt, noch rationale Punkte auftreten. Daher kann jede beliebige Strecke auch beliebig genau mit unserm Maßstab gemessen werden. Jeder Dezimalbruch ist eine positive rationale Zahl, und man kann jede Strecke approximativ auf beliebig aber endlich viele Dezimalstellen so messen, daß der Fehler weniger als die letzte Stelle ausmacht. Mehr verlangt die praktische Mathematik nicht.

Die reine Mathematik hingegen erfordert für jede Strecke die genaue Definition ihrer Maßzahl. Daß man durch die rationalen Punkte nicht alle Punkte der Halbgeraden erhält, sahen schon die Griechen ein. Den einfachsten «*irrationalen*» Punkt erhält man durch Drehung der Diagonale des über OE errichteten Quadrates um $\frac{\pi}{4}$ (siehe Figur 2). Nach dem Pythagoräischen Lehrsatz ist die Länge der Diagonale des Quadrates mit der Seitenlänge 1 gleich $\sqrt{2}$, also nicht rational. Um der Schwierigkeit Herr zu werden, läßt man den irrationalen positiven Zahlen *irrationale Punkte* entsprechen. Bei ihrer Einführung treten dieselben Schwierigkeiten logischer Natur auf, die für die Grundlegung der irrationalen Zahlen vorhanden sind. Je nachdem man die Theorie der letztern auf den DEDEKIND*schen Schnitt*[4]) oder auf die CANTOR*schen Fundamentalreihen*[5]) basiert, wird die Theorie der irrationalen Punkte eine andere. Es soll an dieser Stelle nur auf die gewaltigen Probleme aufmerksam gemacht werden, die es dabei zu entwirren gilt, ohne auf sie einzugehen; denn dazu müßte eine vollständige Theorie der reellen Zahlen entwickelt werden[6]). Das Hauptresultat ist, daß jeder reellen positiven Zahl ein bestimmter Punkt der Halbgeraden entspricht. Noch wichtiger ist die Tatsache, daß jetzt auch die Umkehrung gilt: Jedem Punkt der Halbgeraden entspricht eindeutig eine reelle positive Zahl Es teilt nämlich jeder Punkt P der Halbgeraden alle rationalen Punkte in zwei Klassen; die erstere enthält alle Punkte links von P (und P selbst, wenn P rational ist), die zweite umfaßt alle Punkte rechts von P. Die rationalen Zahlen, die den Punkten der ersten Klasse, und diejenigen, die den Punkten der zweiten Klasse zugeordnet sind, legen einen DEDEKINDschen Schnitt fest, der seinerseits eine reelle positive Zahl definiert. Damit ist der grundlegende Satz erhalten:

1. Satz: *Jeder positiven reellen Zahl entspricht nach Wahl der Einheitsstrecke eindeutig ein Punkt der Halbgeraden und umgekehrt entspricht jedem Punkt der Halbgeraden eindeutig eine positive reelle Zahl.*

Damit ist der schwierigste Teil der analytischen Geometrie durchgeführt: Der Zusammenhang zwischen den abstrakten Gedankendingen der reellen Zahlen und den anschaulichen Punkten einer Geraden ist geschaffen. Die umkehrbar eindeutige Kopplung der beiden Dinge ist die Grundlage alles Weiteren. Sie allein erlaubt es, die Analysis zur Behandlung geometrischer Probleme heranzuziehen.

Aus methodischen Gründen ist es praktisch, auch den Punkten der Geraden links von O reelle Zahlen zuzuordnen. Dies geschieht unter Zuhilfenahme

---

[4]) R. DEDEKIND: *Stetigkeit und irrationale Zahlen*, Gesammelte mathematische Werke, Bd. III, p. 315, Braunschweig, 1932.

[5]) G. CANTOR: *Über unendliche lineare Punktmanigfaltigkeiten*, § 9, Gesammelte Abhandlungen, Berlin, 1932, p. 183 u. ff.

[6]) Der Leser findet eine solche in dem Buche: v. MANGOLDT-KNOPP: *Einführung in die höhere Mathematik*, Erster Band, IV. Abschnitt, Leipzig, 1931, 5. und 6. Auflage, p. 173 u. ff. Der DEDEKINDsche Schnitt wird in § 88, p. 193, betrachtet.

der *negativen* reellen Zahlen. Ist P irgend ein Punkt *rechts* von O und x die Länge von OP, so bezeichnet man denjenigen Punkt P^* *links* von O als den *Spiegelpunkt* von P in bezug auf den Ursprung O, für den OP^* mit OP zur Deckung gebracht werden kann, oder der auf dem Kreis um O mit dem Radius x liegt (Figur 3). Dem Spiegelpunkt P^* von P teilen wir die negative Zahl $-x$ zu. Damit ist *jedem* Punkt der ganzen Geraden umkehrbar eindeutig eine positive oder negative reelle Zahl zugeordnet. Die Zuordnung ist wieder *geordnet;* durchläuft man die Gerade im Sinne $O \to E$, so wachsen die den Punkten zugeordneten Zahlen. Die Gerade hat somit eine *Richtung*, die von der Wahl von O, E abhängt. Daraus folgt der

I. Hauptsatz: *Jedem Punkt der Geraden entspricht nach Wahl der Einheitsstrecke eindeutig eine reelle Zahl, und umgekehrt entspricht jeder reellen Zahl eindeutig ein Punkt der Geraden.*

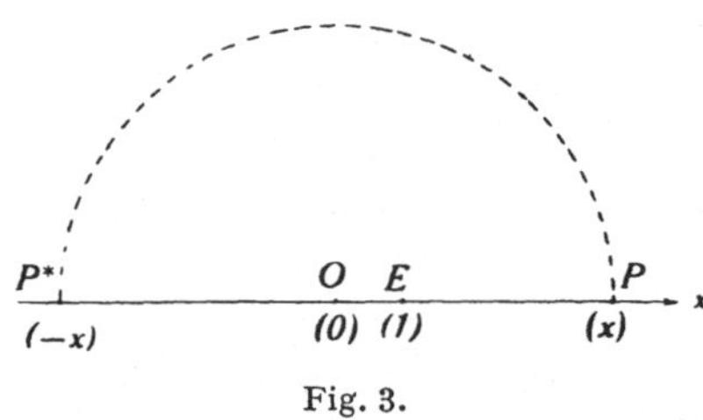

Fig. 3.

Dieser Satz erlaubt es, die Punkte und reellen Zahlen zu identifizieren. In den exakten Wissenschaften definiert man direkt: *Ein Punkt der Geraden ist eine reelle Zahl.* Entsprechend bezeichnet man die Punkte durch die ihnen zugeordneten reellen Zahlen.

Den so erhaltenen idealen Maßstab nennt man eine *Axe.* Diese ist eine gerichtete Gerade mit zwei auf ihr festgegebenen Punkten O, E, wobei die Richtung $O \to E$ mit der Richtung der Axe zusammenfällt. Jedem ihrer Punkte ist eine bestimmte reelle Zahl zugeordnet, die die *Koordinate des Punktes* heißt. Wird die Koordinate des allgemeinen Punktes P mit x bezeichnet, so nennt man die Axe *die x-Axe.* Alle Punkte mit positiver Koordinate bilden die *positive x-Axe*, diejenigen mit negativer Koordinate die *negative x-Axe.* Liegt P auf der positiven x-Axe, so definiert seine Koordinate x die *Maßzahl oder Länge der Strecke OP.* Hat der Spiegelpunkt P^* von P in bezug auf den Ursprung die Koordinate x^*, so liegt x^* auf der negativen x-Achse, und es muß nach Definition $x^* = -x$ sein. *Die Maßzahl von OP* ist dann* $-x^* = x$.

Will man eine beliebige Strecke messen, so legt man sie in die Axe und verschiebt sie in ihr so, daß ihr linker Endpunkt in O fällt. Die Koordinate des rechten Endpunktes ist dann ihre Länge. Im allgemeinen wird aber diese Verschiebung nicht vorgenommen, sondern die Strecke kann ganz beliebig auf der Axe liegen. Wir haben in den Koordinaten ihrer beiden Endpunkte ein Mittel, um ihre Lage anzugeben. Es sei P_1 mit der Koordinate x_1 ihr linker, P_2 mit der Koordinate x_2 ihr rechter Endpunkt. Wegen der geordneten Zuordnung von Punkten und reellen Zahlen, und weil wir die Gerade stets von links nach rechts gerichtet annehmen, muß $x_2 > x_1$ sein. Die Richtung $P_1 \to P_2$ fällt in die Richtung der Axe. Welches ist die Maßzahl x der Strecke $P_1 P_2$? Zur Beantwortung dieser Frage verwenden wir folgendes wichtige Prinzip: *Die Maßzahl einer Strecke ist die arithmetische Summe der Maßzahlen ihrer Teilstücke, in die man sie zerlegen kann.* Dasselbe Prinzip gilt auch, wenn man die Maßzahl einer Strecke durch den Inhalt eines Ebenenstückes oder Raumteiles ersetzt. Wir unterscheiden folgende Fälle:

1. Fall: $x_2 > x_1 \geqq 0$ (Figur 4).

x_1 und x_2 sind die Längen von OP_1 und OP_2. OP_2 wird durch P_1 in die beiden Teile OP_1 und $P_1 P_2$ geteilt. Wegen des ausgesprochenen Prinzipes ist daher $x_2 = x_1 + x$, x die gesuchte Maßzahl von $P_1 P_2$. Also:

$$x = x_2 - x_1.$$

2. Fall: $x_2 > 0 > x_1$ (Figur 5).

Fig. 4.

Fig. 5.

Die Länge von OP_2 ist x_2, diejenige von OP_1 ist $-x_1$. $P_1 P_2$ wird durch O in diese zwei Teile geteilt; also:

$$x = x_2 - x_1.$$

3. Fall: $0 \geqq x_2 > x_1$ (Figur 6).

Die Längen von OP_2 und OP_1 sind $-x_2$ und $-x_1$. OP_1 wird durch P_2 in $P_1 P_2$ und OP_2 geteilt; somit ist:

$$-x_1 = x - x_2 \quad \text{oder} \quad x = x_2 - x_1.$$

In allen drei Fällen gilt dieselbe Formel

$$x = x_2 - x_1, \quad x_2 > x_1;$$

so lange die Richtung $P_1 \to P_2$ in die Richtung der Axe fällt, ist sie unabhängig von der Lage der Punkte innerhalb der Axe. Zum ersten Male machen wir die Erfahrung, daß die Formel alle Fälle umschließt, während wir immer nur *eine* konkrete Figur zeichnen können, worin ein gewaltiger Vorteil der analytischen Geometrie besteht.

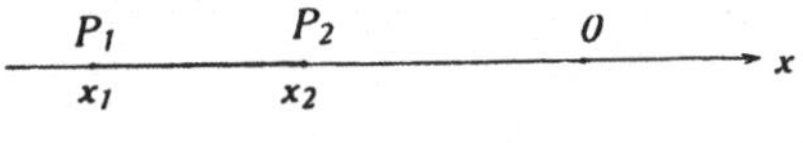

Fig. 6.

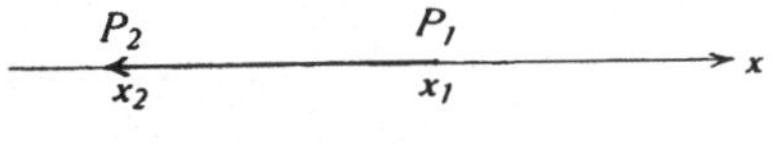

Fig. 7.

2. Satz: *Sind x_2 und x_1 die Koordinaten der Punkte P_2 und P_1, und ist $x_2 > x_1$, so ist die Länge der Strecke $P_1 P_2$ gleich $x_2 - x_1$.*

Wir wollen uns jetzt noch von der Bedingung $x_2 > x_1$ befreien. Dazu haben wir nur zu untersuchen, was $x_2 - x_1$ im Falle $x_2 < x_1$ bedeutet. Ist aber $x_2 < x_1$, so ist $x_1 - x_2$ die Länge von $P_1 P_2$. Aus $x_2 - x_1 = -(x_1 - x_2)$ folgt, daß $x_2 - x_1$ die negativ genommene Länge von $P_1 P_2$ ist. Somit ist $x_2 - x_1$ die positive oder negative Länge von $P_1 P_2$, je nachdem x_2 größer oder kleiner als x_1 ist. Anderseits ist *geometrisch* (Figur 7) im Falle $x_2 < x_1$ die Richtung $P_1 \to P_2$ die entgegengesetzte Richtung der Axe. Es liegt daher nahe, der Strecke eine Richtung zu geben. Eine gerichtete Strecke heißt ein *Vektor*. Ein solcher wird mit deutschen Buchstaben bezeichnet. Die *gerichtete* Strecke mit dem *Anfangspunkt P_1* und dem *Endpunkt P_2* wird mit $\overrightarrow{P_1 P_2}$ abgekürzt und gleich dem Vektor $\mathfrak{x}$ gesetzt. Die Maßzahl der Strecke heißt die *Länge $|\mathfrak{x}|$ des Vektors*. Wir können jetzt sagen: $x_2 - x_1$ stellt die positive oder negative Länge des Vektors $\mathfrak{x}$ dar, je nachdem die Richtung von $\mathfrak{x}$ in die Richtung der Axe oder in die entgegengesetzte Richtung fällt. Durch $x_2 - x_1$ ist Länge und Richtung des Vektors $\mathfrak{x}$ eindeutig bestimmt, dagegen *nicht* die Lage des Anfangspunktes P_1. Setzt man alle Vektoren mit derselben Länge und derselben Richtung einander gleich, so darf man

$$\mathfrak{x} = x_2 - x_1$$

schreiben. Es ist jetzt $|\mathfrak{x}| = |x_2 - x_1|$, wo rechts das Zeichen des absoluten Betrages steht, die Länge von $\mathfrak{x}$, und die Richtung ist diejenige der Axe oder die entgegengesetzte, je nachdem $x_2 - x_1$ positiv oder negativ ist.

Im einfachsten Fall $x_1 = 0$, $x_2 = x$ ist $\overrightarrow{OP} = \mathfrak{x} = x$. *Somit ist jede Koordinate ein Vektor*, eine Auffassung, die uns noch große Dienste tun wird. Der Einheitspunkt E mit der Koordinate 1 legt den *Einheitsvektor* $\mathfrak{e}$ fest. Nach der Proportionslehre ist die Koordinate x des allgemeinen Punktes P das Verhältnis von $\overrightarrow{OP}$ zu $\overrightarrow{OE}$. Man setzt daher $\mathfrak{x} = x\mathfrak{e}$, und nennt dies die *skalare Multiplikation* des Vektors $\mathfrak{e}$ mit x.

Für die Vektoren definiert man eine Grundoperation, nämlich die *Vektoraddition*. Dies kann auf zwei verschiedene Weisen geschehen. Es seien in leichtverständlicher Weise zwei Vektoren gegeben:

$$\overrightarrow{P_1' P_2'} = \mathfrak{x}' = x_2' - x_1', \qquad \overrightarrow{P_1'' P_2''} = \mathfrak{x}'' = x_2'' - x_1''.$$

1. Geometrische Definition der Vektoraddition (Figur 8):

Da Vektoren mit gleicher Länge und gleicher Richtung gleich sein sollen, nehmen wir den Vektor $\mathfrak{x}''$ in den Zirkel und tragen ihn seiner Richtung entsprechend vom Endpunkt P_2' ab. Sein neuer Endpunkt sei $P_2^{*''}$. Der Vektor $\overrightarrow{P_1 P_2^{*''}}$ heißt die Summe $\mathfrak{x} = \mathfrak{x}' + \mathfrak{x}''$ der beiden Vektoren.

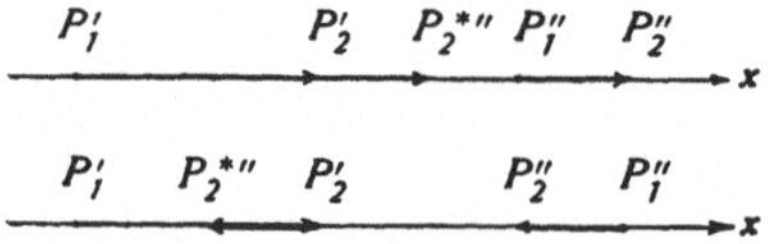

Fig. 8.

2. Arithmetische Definition der Vektoraddition:

Man bildet die *arithmetische* Summe der Zahlen $x_2' - x_1'$ und $x_2'' - x_1''$. Sie bestimmt einen Vektor $\mathfrak{x}$, der die Summe der Vektoren $\mathfrak{x}'$ und $\mathfrak{x}''$ heißt:

$$\mathfrak{x} = \mathfrak{x}' + \mathfrak{x}''.$$

Dabei lassen wir auch den «Nullvektor» zu, dessen Länge 0 und dessen Richtung unbestimmt ist.

Den elementaren Beweis, der Übereinstimmung der beiden Definitionen zu führen, überlassen wir dem Leser. Aus der zweiten folgt, daß für die Addition das *kommutative und assoziative Gesetz* gilt:

$$\mathfrak{x}' + \mathfrak{x}'' = \mathfrak{x}'' + \mathfrak{x}', \quad \mathfrak{x}' + (\mathfrak{x}'' + \mathfrak{x}''') = (\mathfrak{x}' + \mathfrak{x}'') + \mathfrak{x}'''.$$

Denn sie ergibt die Definition der Addition für eine beliebige, aber endliche Zahl von Summanden: $\Sigma \mathfrak{x} = \Sigma (x_2 - x_1)$.

Bisher haben wir das «Messen» auf einer Geraden, das heißt einer eindimensionalen Mannigfaltigkeit, mittels der Axe behandelt. Es ist ein leichtes, daraus das «Messen» in der Ebene herzuleiten. Man nimmt zwei Axen, eine x- und eine y-Axe. Sie sollen nicht parallel sein, sonst aber beliebig in der Ebene liegen. Ihren Schnittpunkt wählen wir auf beiden Axen als Nullpunkt. Ihre Einheitsstrecke soll gleich lang sein, das heißt, es sollen die Einheitspunkte auf einem Kreis um O liegen. Die beiden Axen bilden ein *Axenkreuz* oder ein *Koordinatensystem*. Es gibt grundsätzlich zwei verschiedene Arten von Axenkreuzen (Figur 9). Für einen Beschauer der Ebene nennt man die Drehung in ihr entgegengesetzt zur Uhrzeigerdrehung die *positive Drehung*. Dreht man also die positive x-Axe positiv um O so lange, bis sie zum ersten Male in die y-Axe fällt, so kann sie in die positive oder negative y-Axe fallen. Diese beiden Fälle sind deshalb grundsätzlich verschieden, weil man das eine System niemals durch Bewegung *innerhalb der Ebene* mit einem des andern so zur Deckung bringen kann, daß beide positiven Halbaxen mit den entsprechenden andern positiven Axen zusammenfallen. Dies ist nur durch *Umklappung* möglich. Wir werden im folgenden stets voraussetzen, daß wir ein System der ersten Art vor uns haben, in dem bei der genannten Drehung die positive x-Axe in die positive y-Axe übergeht.

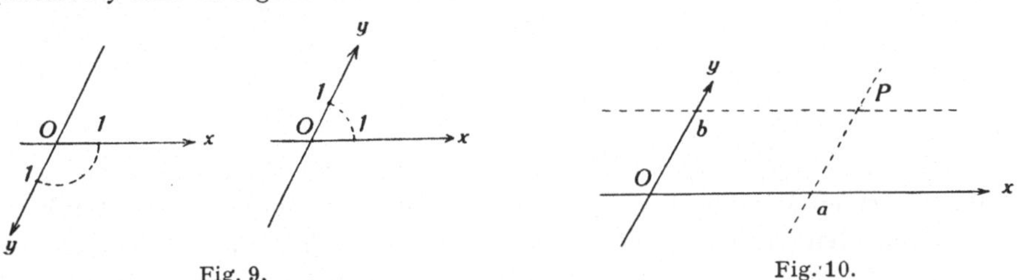

Fig. 9.   Fig. 10.

Mit Hilfe eines Axenkreuzes können wir jeden beliebigen Punkt P der Ebene «messen». Wir legen durch ihn die Parallelen zu den Axen. Da letztere nicht parallel sind, muß jede Parallele die andere Axe in einem und nur einem Punkte schneiden. Nach dem Prinzip der Axen ist dem Punkt auf der x-Axe eindeutig eine reelle Zahl a, demjenigen auf der y-Axe eine reelle Zahl b zugeordnet (Figur 10). Wir schreiben:

$$x = a,$$
$$y = b,$$

und nennen dies die *Gleichungen des Punktes*. Jeder Punkt besitzt daher eindeutig zwei Gleichungen; a und b heißen seine *Koordinaten*. Umgekehrt gehört zu zwei Gleichungen:

$$x = a,$$
$$y = b,$$

ein und nur ein Punkt P, so daß sie diejenigen von P sind. Um dies zu beweisen, betrachten wir die beiden Gleichungen gesondert und fragen zunächst nach allen Punkten, die als erste Gleichung $x = a$ besitzen? Da es durch einen Punkt nur eine Parallele zu einer festen Geraden gibt, so müssen offenbar alle diese Punkte auf der Parallelen zur y-Axe durch den Punkt $x = a$ der x-Axe liegen, was wir so formulieren: *Alle Punkte, für die die erste ihrer Gleichungen $x = a$ lautet, liegen auf der Geraden durch den Punkt a der x-Axe parallel zur y-Axe*. Durch $x = a$ haben wir somit eine «*Ortsbedingung*» gefunden, indem alle Punkte an eine Gerade gefesselt werden. Entsprechend zeigen wir, daß alle Punkte, die die zweite Gleichung $y = b$ besitzen, auf einer Geraden durch den Punkt b auf der y-Axe parallel zur x-Axe liegen. Sämtliche Punkte, die *beide* Gleichungen $x = a$, $y = b$ besitzen, müssen somit auf beiden Geraden liegen, und da sich zwei Geraden nur in einem Punkte schneiden, kann nur dieser die beiden Gleichungen besitzen. Der Schnittpunkt existiert aber, da die beiden Geraden als Parallele zu den Axen nicht zueinander parallel sein können. Daher gehört zu den beiden Gleichungen ein und nur ein Punkt.

II. Hauptsatz: *Jeder Punkt der Ebene besitzt ein Paar von Gleichungen:*

$$x = a,$$
$$y = b,$$

und umgekehrt entspricht jedem Wertepaar a, b ein und nur ein Punkt der Ebene, dessen Gleichungen

$$x = a,$$
$$y = b,$$

sind.

Dieser Satz sagt aus, daß zwischen den Punkten einer Ebene und den Zahlenpaaren eine umkehrbar eindeutige Beziehung besteht. Die exakten Wissenschaften identifizieren daher erkenntnistheoretisch beides, indem sie definieren: *Der Punkt ist ein Wertepaar a, b*. Aus dem Beweise sieht man, daß nicht der Punkt, sondern die Gerade dasjenige ursprüngliche Element der analytischen Geometrie ist, aus dem sich der Punkt ableitet. Letzterer wird prinzipiell als Schnitt zweier Geraden aufgefaßt.

In der Regel nimmt man die beiden Axen senkrecht aufeinander an. Das Axenkreuz heißt dann *rechtwinklig*. Wir werden dies stets stillschweigend voraussetzen, wenn wir nicht ausdrücklich das Gegenteil annehmen. Die x-Axe wird *Abszissenaxe*, die y-Axe *Ordinatenaxe* und die beiden entsprechenden

Koordinaten *Abszisse* und *Ordinate* genannt. Nur für die Punkte einer Axe ist eine der beiden Koordinaten null. Sind beide von null verschieden, so liegt der Punkt in einem der vier kongruenten Teile, in die die Ebene durch das Axenkreuz eingeteilt wird. Diese werden *Quadranten* genannt und von I bis IV abgezählt, wobei man den Nullpunkt positiv umläuft und die Abzählung bei dem Quadranten beginnt, der von den beiden positiven Halbaxen begrenzt ist (Figur 11). Das Vorzeichen der Koordinaten bestimmt allein schon den Quadranten, in dem der betreffende Punkt liegt. Der dritte Quadrant, der von den beiden negativen Halbaxen begrenzt ist, enthält alle Punkte mit zwei negativen Koordinaten. Aus der folgenden Tabelle kann man die Vorzeichen der Koordinaten für die Punkte jedes Quadranten ablesen:

	x	y
I	+	+
II	−	+
III	−	−
IV	+	−

Zum praktischen Zeichnen benutzt man *Millimeterpapier*, auf dem die Parallelen zu den Axen eingezeichnet sind. Man hat die Punkte nur auszustechen. Dieses Papier bringt die Auffassung der analytischen Geometrie, im Punkt den Schnitt von zwei Geraden zu sehen, klar zum Ausdruck.

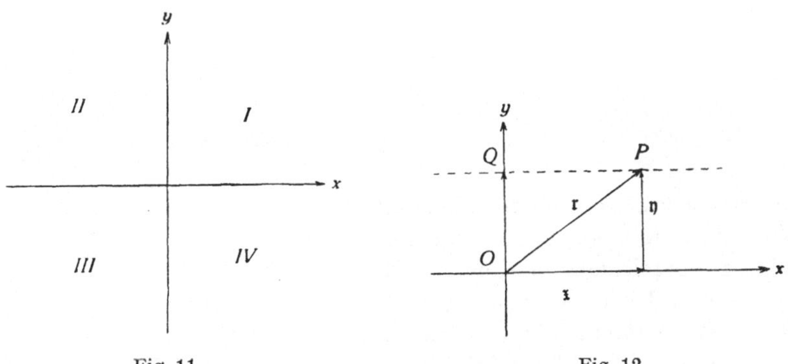

Fig. 11.   Fig. 12.

Um einen festen Punkt P mit den Gleichungen $x = a$, $y = b$ rasch zu finden, erinnern wir uns, daß a und b Vektoren sind. Wir legen in der x-Axe den Vektor $\mathfrak{x} = a$ von O aus, und im Endpunkt von $\mathfrak{x}$ den Vektor $\mathfrak{y} = b$ senkrecht zur x-Axe in der entsprechenden Richtung. Der Endpunkt ist der gesuchte Punkt (Figur 12). Die Koordinaten des allgemeinen Punktes P werden wir im folgenden stets mit x, y selbst bezeichnen, da für ihn a, b jedes reelle Zahlenpaar sein kann.

Jeder von O verschiedene Punkt P legt den Vektor $\mathfrak{r}=\overrightarrow{OP}$ mit den *Komponenten* x, y fest. Seine Länge bezeichnen wir mit $|\mathfrak{r}|$. Liegt P in der x-Axe, so ist $\mathfrak{r}=\mathfrak{x}$, liegt er in der y-Axe $\mathfrak{r}=\mathfrak{y}$. Auch für alle diese von O als Anfangspunkt ausgehenden Vektoren wird die *Vektoraddition* definiert, die die frühere Definition mit einschließt. Dies geschieht wieder auf zwei Weisen: Sind $\mathfrak{r}'$ und $\mathfrak{r}''$ zwei Vektoren mit den Endpunkten P' und P'':

$$P' \begin{cases} x=x', \\ y=y', \end{cases} \qquad P'' \begin{cases} x=x'', \\ y=y'', \end{cases}$$

so unterscheiden wir:

1. Geometrische Definition der Vektoraddition:

Wir bilden mit $\mathfrak{r}'$ und $\mathfrak{r}''$ das Parallelogramm (oder den Streckenzug) $OP'PP''$ (Figur 13), wo $\overrightarrow{P'P}$ gleich lang und gleichgerichtet zu $\overrightarrow{OP''}$ ist. Der Diagonalvektor $\mathfrak{r}=\overrightarrow{OP}$ heißt *die geometrische Summe* $\mathfrak{r}=\mathfrak{r}'+\mathfrak{r}''$. Die Definition enthält die frühere für die Summe von in derselben Axe liegenden Vektoren. Nimmt man speziell $\mathfrak{r}'=\mathfrak{x}$, $\mathfrak{r}''=\mathfrak{y}$, so ist $\mathfrak{r}=\mathfrak{x}+\mathfrak{y}$. Daraus folgt:

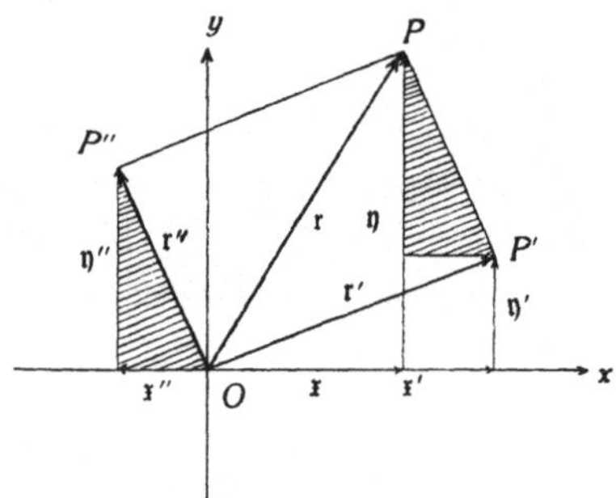

Fig. 13.

3. Satz: *Jeder Vektor* $\mathfrak{r}=\overrightarrow{OP}$ *ist die geometrische Summe seiner beiden Komponenten* $\mathfrak{x}$ *und* $\mathfrak{y}$.

2. Arithmetische Definition der Vektoraddition:

Wir haben die Vektoren, die in einer bestimmten Geraden liegen, mit einer mit einem Vorzeichen versehenen Zahl identifiziert. So waren $\mathfrak{x}'=x'$ und $\mathfrak{x}''=x''$ zwei in der x-Axe liegende Vektoren, für die die Summe $\mathfrak{x}=\mathfrak{x}'+\mathfrak{x}''=$ $=x'+x''$ als *arithmetische* Summe definiert wurde. Ebenso der Vektor $\mathfrak{y}=\mathfrak{y}'+\mathfrak{y}''=y'+y''$ in der y-Axe. Bei der Summe von nicht in einer Geraden liegenden Vektoren kann diese Gleichsetzung nicht mehr vorgenommen werden; sie gilt nur für die Summe ihrer in die gleiche Axe fallenden Komponenten. Man definiert demgemäß die Summe $\mathfrak{r}=\mathfrak{r}'+\mathfrak{r}''$ als den Vektor $\mathfrak{r}=\overrightarrow{OP}$, wo P durch die Gleichungen:

$$P \begin{cases} x=x'+x'', \\ y=y'+y'', \end{cases}$$

gegeben ist. Die Komponenten von $\mathfrak{r}$ sind dann die Vektoren $\mathfrak{x}=\mathfrak{x}'+\mathfrak{x}''$ und $\mathfrak{y}=\mathfrak{y}'+\mathfrak{y}''$ und daher *arithmetische* Summen.

4. Satz: *Die Komponenten der Summe zweier Vektoren sind die Summe der entsprechenden Komponenten der Summanden.*

Figur 13 zeigt die Übereinstimmung der beiden Definitionen, wenn man beachtet, daß die beiden schraffierten Dreiecke kongruent sind. Wegen der arithmetischen Definition gelten für die Vektoraddition das *kommutative und assoziative Gesetz:*

$$\mathfrak{r}' + \mathfrak{r}'' = \mathfrak{r}'' + \mathfrak{r}', \quad \mathfrak{r}' + (\mathfrak{r}'' + \mathfrak{r}''') = (\mathfrak{r}' + \mathfrak{r}'') + \mathfrak{r}'''.$$

Jeder Vektor ist durch Länge und Richtung bestimmt. Bisher kennen wir von $\mathfrak{r}$ nur die Komponenten. Um Länge und Richtung von $\mathfrak{r}$ zu berechnen, führt man neue Koordinaten ein, die sogenannten *Polarkoordinaten*, bei denen eine neue Auffassung des Punktes zum Ausdruck kommt. Das *Polarkoordinatensystem* besteht aus einem festen Punkt, dem *Pol O*, und einer von ihm ausgehenden festen Richtung, der sogenannten *Anfangsrichtung*. Um einen beliebigen Punkt P in bezug auf dieses System festzulegen, ziehen wir vom Pol

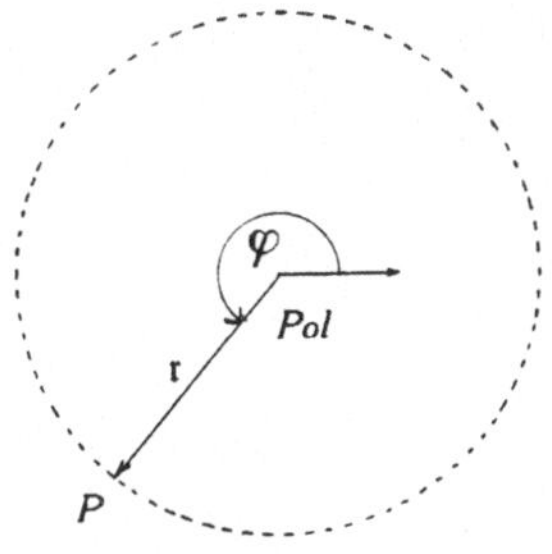

Fig. 14.

aus den Vektor $\mathfrak{r} = \overrightarrow{OP}$ und messen seine Länge $|\mathfrak{r}| = r$, die der *Radius vektor* heißt. r ist als Länge eine positive Zahl und nur null, wenn $P = O$ ist. Durch r ist P nicht bestimmt; denn alle Punkte des Kreises um O mit dem Radius r besitzen denselben Radius vektor (Figur 14). Um zu wissen, welcher Punkt des Kreises P ist, müssen wir noch einen Winkel kennen. Dazu drehen wir die gegebene Anfangsrichtung in positivem Sinne so lange um den Pol, bis sie durch P geht. Den bestrichenen Winkel φ nennen wir den *Winkel* oder das *Azimut von P*. Liegt P auf der Anfangsrichtung, so sei der Winkel null. Er kann wachsen bis zum Bogenmaß 2π, das nicht erreicht wird. Alle Punkte mit demselben Winkel φ liegen auf einem Strahl vom Pol aus. Die beiden Zahlen r, φ heißen *die Polarkoordinaten von P*. Sie sind eindeutig durch P gegeben, außer im Falle, daß P mit dem Pol zusammenfällt, in welchem Falle kein Winkel existiert. r und φ genügen den beiden Bedingungen:

$$r \geqq 0, \quad 0 \leqq \varphi < 2\pi.$$

Für $r = 0$ ist φ beliebig. Hat man umgekehrt zwei bestimmte Werte:

$$r = r_0,$$
$$\varphi = \varphi_0,$$

gegeben, so gibt es einen und nur einen Punkt P, dessen Polarkoordinaten r_0, φ_0 sind. Denn der Strahl, der dem Winkel φ_0 entspricht, sticht aus dem Kreis um O mit dem Radius r_0 einen und nur einen Punkt heraus. Wir erkennen daraus, daß jetzt der Punkt nicht als Schnitt von zwei Geraden, sondern als Schnitt eines Strahls mit einem Kreis um den Anfangspunkt des Strahles aufgefaßt wird (Figur 15). Aus all dem folgt, daß *jeder Punkt (mit Ausnahme des Poles) zwei Polarkoordinaten besitzt, und umgekehrt zu zwei Polarkoordinaten ein und nur ein Punkt gehört.* Zugleich ist durch die Polarkoordinaten eines Punktes $P \neq O$ Länge und Richtung des Vektors $\mathbf{r} = \overrightarrow{OP}$ gegeben.

Kehren wir zu unserem im rechtwinkligen System gegebenen Vektor $\mathbf{r}$ zurück, so sehen wir, daß auch hier Länge und Richtung von $\mathbf{r}$ gegeben ist, falls wir ein Polarkoordinatensystem zu Hilfe nehmen, dessen Pol im Ursprung

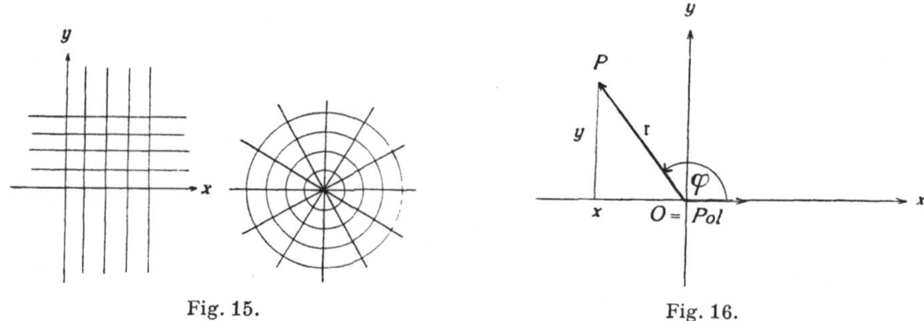

Fig. 15.   Fig. 16.

O des rechtwinkligen Systems liegt, und dessen Anfangsrichtung etwa die Richtung der positiven x-Axe ist. Kennen wir den Zusammenhang zwischen den beiden Koordinatensystemen, so ist unsere Aufgabe gelöst. Sind zunächst die Polarkoordinaten r, φ von P bekannt, so folgt aus der Definition der trigonometrischen Funktionen für allgemeine Winkel (Figur 16):

$$x = r \cos \varphi, \quad y = r \sin \varphi,$$

womit seine rechtwinkligen Koordinaten gefunden sind. Umgekehrt ergibt sich, wenn die rechtwinkligen Koordinaten x, y von P gegeben sind, aus dem Pythagoräischen Lehrsatz:

$$r = \sqrt[+]{x^2 + y^2},$$

wobei die Wurzel positiv zu nehmen ist, da r nach Definition positiv ist. Jetzt ergeben die beiden vorigen Gleichungen:

$$\cos \varphi = \frac{x}{\sqrt[+]{x^2 + y^2}}, \quad \sin \varphi = \frac{y}{\sqrt[+]{x^2 + y^2}}, \quad \text{also} \quad \operatorname{tg} \varphi = \frac{y}{x}.$$

Eine dieser drei Gleichungen legt φ nicht eindeutig innerhalb seiner Grenzen 0 und 2π fest, da die cos-, sin- und tg-Funktion jeden Wert in diesem Intervall zweimal annimmt. Dagegen bestimmen je *zwei* der drei Gleichungen φ im Intervall $0 \leq \varphi < 2\pi$ eindeutig. Kennen wir daher die Komponenten x, y eines Vektors $\mathfrak{r}$, so ergeben r und φ Länge und Richtung desselben gemäß den eben gefundenen Gleichungen.

Wir lösen jetzt Probleme, die sich an *zwei* gegebene Punkte anschließen. In der analytischen Geometrie heißt ein Punkt gegeben, wenn seine Gleichungen bekannt sind. Die beiden Punkte P_1 und P_2 sollen durch:

$$P_1 \begin{cases} x = x_1, \\ y = y_1, \end{cases} \qquad P_2 \begin{cases} x = x_2, \\ y = y_2, \end{cases}$$

gegeben sein. Durch P_1 und P_2 ist die Strecke $P_1 P_2$, oder besser der Vektor $\mathfrak{r} = \overrightarrow{P_1 P_2}$ gegeben, falls man die Reihenfolge der beiden Punkte beachtet und P_1 den Anfangs-, P_2 den Endpunkt nennt. Das Problem lautet, Länge und Richtung von $\mathfrak{r}$ zu berechnen. Wie stets in der Mathematik sucht man die Aufgabe auf bereits früher gelöste zurückzuführen. Wir machen folgende grundsätzliche Überlegung: Länge und Richtung eines Vektors sind unabhängig von der Wahl des Koordinatensystems; man bezeichnet sie als *geometrische Eigenschaften des Vektors*[7]. Im Gegensatze dazu ist zum Beispiel das Vorzeichen der Koordinaten eines Punktes zufällig und hängt von der Wahl des Koordinatensystems ab, die willkürlich ist. Wählen wir ein anderes Koordinatensystem, so ändern sich die Vorzeichen der Koordinaten, dagegen bleibt Richtung und Länge des Vektors erhalten. Wählt man ein anderes System, dessen Ursprung O' mit P_1 zusammenfällt, so ist das Problem das frühere, also gelöst. Die neue x- und y-Axe können wir noch beliebig in O' annehmen. Wir wählen sie parallel und gleichgerichtet zu den entsprechenden alten Axen und bezeichnen sie mit x' und y'. Die Einführung des neuen $x'y'$-Koordinatensystems nennt man eine *Koordinatentransformation*. Das neue System ist wieder rechtwinklig und von derselben Art wie das alte. Man kann es aus dem alten dadurch entstanden denken, daß man das ursprüngliche als beweglich annimmt und es durch Bewegung innerhalb der Ebene stetig so in die neue Lage überführt, daß es in jedem Augenblick parallel und gleichgerichtet zur vorhergehenden Lage ist. Eine solche Verschiebung nennt man *Translation oder Parallelverschiebung*. Dieselbe ist ein Spezialfall der allgemeinen Koordinatentransformation, von der wir später sprechen werden. Kennen wir die gegenseitige Lage der beiden Koordinatensysteme, so müssen sich die Koordinaten des neuen Systems aus denjenigen des alten berechnen lassen und umgekehrt. Die betreffenden Gleichungen nennt man *die Transformationsgleichungen*. Bei der Translation genügt es, wenn man die Koordinaten des Anfangspunktes O' kennt. O' sei gegeben durch

$$O' \begin{cases} x = a, \\ y = b. \end{cases}$$

Die Transformationsgleichungen erhält man aus der Vektoraddition. P habe in bezug auf das alte Koordinatensystem die Koordinaten x, y, in bezug auf

---

[7]) Diese Auffassung ist zum ersten Male systematisch durchgeführt worden in dem berühmten *Erlanger Programm* von F. KLEIN. Siehe F. KLEIN: *Gesammelte mathematische Abhandlungen*, Bd. I, Berlin, 1921, p. 460.

das neue die Koordinaten x', y'. Setzt man in Richtung der x-Axe in O den Vektor a an und im Endpunkt von a den Vektor x', so muß die Summe offenbar x sein (Figur 17):

$$x = a + x'.$$

Ebenso ergibt in Richtung der y-Axe die Summe von b und y' den Vektor y:

$$y = b + y'.$$

Daraus ergeben sich die beiden Systeme von Transformationsgleichungen:

$$x = a + x', \qquad \text{oder umgekehrt:} \qquad x' = x - a,$$
$$y = b + y', \qquad\qquad\qquad\qquad\quad y' = y - b.$$

Die ersten geben die alten Koordinaten aus den neuen, die zweiten die neuen aus den alten.

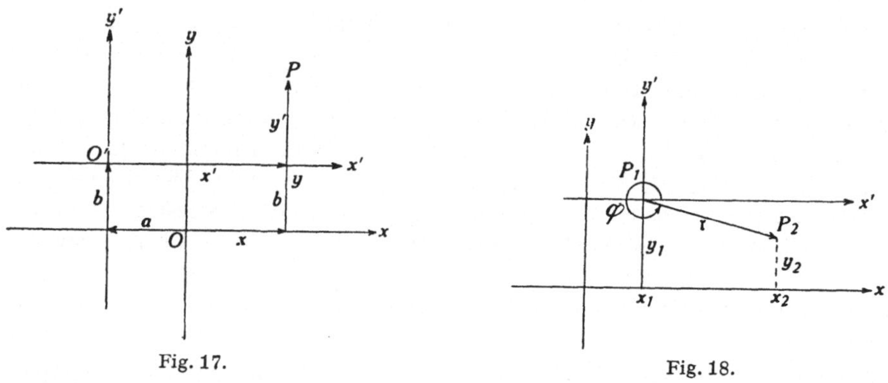

Fig. 17.   Fig. 18.

Dies verwenden wir zur Lösung des Vektorproblemes. Wir wählen als O' den Anfangspunkt P_1, setzen also $a = x_1$, $b = y_1$. Die Transformationsgleichungen für die neuen Koordinaten lauten jetzt:

$$x' = x - x_1,$$
$$y' = y - y_1.$$

Hat speziell P_2 die neuen Koordinaten x_2' und y_2', so muß:

$$x_2' = x_2 - x_1,$$
$$y_2' = y_2 - y_1$$

sein. Die Gleichungen auf Seite 22 ergeben für die Länge und Richtung von $\mathfrak{r} = \overrightarrow{P_1 P_2}$:

$$|\mathfrak{r}| = \sqrt[+]{x_2'^2 + y_2'^2} = \sqrt[+]{(x_2 - x_1)^2 + (y_2 - y_1)^2},$$

$$\cos \varphi = \frac{x_2'}{\sqrt[+]{x_2'^2 + y_2'^2}} = \frac{x_2 - x_1}{\sqrt[+]{(x_2 - x_1)^2 + (y_2 - y_1)^2}},$$

$$\sin \varphi = \frac{y_2'}{\overset{+}{\sqrt{\ x_2'^2 + y_2'^2}}} = \frac{y_2 - y_1}{\overset{+}{\sqrt{(x_2 - x_1)^2 + (y_2 - y_1)^2}}} ,$$

$$\operatorname{tg} \varphi = \frac{y_2'}{x_2'} = \frac{y_2 - y_1}{x_2 - x_1} .$$

Der Winkel φ genügt der Ungleichung: $0 \leqq \varphi < 2\pi$. Er entsteht durch Drehung der positiven x'-Axe in positivem Sinne um $O' = P_1$, bis sie zum ersten Male in $\mathfrak{r}$ fällt (Figur 18).

Durch drei nicht in einer Geraden liegende Punkte P_1, P_2, P_3 ist ein Dreieck gegeben. Seine Seiten können wir als Vektoren auffassen, indem wir etwa die Richtungen $P_1 \rightarrow P_2 \rightarrow P_3 \rightarrow P_1$ vorschreiben. Aus den Koordinaten der Punkte lassen sich dann Länge und Richtung aller drei Vektoren berechnen (Figur 19). Aus je zwei Richtungswinkel erhält man die Winkel des Dreiecks. Diese Aufgaben sind alle gelöst. Dagegen erhält man im *Flächeninhalt* Δ des Dreiecks eine neue Aufgabe. Wir wollen sie zuerst für eine spezielle Lage des Dreiecks in bezug auf das Koordinatensystem lösen und nachher den allgemeinen

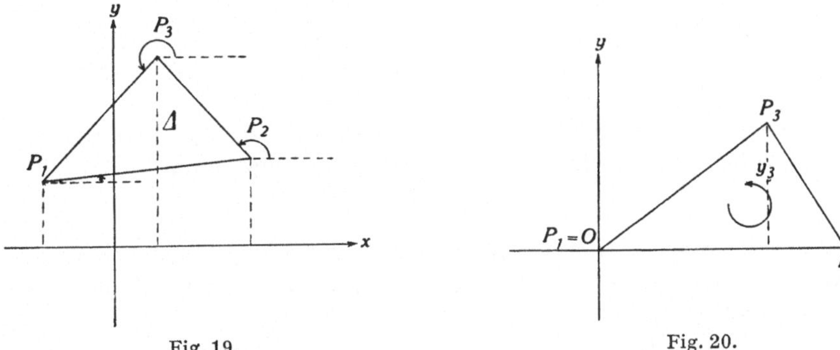

Fig. 19.   Fig. 20.

Fall auf den speziellen zurückführen: P_1 liege in O, P_2 auf der positiven x-Axe (Figur 20). Die drei Punkte sind dann durch Gleichungen folgender Form gegeben:

$$P_1 \begin{cases} x = 0, \\ y = 0, \end{cases} \qquad P_2 \begin{cases} x = x_2, \\ y = 0, \end{cases} \qquad P_3 \begin{cases} x = x_3, \\ y = y_3, \end{cases}$$

wo nach Annahme $x_2 > 0$, $y_3 \neq 0$ sein muß. Das Dreieck hat die Grundlinie $\overline{P_1 P_2} = x_2$ und die Höhe $\pm y_3$, wo das obere Vorzeichen für positives y_3, das untere für negatives y_3 zu nehmen ist. Durchlaufen wir das Dreieck in dem vorausgesetzten Sinne $P_1 \rightarrow P_2 \rightarrow P_3$, so ist der Umlaufsinn im ersten Fall positiv, das heißt entgegen dem Uhrzeigersinn, im zweiten negativ, das heißt mit dem Uhrzeigersinn. Daher ist:

$$\pm \Delta = \frac{1}{2} x_2 y_3,$$

wobei das obere oder untere Vorzeichen zu wählen ist, je nachdem der Umlaufsinn des Dreiecks positiv oder negativ ist. Das Problem ist gelöst.

Den allgemeinen Fall können wir wieder durch eine Koordinatentransformation auf den eben gelösten zurückführen. Denn auch der Flächeninhalt eines Dreiecks ist eine *geometrische* Eigenschaft, also invariant bei Koordinatentransformationen. Allein, hier genügt die Translation nicht mehr; denn durch diese können wir nur O in einen der Punkte, zum Beispiel P_1 legen, aber nicht mehr den zweiten P_2 stets auf die positive neue x-Axe fallen machen. Dazu ist eine *Drehung des Koordinatensystems* um den Nullpunkt notwendig. Wir betrachten eine solche zuerst allgemein.

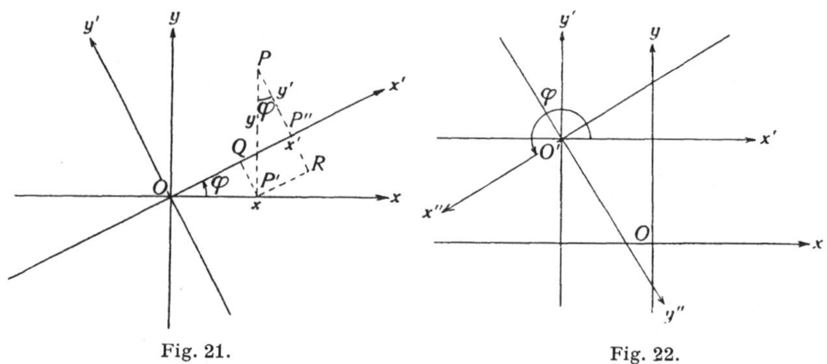

Fig. 21.   Fig. 22.

Wir drehen das gegebene System um O in positivem Sinne um den Winkel φ. φ wird dieselben Grenzen haben wie bei den Polarkoordinaten:

$$0 \leqq \varphi < 2\pi.$$

Die Axen des gedrehten Koordinatensystems sollen mit x', y' bezeichnet werden. Wir entnehmen Figur 21, in der φ spitz und der allgemeine Punkt P im ersten Quadranten beider Systeme liegt, die Beziehungen:

$$x' = OQ + QP'' = x \cos \varphi + y \sin \varphi,$$
$$y' = RP - RP'' = y \cos \varphi - x \sin \varphi,$$

womit die neuen Koordinaten aus den alten gegeben sind. Wir werden im nächsten Paragraphen beweisen, daß die Formeln auch bei allgemeiner Lage der Systeme und des Punktes gelten. Erweitert man die erste Gleichung mit $\cos \varphi$, die zweite mit $-\sin \varphi$ und addiert sie, so folgt:

und entsprechend:
$$x = x' \cos \varphi - y' \sin \varphi,$$
$$y = x' \sin \varphi + y' \cos \varphi,$$

womit die alten aus den neuen Koordinaten berechnet sind.

Auf Grund dieser Gleichungen können wir Translation und Drehung nacheinander ausführen. Es sei O' (Figur 22):

$$O' \begin{cases} x = a, \\ y = b, \end{cases}$$

der neue Koordinatenanfangspunkt. Die neuen Axen, die wir durch Translation erhalten, seien x', y'. Dann gilt nach früherem für jeden Punkt P:

$$x' = x - a, \qquad x = a + x',$$
$$\text{und}$$
$$y' = y - b, \qquad y = b + y'.$$

Drehen wir das $x'\,y'$-Koordinatensystem um den oben definierten Winkel φ, so entsteht das neue System mit den Axen x'', y'', und es muß:

$$x'' = x' \cos \varphi + y' \sin \varphi, \qquad x' = x'' \cos \varphi - y'' \sin \varphi,$$
$$\text{und}$$
$$y'' = - x' \sin \varphi + y' \cos \varphi, \qquad y' = x'' \sin \varphi + y'' \cos \varphi,$$

sein. Durch Kombination der beiden Gleichungssysteme erhält man *die allgemeinen Transformationsformeln:*

$$x'' = (x - a) \cos \varphi + (y - b) \sin \varphi, \qquad x = a + x'' \cos \varphi - y'' \sin \varphi,$$
$$\text{und}$$
$$y'' = - (x - a) \sin \varphi + (y - b) \cos \varphi, \qquad y = b + x'' \sin \varphi + y'' \cos \varphi.$$

Die ersten ergeben die neuen Koordinaten aus den ursprünglichen, die zweiten die ursprünglichen aus den neuen. In der Natur des Problemes liegt die bemerkenswerte Tatsache, daß beide Gleichungssysteme in den Variablen vom *ersten Grade* sind. Das neue Koordinatensystem ist wie das ursprüngliche *von erster Art. Man erhält durch die beiden Operationen der Translation und Drehung jedes andere Koordinatensystem erster Art der Ebene.*

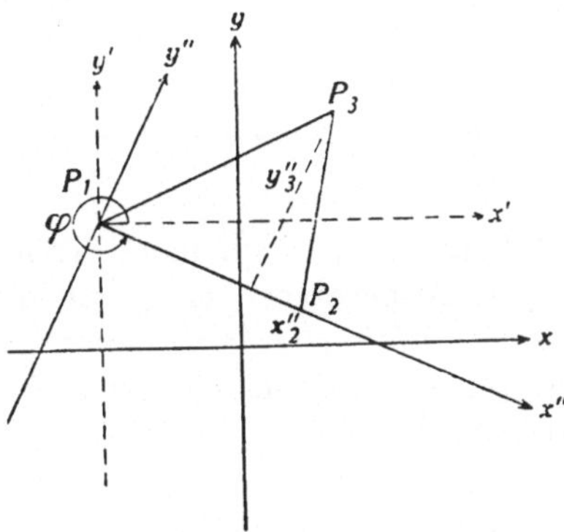

Fig. 23.

Die gefundenen Formeln wenden wir auf das Problem des Dreieckinhaltes an. O' falle mit P_1 zusammen (Figur 23), das heißt, man setze $a = x_1$, $b = y_1$. Die positive x''-Axe falle in den Vektor $\overrightarrow{P_1 P_2}$; φ ist dann der Richtungswinkel φ des Vektors, dessen cosinus und sinus auf Seite 24/5 berechnet wurden. Im $x''\,y''$-Koordinatensystem habe P_2 die Koordinaten $x''_2, 0$ und P_3 die Koordinaten x_3'', y_3''. Das Dreieck hat die spezielle Lage, wie wir sie zuerst angenommen hatten. Der Inhalt $\varDelta$ ist daher:

$$\pm \varDelta = \frac{1}{2}\, x_2''\, y_3''.$$

x_2'' ist die Länge $|\overrightarrow{P_1 P_2}|$ des Vektors:

$$x_2'' = \overset{+}{\sqrt{(x_2 - x_1)^2 + (y_2 - y_1)^2}}.$$

y_3'' erhält man aus der Transformationsgleichung:

$$y_3'' = -(x_3 - x_1)\sin\varphi + (y_3 - y_1)\cos\varphi,$$

oder wenn man die Werte von $\cos\varphi$ und $\sin\varphi$ einsetzt:

$$y_3'' = \frac{1}{\overset{+}{\sqrt{(x_2 - x_1)^2 + (y_2 - y_1)^2}}}\left(-(x_3 - x_1)(y_2 - y_1) + (y_3 - y_1)(x_2 - x_1)\right).$$

Für den Inhalt $\varDelta$ folgt somit:

$$\pm \varDelta = \frac{1}{2}\left(-(x_3 - x_1)(y_2 - y_1) + (y_3 - y_1)(x_2 - x_1)\right) =$$
$$= \frac{1}{2}\left(x_1 y_2 + x_2 y_3 + x_3 y_1 - x_2 y_1 - x_3 y_2 - x_1 y_3\right).$$

Mit Hilfe eines algebraischen Symbols, das uns noch oft gute Dienste leisten wird, kann man diesen Ausdruck elegant darstellen. Man nennt für 9 beliebige Zahlen a, b, c den Ausdruck

$$\begin{vmatrix} a_1 & b_1 & c_1 \\ a_2 & b_2 & c_2 \\ a_3 & b_3 & c_3 \end{vmatrix} = a_1 b_2 c_3 + a_3 b_1 c_2 + a_2 b_3 c_1 - a_3 b_2 c_1 - a_1 b_3 c_2 - a_2 b_1 c_3$$

eine *Determinante*, die Zahlen a_n, b_n, c_n für jedes der $n = 1, 2, 3$ eine *Zeile* und a_1, a_2, a_3, respektive b_1, b_2, b_3, respektive c_1, c_2, c_3 eine *Kolonne oder Spalte* der Determinante. Um sich die Definition der Determinante mnemotechnisch leicht merken zu können, schreibt man die beiden ersten Spalten nochmals rechts neben die Determinante hin:

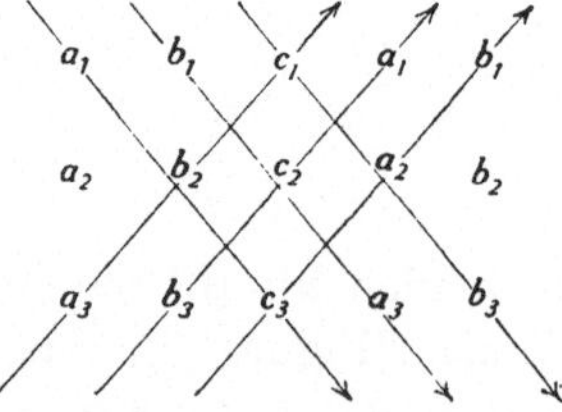

Die drei Diagonalen von oben nach unten ergeben die drei positiven Produkte, die drei von unten nach oben die negativen Produkte der Determinante.

Durch Ausrechnung findet man sofort, daß der Klammerausdruck von $\varDelta$ eine Determinante ist:

$$\pm\varDelta = \frac{1}{2}\begin{vmatrix} 1 & x_1 & y_1 \\ 1 & x_2 & y_2 \\ 1 & x_3 & y_3 \end{vmatrix}.$$

Das Vorzeichen ist früher festgesetzt worden und hängt von dem Umlaufsinn des Dreiecks ab.

5. Satz: *Haben die Ecken P_1, P_2, P_3 eines Dreiecks die Gleichungen:*

$$P_1\begin{cases} x=x_1, \\ y=y_1, \end{cases} \qquad P_2\begin{cases} x=x_2, \\ y=y_2, \end{cases} \qquad P_3\begin{cases} x=x_3, \\ y=y_3, \end{cases}$$

wobei sie so abgezählt sind, daß der Umlaufsinn $P_1 \to P_2 \to P_3$ positiv ist, so erhält man den Flächeninhalt $\varDelta$ des Dreiecks aus:

$$\varDelta = \frac{1}{2}\begin{vmatrix} 1 & x_1 & y_1 \\ 1 & x_2 & y_2 \\ 1 & x_3 & y_3 \end{vmatrix}.$$

Wir denken uns jetzt den Punkt P_3 variabel, lassen also überall den Index drei weg. Nur P_1 und P_2 seien fest gegeben. Wir legen durch sie die Gerade (Figur 24).

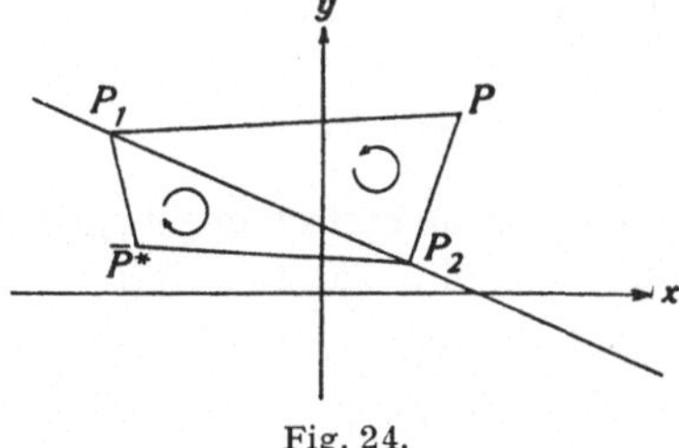

Fig. 24.

Für alle Punkte P der einen Seite der Geraden wird der Umlaufsinn $P_1 \to P_2 \to P$ *positiv*, für die andere *negativ* sein. Stellen wir uns vor, daß wir in P_1 nach P_2 blicken, so wird für alle P *links* die Determinante von Satz 5 einen *positiven*, *rechts* einen *negativen* Wert haben. Liegt P auf der Geraden, so muß die Determinante offenbar den Wert null besitzen, da dann das Dreieck ausartet. Daher ist:

$$\frac{1}{2}\begin{vmatrix} 1 & x_1 & y_1 \\ 1 & x_2 & y_2 \\ 1 & x & y \end{vmatrix} \gtreqless 0,$$

je nachdem der Punkt P links, auf, oder rechts von der Geraden liegt. Die Bedingung ergibt ausgerechnet:

$$Ax + By + C \gtreqless 0,$$

falls man abkürzt:

$$A = \frac{1}{2}(y_1 - y_2),\quad B = \frac{1}{2}(x_2 - x_1),\quad C = \frac{1}{2}(x_1 y_2 - x_2 y_1).$$

A, B, C sind feste, nur von P_1, P_2 abhängige Zahlen; x, y sind die Koordinaten eines beliebigen Punktes der Ebene. Setzen wir:

$$A x + B y + C = 0,$$

so kann diese Bedingung nur erfüllt sein, wenn P auf der Geraden durch P_1, P_2 liegt. Der Punkt ist durch sie an die Gerade gefesselt. Die Gleichung stellt somit eine *Ortsbedingung* für die Punkte einer Geraden dar. Dies führt uns zum nächsten Paragraphen, in dem wir diese Frage allgemein untersuchen werden.

§ 2. Die Gerade

Wir haben eben eine Ortsbedingung für die Punkte einer Geraden kennengelernt. Was versteht man allgemein unter einer solchen? Nehmen wir an, eine stetige Funktion $f(x, y)$ der Koordinaten x, y eines Punktes sei gegeben. $f(x, y)$ soll nicht identisch null sein. Wir setzen:

$$f(x, y) = 0.$$

Alle Zahlenpaare, die dieser Bedingung genügen, legen Punkte in der Ebene fest, deren Gesamtheit eine Kurve bilden. Umgekehrt kann eine Kurve geometrisch gegeben sein, und die Koordinaten ihrer Punkte können der funktionalen Beziehung:

$$f(x, y) = 0$$

genügen. Wenn zwischen einer geometrisch gegebenen Kurve und einer Funktion $f(x, y)$ diese Beziehung besteht, nämlich daß:

1. alle Lösungen x, y der Bedingungsgleichung:

$$f(x, y) = 0$$

Koordinaten eines Kurvenpunktes sind;

2. die Koordinaten x, y jedes Kurvenpunktes der Bedingung

$$f(x, y) = 0$$

genügen, so ist $f(x, y) = 0$ eine *Ortsbedingung* für die gegebene Kurve. Man nennt sie kurz «*die Gleichung der Kurve*». Zwischen den Punkten der Kurve und den Lösungspaaren der Gleichung findet eine umkehrbar eindeutige Beziehung statt. Der Punkt x, y kann nicht beliebig liegen, sondern er wird durch die Gleichung an die Kurve gebunden.

Wir fragen speziell, ob die Gerade eine Gleichung besitzt und welches dieselbe ist? Nach den angestellten Überlegungen lautet die Definition der Gleichung der Geraden so:

Definition: *Existiert eine Funktion $f(x, y)$, so daß:*

1. alle Wertepaare x, y, für die $f(x, y) = 0$ ist, Punkte einer Geraden sind; und daß:

2. die Koordinaten x, y jedes Punktes jener Geraden der Bedingung $f(x,y) = 0$ genügen,

so heißt $f(x,y) = 0$ die Gleichung der Geraden.

Um zu entscheiden, ob jede Gerade eine Gleichung besitzt, muß man die Lage der Geraden in bezug auf das Koordinatensystem kennen. Dies kann auf verschiedene Weisen geschehen. Am dienlichsten ist folgender Weg: Man nimmt ein Polarkoordinatensystem zu Hilfe, dessen Pol im Ursprung O des rechtwinkligen Systems liegt, und dessen Anfangsrichtung in die positive x-Axe fällt. Jeder Punkt hat jetzt die rechtwinkligen Koordinaten x, y und die Polarkoordinaten r, φ, zwischen denen die Beziehungen gelten:

$$x = r \cos \varphi, \quad y = r \sin \varphi.$$

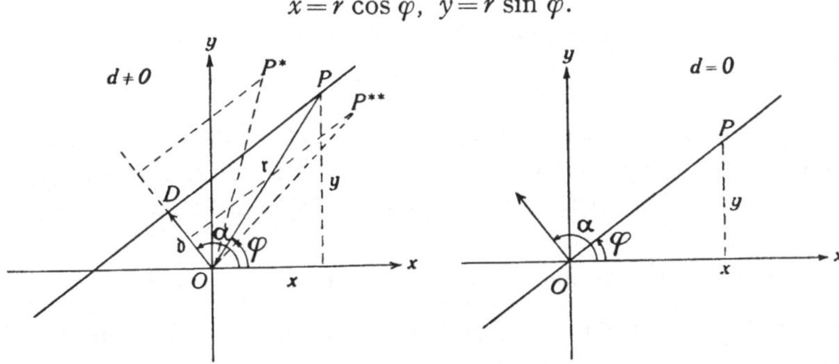

Fig. 25.

Wir fällen von O aus das Lot auf die gegebene Gerade. Der Fußpunkt sei D. Ist D von O verschieden, das heißt, geht die Gerade *nicht* durch den Punkt O, so hat D die eindeutigen Polarkoordinaten: d als Radius vektor, α als Winkel. Ist $D = O$, das heißt, geht die Gerade durch den Nullpunkt, so setzt man $d = 0$, und wählt als willkürlich festzulegenden Winkel α denjenigen Winkel, den einer der beiden auf der Geraden in O senkrechten Strahlen mit der positiven x-Axe (Anfangsrichtung) bildet. Die Richtung dieser Strahlen legt eine bestimmte Richtung der Senkrechten auf der Geraden fest. Wir behaupten, daß in beiden Fällen *durch d, α die Gerade in bezug auf das rechtwinklige Koordinatensystem eindeutig festgelegt ist.* Ist nämlich $d \neq 0$, so gibt es einen und nur einen Punkt D, dessen Polarkoordinaten d, α sind. In diesem gibt es nur eine Gerade, die auf dem Vektor $\mathfrak{d} = \overrightarrow{OD}$ senkrecht steht. Ist dagegen $d = 0$, so geht die Gerade durch den Nullpunkt, und es gibt wieder nur eine Gerade, die auf dem durch α bestimmten Strahl senkrecht steht (Figur 25).

Ist P ein beliebiger Punkt der Geraden, so ist im Falle $d \neq 0$ das Dreieck ODP in D rechtwinklig. Ist P *nicht* auf der Geraden, so ist dagegen das Dreieck ODP sicherlich *nicht* rechtwinklig in D. Die Normalprojektion von $r = \overline{OP}$ auf OD ist daher dann und nur dann gleich $\overline{OD}$, wenn der Punkt auf der Geraden liegt. Der analytische Ausdruck hierfür ist:

$$d = r \cos (\alpha - \varphi).$$

Denn $r \cos (\alpha - \varphi)$ ist die Projektion von r auf den Vektor $\mathfrak{d} = \overrightarrow{OD}$, und diese ist größer als d für Punkte der einen Seite der Geraden (P^* in Figur 25) und kleiner für die Punkte der andern Seite der Geraden (P^{**} in Figur 25). Nur für die Punkte der Geraden kann das Gleichheitszeichen stattfinden. Daher sind beide Bedingungen der Definition der «Gleichung» erfüllt und

$$d = r \cos (\alpha - \varphi)$$

ist die Gleichung der Geraden. Entwickelt man $\cos (\alpha - \varphi)$ nach dem Additionstheorem, so folgt wegen der Beziehung zwischen x, y und r, φ:

$$d = r \cos \varphi \, \cos \alpha + r \sin \varphi \, \sin \alpha = x \cos \alpha + y \sin \alpha.$$

Die gesuchte Funktion $f(x, y)$ der Gleichung der Geraden hat somit die Gestalt

$$f(x, y) \equiv x \cos \alpha + y \sin \alpha - d = 0.$$

Man nennt sie die HESSEsche *Normalform der Gleichung der Geraden*[8]). Ist jetzt $d = 0$, so muß offenbar $\alpha - \varphi$ für alle Punkte der Geraden und nur für diese ein rechter Winkel sein oder sich um π von einem solchen unterscheiden. In beiden Fällen ist:

$$\cos (\alpha - \varphi) = 0 \ \text{ oder } \ r \cos (\alpha - \varphi) = x \cos \alpha + y \sin \alpha = 0.$$

Diese Bedingung ist wieder die HESSEsche Normalform, die somit auch für $d = 0$ gilt.

Umgekehrt ist durch die HESSEsche Normalform die Lage der Geraden bezüglich des rechtwinkligen Koordinatensystems eindeutig bestimmt. Denn kennt man d, $\cos \alpha$, $\sin \alpha$, also auch d und α wegen $0 \leqq \alpha < 2\pi$, so ist die Gerade eindeutig nach dem Frühern festgelegt.

6. Satz: *Jede Gerade der Ebene besitzt als Gleichung eine HESSEsche Normalform und durch letztere ist die Gerade eindeutig festgelegt.*

Es fragt sich, ob es noch andere Funktionen $f(x, y)$ gibt, die eine Gleichung der Geraden bestimmen? Die Beantwortung führt auf eine rein analytische Untersuchung. Denn es handelt sich darum, zu entscheiden, ob es andere Funktionen $f(x, y)$ gibt, die für alle und nur die Lösungen der Gleichung $x \cos \alpha + {}+ y \sin \alpha - d = 0$ verschwinden. In dieser Allgemeinheit ist die Frage sinnlos. Denn jede Funktion $F(t)$, die den Wert null nur für *eine* reelle Zahl, etwa $t = 0$ annimmt, wie $e^t - 1$, gibt eine Lösung: $F(x \cos \alpha + y \sin \alpha - d) = 0$. Beschränkt man sich aber auf die Funktionen ersten Grades in x, y, so kann man sagen: *Ist:*

$$A x + B y + C = 0$$

Gleichung einer Geraden, und ist $f(x, y) = 0$ die HESSEsche Normalform der Geraden, so muß identisch:

$$A x + B y + C \equiv \lambda f(x, y)$$

[8]) Nach dem deutschen Mathematiker OTTO HESSE (1811—1874), der die Normalform zur Grundlage seiner Theorie der Geraden machte in seinen: „*Vorlesungen aus der analytischen Geometrie der geraden Linie, des Punktes und des Kreises in der Ebene* (4. Auflage, Leipzig, 1906).

sein, wo λ ein konstanter Faktor $\neq 0$ ist. Umgekehrt ist jede Beziehung $\lambda f(x, y) = 0$ eine Gleichung der Geraden. Man nennt sie *die allgemeine Gleichung* der Geraden. Aus der vorigen Identität folgen die Gleichungen:

$$A = \lambda \cos \alpha, \quad B = \lambda \sin \alpha, \quad C = -\lambda d,$$

woraus sich durch Quadrieren und Addieren der beiden ersten ergibt:

$$A^2 + B^2 = \lambda^2.$$

Da $\lambda \neq 0$ sein soll, so dürfen A und B nicht beide null sein.

Bisher haben wir die Gerade als gegeben angenommen und nach ihrer Gleichung gefragt. Umgekehrt können wir jetzt von einer Gleichung:

$$A x + B y + C = 0, \quad \text{wo} \quad A^2 + B^2 \neq 0 \quad \text{ist},$$

ausgehen und fragen, ob sie Gleichung einer Geraden ist? Wegen Satz 6 brauchen wir nur zu zeigen, daß sie stets aus einer Hesseschen Normalform mittels eines Faktors λ entspringt. Wir nehmen somit jetzt A, B, C als gegeben an und fragen nach den Unbekannten λ, d, α in den drei Gleichungen:

$$\begin{aligned} \lambda \cos \alpha &= A, \\ \lambda \sin \alpha &= B, \\ \lambda d &= -C. \end{aligned}$$

Wie oben findet man $\lambda^2 = A^2 + B^2$, oder $\lambda = \pm \sqrt{A^2 + B^2}$. λ ist wegen der Annahme $\neq 0$; es hat aber noch zwei mögliche Werte. Im Falle $C \neq 0$ kann man aus der dritten Gleichung das Vorzeichen von λ bestimmen. Denn d muß als Radiusvektor positiv sein, also:

$$d = -\frac{C}{\lambda} > 0,$$

und λ muß das entgegengesetzte Vorzeichen von C haben. Dann ist durch die beiden ersten Gleichungen der Winkel α eindeutig innerhalb der Grenzen $0 \leq \alpha < 2\pi$ gegeben. Ist aber $C = 0$, so ist $d = 0$, und man läßt das Vorzeichen von λ unbestimmt. Die beiden ersten Gleichungen ergeben jetzt für α zwei Lösungen innerhalb der vorgeschriebenen Grenzen; beide Lösungen unterscheiden sich um π. Wir bekommen in jedem Fall eine Hessesche Normalform. Denn im Falle $d = 0$ darf man jede der beiden Normalenrichtungen, also jeden der beiden Werte von α wählen. Daher kann man jede allgemeine Gleichung

$$A x + B y + C = 0, \quad A^2 + B^2 \neq 0,$$

aus einer Hesseschen Normalform dadurch entsprungen denken, daß man letztere mit einem Faktor $\lambda \neq 0$ multipliziert. *Somit gehört auch zu jeder allgemeinen Gleichung eine und nur eine Gerade, deren Gleichung sie ist.* Die zugehörige Hessesche Normalform erhält man, indem man die allgemeine Gleichung durch λ dividiert. Hierfür sagt man kurz: «*Man bringt die allgemeine Gleichung auf die Hessesche Normalform.*»

7. Satz: *Man bringt die allgemeine Gleichung:*

$$A x + B y + C = 0, \quad A^2 + B^2 \neq 0,$$

auf die HESSE*sche Normalform, indem man alle ihre Koeffizienten durch* $\lambda = \pm \sqrt{A^2 + B^2}$ *dividiert. Im Falle* $C \neq 0$ *hat man für* λ *das entgegengesetzte Zeichen von* C *zu wählen. Im Falle* $C = 0$ *ist die Wahl des Vorzeichens willkürlich.*

Aus den drei Gleichungen zwischen A, B, C einerseits und λ, d, α anderseits folgt die von λ unabhängige Doppelproportion:

$$A : B : C = \cos \alpha : \sin \alpha : -d.$$

Die linken Verhältnisse sind somit für jede Gerade fest gegeben. Andere Werte der Verhältnisse ändern auch die Gerade. Es liegt daher nahe, Gleichungen, für die $A : B : C$ denselben Wert hat, als gleich aufzufassen. Statt zu sagen, daß eine Gerade unendlich viele Gleichungen hat, die sich um konstante Faktoren unterscheiden, nimmt man sie als eine einzige Gleichung, in der nur die Verhältnisse $A : B : C$ maßgebend sind. Dadurch kommt man zu einer umkehrbar eindeutigen Beziehung zwischen den Geraden und ihren Gleichungen.

III. Hauptsatz: *Jede Gerade besitzt in bezug auf das Axenkreuz eine Gleichung:*

$$A x + B y + C = 0, \quad A^2 + B^2 \neq 0,$$

die nur vom Verhältnis $A : B : C$ *abhängt; umgekehrt gehört zu jedem Ausdruck:* $A x + B y + C$, $A^2 + B^2 \neq 0$, *eine und nur eine Gerade, deren Gleichung*

$$A x + B y + C = 0$$

ist.

Die linke Seite der allgemeinen Gleichung ist eine Funktion vom ersten Grade in x, y. Nach dem III. Hauptsatz besteht zwischen den Funktionen ersten Grades in x, y und den Geraden eine umkehrbar eindeutige Beziehung. Man identifiziert aus diesem Grunde diese Funktionen mit den Geraden, indem man sie in der Analysis «*Lineare Funktionen*», das heißt «*Geradenfunktionen*» (wegen «linea», lateinisch Gerade) nennt.

Bevor wir die Gleichung der Geraden diskutieren, wollen wir noch eine wichtige Anwendung der Theorie der HESSEschen Normalform machen. Es sei eine Gerade gegeben, worunter wir jetzt stets verstehen, daß ihre Gleichung bekannt ist. Wir dürfen sie in der HESSEschen Normalform:

$$x \cos \alpha + y \sin \alpha - d = 0$$

voraussetzen, da wir nach Satz 7 jede andere auf diese Form bringen können. Die Aufgabe, die wir lösen wollen, lautet: Es sei der Normalabstand eines beliebigen Punktes P_0 von der Geraden zu berechnen. P_0 sei durch seine Gleichungen:

$$P_0 \begin{cases} x = x_0, \\ y = y_0 \end{cases}$$

gegeben. Der Fußpunkt des Lotes von P_0 auf die Gerade sei Q. Wir geben dem Normalabstand $n = \overline{Q P_0}$ von vornherein eine Richtung und damit n ein Vorzeichen. Durch den Winkel α in der HESSEschen Normalform der Geraden ist eine Richtung der Senkrechten der Geraden ausgezeichnet. Der Vektor $n = \overrightarrow{Q P_0} = \mathfrak{n}$ sei positiv, wenn er diese Richtung der Senkrechten hat, sonst negativ. Um n zu berechnen, legen wir durch P_0 eine Parallele zur Geraden und fragen nach der HESSEschen Normalform dieser Hilfsgeraden. Wir unterscheiden die beiden Fälle:

a) *Die Hilfsgerade schneide den Vektor* $\mathfrak{d} = \overrightarrow{OD}$ *oder dessen Verlängerung* (Figur 26). Nach der Vektorrechnung sind $d + n, \alpha$ die Polarkoordinaten des Fußpunktes des Lotes von O auf die Hilfsgerade (wenn sie durch O geht, nehmen wir α als Winkel ihrer Normalen an). Die HESSEsche Normalform der Hilfsgeraden ist:

$$x \cos \alpha + y \sin \alpha - (d + n) = 0.$$

Da der Punkt P_0 auf der Geraden liegen soll, muß:

$$x_0 \cos \alpha + y_0 \sin \alpha - d - n = 0$$

sein, das heißt:

$$n = x_0 \cos \alpha + y_0 \sin \alpha - d.$$

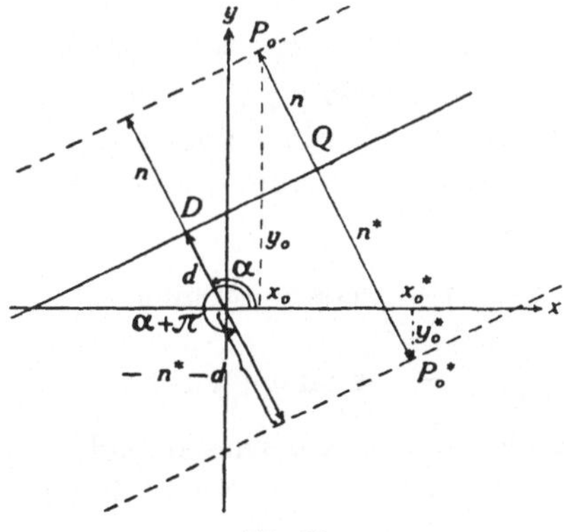

Fig. 26.

b) *Die Hilfsgerade schneide die Rückwärtsverlängerung des Vektors* $\mathfrak{d} = \overrightarrow{OD}$ (Fall von $P_0{}^*$ in Figur 26). n ist sicherlich negativ. Die Polarkoordinaten des Fußpunktes des Lotes von O auf die Hilfsgerade sind $-n - d, \alpha \pm \pi$; ihre HESSEsche Normalform wird:

$$- x \cos \alpha - y \sin \alpha + n + d = 0.$$

Da sie wieder durch P_0 geht, müssen x_0, y_0 sie befriedigen, was wie vorhin ausgerechnet ergibt:

$$n = x_0 \cos \alpha + y_0 \sin \alpha - d.$$

8. Satz: *Der Normalabstand eines Punktes von einer gegebenen Geraden ist gleich dem Werte der linken Seite der* HESSE*schen Normalform der Geraden, berechnet für die Koordinaten des Punktes. Er besitzt das positive oder negative Vorzeichen, je nachdem der Punkt auf der Seite der positiven oder negativen Richtung der Normalen der Geraden, wie sie durch die* HESSE*sche Normalform festgelegt ist, liegt.*

Geht die Gerade *nicht* durch den Nullpunkt, so kann die Bedingung des Vorzeichens des Normalabstandes einfach so ausgedrückt werden: n ist positiv oder negativ, je nachdem der Punkt auf der entgegengesetzten oder gleichen Seite der Geraden wie der Nullpunkt liegt.

Satz 8 ergibt den Beweis der Transformationsgleichungen im Falle der Drehung um den Winkel φ, wie wir sie früher für eine spezielle Lage hergeleitet hatten. Das gedrehte Koordinatensystem werde mit x', y' bezeichnet. Wir fragen nach der HESSEschen Normalform der Gleichungen der x'- und y'-Axen. Da diese durch O gehen, ist für beide $d = 0$, und wir dürfen die Richtung der Normalen willkürlich vorschreiben. Wir bestimmen die $+ y'$-Axe als Normalrichtung der x'-Axe, und die $+ x'$-Axe als Normalrichtung der y'-Axe. Daher ist α in der HESSEschen Normalform der y'-Axe der Drehwinkel φ, und in der HESSEschen Normalform der x'-Axe der Winkel $\varphi + \dfrac{\pi}{2}$, oder $\varphi - \dfrac{3\pi}{2}$. Die HESSEschen Normalgleichungen sind:

Für die x'-Axe: $x \cos \left(\varphi + \dfrac{\pi}{2}\right) + y \sin \left(\varphi + \dfrac{\pi}{2}\right) = 0$ oder $- x \sin \varphi + y \cos \varphi = 0$,

für die y'-Axe: $x \cos \varphi \quad\quad + y \sin \varphi \quad\quad = 0$.

Nun ist aber x' der Normalabstand eines allgemeinen Punktes von der y'-Axe, und zwar positiv auf der Seite der $+ x'$-Axe, negativ auf der Seite der $- x'$-Axe, somit nach Satz 8:

$$x' = x \cos \varphi + y \sin \varphi,$$

und ebenso:

$$y' = - x \sin \varphi + y \cos \varphi,$$

womit die beiden Formeln allgemein bewiesen sind.

Zur Diskussion der allgemeinen Geradengleichung:

$$A x + B y + C = 0, \quad A^2 + B^2 \neq 0,$$

unterscheiden wir folgende Fälle:

1. $A = 0$. Entspringt die Gleichung aus der HESSEschen Normalform:

$$x \cos \alpha + y \sin \alpha - d = 0,$$

so muß dann auch $\cos \alpha = 0$, also $\alpha = \dfrac{\pi}{2}$ oder $= \dfrac{3\pi}{2}$ sein. Die Gerade steht senkrecht auf der y-Axe oder ist parallel zur x-Axe (Figur 27).

2. $B = 0$. Entsprechend ist $\sin \alpha = 0$, also $\alpha = 0$ oder $= \pi$. Die Gerade ist parallel zur y-Axe (Figur 27).

3. $C = 0$. Dann ist $d = 0$ und die Gerade geht durch den Nullpunkt.

4. $C \neq 0$. Die Gerade geht *nicht* durch den Nullpunkt und schneidet die Axen in den beiden von O verschiedenen Punkten P_a und P_b, wobei einer dieser Punkte auch ins Unendliche fallen kann, wenn die Gerade zur betreffenden Axe parallel ist. Man nennt die Abszisse a von P_a und die Ordinate b von P_b die *Axenabschnitte* der Geraden. Ist die Gerade parallel zur x-Axe, das heißt $A = 0$ (Fall 1), so sei $a = \infty$; ist sie parallel zur y-Axe, das heißt $B = 0$ (Fall 2),

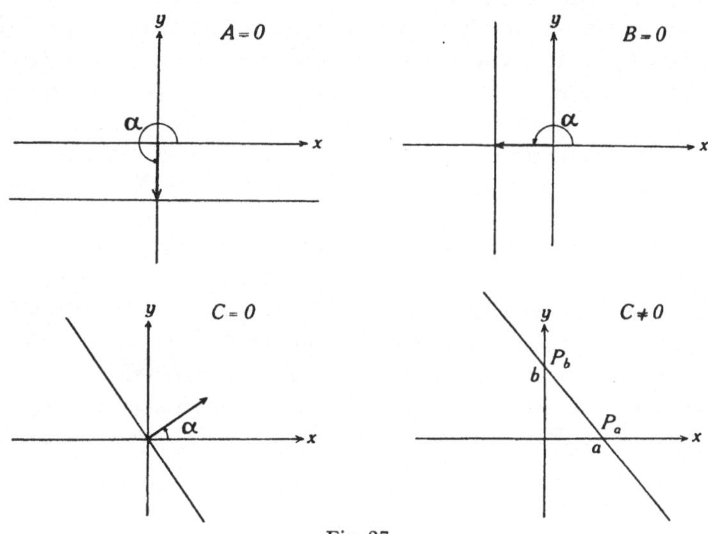

Fig. 27.

so sei $b = \infty$. Um a und b zu berechnen, bedenken wir, daß die (endlichen) Punkte P_a und P_b die Gleichungen haben:

$$P_a \begin{cases} x = a, \\ y = 0, \end{cases} \qquad P_b \begin{cases} x = 0, \\ y = b, \end{cases}$$

daß somit:

$$Aa + C = 0, \quad Bb + C = 0$$

sein muß, woraus:

$$a = -\frac{C}{A}, \qquad b = -\frac{C}{B}$$

folgt. Diese Formeln gelten auch, falls A oder $B = 0$ ist, da dann wegen $C \neq 0$ für a oder b unendlich erhalten wird, wie vorgeschrieben. Hieraus ergibt sich:

$$A = -\frac{C}{a}, \qquad B = -\frac{C}{b};$$

setzt man diese Werte in der Geradengleichung ein und kürzt durch $-C \neq 0$, so ergibt sich:

$$\frac{x}{a} + \frac{y}{b} - 1 = 0.$$

Man nennt diese Gleichung die *Axengleichung der Geraden*.

5. $B\neq 0$. Die Gerade ist *nicht* parallel zur y-Axe. Man darf ihre Gleichung nach y auflösen:

$$y = n\,x + p, \quad \text{wo } n = -\frac{A}{B}, \quad p = -\frac{C}{B} \text{ ist}.$$

Diese Gleichung heißt die *explizite Form der Geradengleichung*. Trotzdem alle zur y-Axe parallelen Geraden ausgeschlossen sind, ist sie darum besonders zweckmäßig, weil die Koeffizienten n und p eine einfache geometrische Bedeutung haben. Für $x = 0$ wird $y = p$; also ist p der vorhin definierte Axenabschnitt auf der y-Axe. Um n geometrisch zu deuten, schalten wir folgende wichtige Betrachtung ein. Durch jede Gerade wird eine *Richtung* gegeben. Im Gegensatz zur Theorie der HESSEschen Normalform, in der die Senkrechte zur Geraden eine gerichtete Gerade war, wollen wir jetzt nicht zwischen ihrer positiven und negativen Richtung unterscheiden. Um ihre Richtung festzulegen, definieren wir:

Definition des Richtungswinkels: *Die zur x-Axe parallelen Geraden haben den Richtungswinkel null. Sind die Geraden nicht zur x-Axe parallel, so versteht man unter ihrem Richtungswinkel mit der positiven x-Axe den Winkel, den die letztere bestreicht, falls man sie um ihren Schnittpunkt mit der Geraden in positivem Sinne so lange dreht, bis sie zum ersten Male in die Gerade fällt.*

Aus der Definition folgt, daß parallele Geraden denselben Richtungswinkel haben, und daß jeder Richtungswinkel φ zwischen den Grenzen liegt (Figur 28):

$$0 \leqq \varphi < \pi.$$

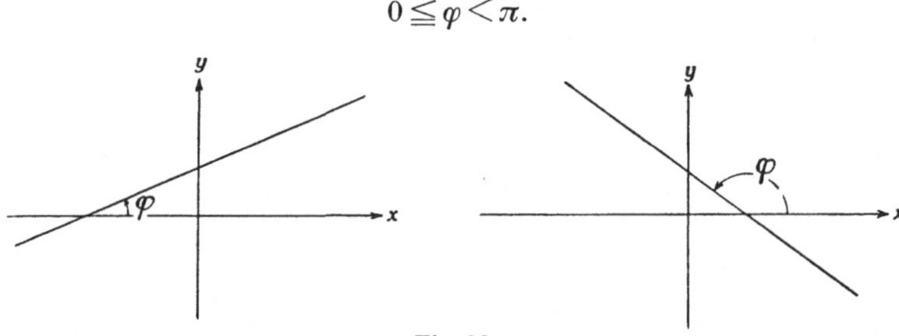

Fig. 28.

Er ist nicht zu verwechseln mit dem Winkel der Polarkoordinatensysteme. Es ergibt sich die Aufgabe, den Richtungswinkel φ einer Geraden aus ihrer Gleichung zu berechnen. Wegen der Grenzen von φ können wir als trigonometrische Funktion die Tangensfunktion wählen, da diese innerhalb der Grenzen von φ alle reellen Zahlen durchläuft und jeden Wert nur einmal annimmt. Allerdings wird sie für $\varphi = \frac{\pi}{2}$ unendlich. Dann ist die Gerade parallel zur y-Axe (Fall 2). Ist die Gerade durch die HESSEsche Normalform gegeben:

$$x \cos \alpha + y \sin \alpha - d = 0,$$

so erkennt man aus den vier Fällen von Figur 29, daß:

$$\varphi = \alpha \pm \frac{\pi}{2} \text{ oder } = \alpha - \frac{3\pi}{2}$$

sein muß, also:

$$\operatorname{tg}\varphi = \operatorname{tg}\left(\alpha - \frac{\pi}{2}\right) = -\operatorname{tg}\left(\frac{\pi}{2} - \alpha\right) = -\operatorname{cotg}\alpha$$

wird. Da in der allgemeinen Gleichung $Ax + By + C = 0$ für $\lambda \neq 0$: $A = \lambda \cos \alpha$, $B = \lambda \sin \alpha$ sein muß, so ist:

$$\operatorname{tg}\varphi = -\frac{A}{B}\,.$$

Diese Formel behält ihre Gültigkeit, wenn $\varphi = \frac{\pi}{2}$ ist, das heißt, wenn die Gerade parallel zur y-Axe ist, da dann $B = 0$, $A \neq 0$ sein muß.

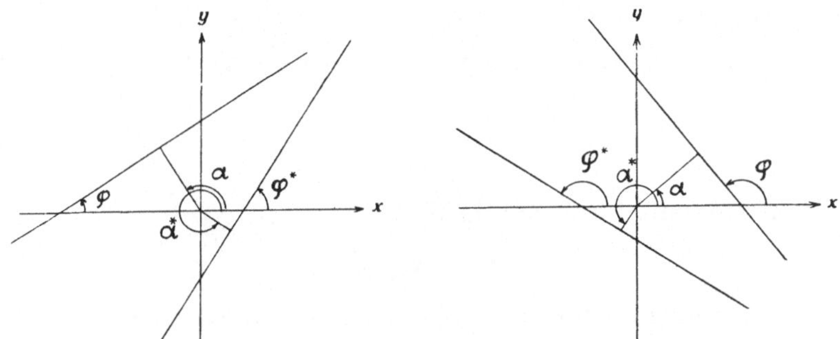

Fig. 29.

Wenden wir dieses Resultat jetzt auf den Fall 5 der expliziten Form der Geradengleichung $y = nx + p$ an, so ist:

$$n = \operatorname{tg}\varphi,$$

womit die geometrische Deutung erreicht ist. Man nennt n den *Richtungskoeffizienten der Geraden*.

9. Satz: *Jede Gerade, die nicht parallel zur y-Axe ist, besitzt eine explizite Form ihrer Gleichung:*

$$y = nx + p,$$

wo p der Axenabschnitt auf der y-Axe ist, und der Richtungskoeffizient $n = \operatorname{tg}\varphi$ den Richtungswinkel φ der Geraden bestimmt.

Wir können jetzt die beiden grundlegenden Probleme lösen:

1. Problem: Von einer Geraden kenne man einen Punkt P_1 und den Richtungswinkel φ. Man berechne die Gleichung der Geraden. Da durch einen Punkt und den Richtungswinkel die Gerade bestimmt ist, gibt es nur eine Lösung des Problems.

P_1 besitze die Gleichungen:

$$P_1 \begin{cases} x = x_1, \\ y = y_1; \end{cases}$$

der gegebene Richtungswinkel genügt der Bedingung $0 \leqq \varphi < \pi$. Wir unterscheiden die beiden Fälle:

a) $\varphi = \frac{\pi}{2}$. Da die Gerade parallel zur y-Axe sein muß, ist in ihrer allgemeinen Gleichung $B = 0$, $A \neq 0$. Sie hat somit die Gestalt:

$$A x + C = 0,$$

und da P_1 auf ihr liegt, muß:

$$A x_1 + C = 0$$

sein, woraus wegen $A \neq 0$:

$$x - x_1 = 0$$

die gesuchte Gleichung ist.

b) $\varphi \neq \frac{\pi}{2}$. Die Gerade ist *nicht* parallel zur y-Axe, besitzt also nach Satz 9 eine explizite Form der Gleichung:

$$y = n x + p,$$

wo $n = \mathrm{tg}\,\varphi$ sein muß. Da P_1 auf ihr liegt, ist:

$$y_1 = n x_1 + p.$$

Subtrahiert man diese Gleichung von der vorigen, so ist p eliminiert:

$$y - y_1 = n\,(x - x_1) = \mathrm{tg}\,\varphi\,(x - x_1),$$

womit die Aufgabe gelöst ist. Schreibt man für $\mathrm{tg}\,\varphi$ den Quotienten $\sin\varphi/\cos\varphi$, so läßt sich die Gleichung so schreiben:

$$\frac{y - y_1}{\sin\varphi} = \frac{x - x_1}{\cos\varphi}.$$

Kürzt man den Quotienten mit t ab, so läßt sich die Gleichung durch zwei ersetzen:

$$x = x_1 + t \cos\varphi,$$
$$y = y_1 + t \sin\varphi,$$

worin jetzt ein Parameter t auftritt. Eliminiert man ihn aus den beiden Gleichungen, so entsteht wieder die ursprüngliche Gleichung der Geraden. Die neue Darstellung hat den großen Vorteil, daß beide Fälle a) und b) in ihr enthalten sind. Denn für $\varphi = \frac{\pi}{2}$ ist $\cos\varphi = 0$ und die erste der beiden Gleichungen ist die Gleichung der Geraden. Ebenso gelten sie für $\varphi = 0$, wo $\sin\varphi = 0$, $y = y_1$ wird. Nun zeigt die Analysis, daß man eine ebene Kurve durch zwei Gleichungen:

$$x = \varphi(t), \quad y = \psi(t)$$

mit Hilfe eines Parameters t geben kann. Man nennt die Darstellung *uniformisiert*. Im Falle der Geraden zeigt unsere Lösung, daß man in der uniformisierten Darstellung $\varphi(t)$ und $\psi(t)$ als lineare Funktionen von t annehmen darf. Sie ergibt uns auch eine sehr einfache geometrische Deutung von t. Ist P ein beliebiger Punkt der Geraden, so fällt für $t = 0$ P mit P_1 zusammen. In allen übrigen Fällen ist t die positive oder negative Länge der Strecke P_1P (Figur 30), und zwar tritt das positive Zeichen auf für alle Punkte der einen Halbgeraden von P_1 an, das negative für diejenigen der andern Halbgeraden. Man gibt daher der Geraden eine *Richtung* und faßt sie als t-Axe auf mit dem Nullpunkt in P_1 und derselben Einheitsstrecke wie das gegebene System. Die Richtung ist für Gerade, die parallel zur x-Axe sind, gleich wie die der x-Axe; für die übrigen Fälle geht sie vom Schnittpunkt mit der x-Axe in den 1. oder 2. Quadranten. Jeder Punkt der Geraden ist jetzt eindeutig durch den *Vektor* $\mathfrak{t}=t$ festgelegt, der die *Komponenten* $t\cos\varphi$ und $t\sin\varphi$ besitzt. Legen andererseits die Punkte P und P_1 die Vektoren $\mathfrak{r}=\overrightarrow{OP},\mathfrak{r}_1=\overrightarrow{OP_1}$ fest mit den Komponenten $\mathfrak{x}=x,\mathfrak{y}=y$, respektive $\mathfrak{x}_1=x_1,\mathfrak{y}_1=y_1$, so muß nach der Definition der Vektoraddition (Figur 30):

$$\mathfrak{r}=\mathfrak{r}_1+\mathfrak{t}$$

sein, und da die Komponenten links die arithmetische Summe der Komponenten rechts sein müssen, ist

$$x=x_1+t\cos\varphi,$$
$$y=y_1+t\sin\varphi,$$

was die ursprünglichen Gleichungen sind. Die Vektorgleichung enthält dieselben somit.

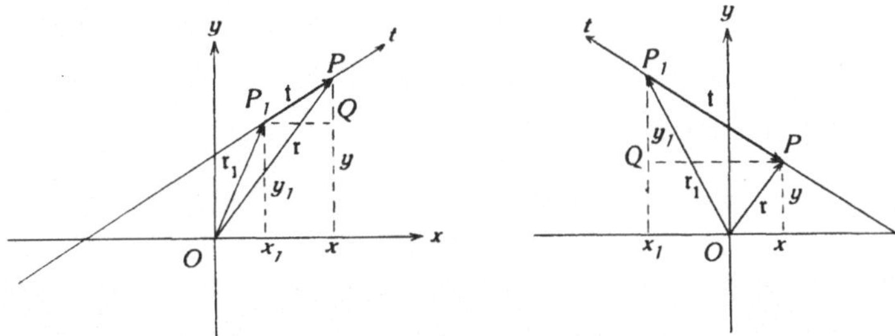

Fig. 30.

2. *Problem: Von einer Geraden kenne man zwei Punkte P_1 und P_2. Man berechne Ihre Gleichung.* Da die Gerade durch zwei Punkte eindeutig festgelegt ist, gibt es nur eine Lösung.

Die Punkte haben die Gleichungen:

$$P_1\begin{cases} x=x_1, \\ y=y_1, \end{cases} \qquad P_2\begin{cases} x=x_2, \\ y=y_2. \end{cases}$$

Wir unterscheiden:

a) $x_1=x_2$. Die Gerade muß offenbar parallel zur y-Axe sein. In ihrer allgemeinen Gleichung ist $B=0, A\neq 0$. Sie lautet:

$$Ax+C=0,$$

und da sie durch P_1 und P_2 geht, muß wegen $x_1=x_2$ nur:

$$Ax_1+C=0$$

werden, was wieder auf

$$x - x_1 = 0, \text{ respektive } x - x_2 = 0$$

führt.

b) $x_1 \neq x_2$. Die Gerade ist *nicht* parallel zur y-Axe und besitzt die explizite Form der Gleichung:

$$y = nx + p.$$

Zunächst geht die Gerade durch P_1; somit wird:

$$y_1 = nx_1 + p,$$

woraus durch Subtraktion p eliminiert wird:

$$y - y_1 = n\,(x - x_1).$$

Da die Gerade auch durch P_2 geht, muß:

$$y_2 - y_1 = n\,(x_2 - x_1),$$

was für den Richtungskoeffizienten ergibt:

$$n = \frac{y_2 - y_1}{x_2 - x_1}.$$

Wird dieser Wert eingesetzt, so findet man die gesuchte Gleichung:

$$y - y_1 = \frac{y_2 - y_1}{x_2 - x_1}\,(x - x_1).$$

Schreibt man die Gleichung in der Form:

$$\frac{y - y_1}{y_2 - y_1} = \frac{x - x_1}{x_2 - x_1}$$

und kürzt den Quotienten mit t ab, so erhält man die *uniformisierte Darstellung*:

$$x = x_1 + (x_2 - x_1)\,t = (1 - t)\,x_1 + t\,x_2,$$
$$y = y_1 + (y_2 - y_1)\,t = (1 - t)\,y_1 + t\,y_2.$$

Fig. 31.

Sie hat wieder den Vorteil, für beide Fälle a) und b) zu gelten. Durchläuft t alle reellen Zahlen, so erhält man alle Punkte der Geraden. Für $t = 0$ erhält man P_1, für $t = 1$ P_2. Gibt man der Geraden die Richtung des Vektors $\overrightarrow{P_1 P_2}$ und faßt man sie als t-Axe auf, so hat sie den Nullpunkt P_1 und die Einheitsstrecke P_1P_2. Jedem ihrer Punkte entspricht der in dieser Einheit gemessene Vektor $\mathfrak{t}=t$ (Figur 31). Für alle t zwischen 0 und 1:

$$0 \leqq t \leqq 1$$

erhält man die Punkte der Strecke P_1P_2, für $t=\frac{1}{2}$ ihren Mittelpunkt M:

$$M \begin{cases} x = \dfrac{x_1+x_2}{2}, \\ y = \dfrac{y_1+y_2}{2}. \end{cases}$$

10. Satz: *Die Koordinaten des Mittelpunktes einer Strecke sind die arithmetischen Mittel der entsprechenden Koordinaten der Endpunkte.*

Führt man wieder die Vektoren $\mathfrak{r}_1=\overrightarrow{OP_1}$ und $\mathfrak{r}=\overrightarrow{OP}$ ein, wo P ein allgemeiner Punkt der Geraden ist, so muß:

$$\mathfrak{r}=\mathfrak{r}_1+\mathfrak{t}$$

sein, und die Komponenten dieser Vektorgleichung ergeben wieder die uniformisierte Darstellung.

Ist umgekehrt eine uniformisierte Darstellung der Gestalt:

$$x = a+bt,$$
$$y = c+dt$$

gegeben, wo a, b, c, d, $b^2+d^2 \neq 0$, Konstanten sind, so ist die zugehörige Kurve stets eine Gerade. Denn für $t=0$ und $t=1$ erhält man zwei Punkte:

$$P_1 \begin{cases} x=a=x_1, \\ y=c=y_1, \end{cases} \qquad P_2 \begin{cases} x=a+b=x_2, \\ y=c+d=y_2, \end{cases}$$

aus denen

$$\begin{aligned} a &= x_1, & b &= x_2-x_1, \\ c &= y_1, & d &= y_2-y_1, \end{aligned}$$

folgt. Setzt man dies in den beiden Gleichungen ein, so findet man genau die Gleichungen der Geraden durch die Punkte P_1 und $P_2 \neq P_1$.

Die für den Richtungskoeffizienten n im Falle b) gefundene Gleichung:

$$n = \frac{y_2-y_1}{x_2-x_1}$$

gibt eine Methode, um mittels des *charakteristischen Dreiecks* rasch die Gerade $y=nx+p$ zu zeichnen. Man sucht durch Probieren zuerst einen Punkt P_1 zu erhalten, der auf das vorgelegte Stück Papier mit seinem gegebenen Koordinatensystem fällt. Von ihm geht man nach rechts (das heißt im Sinne der $+x$-Axe) um die Einheitsstrecke zum Punkt Q mit den Koordinaten x_1+1, y_1 (Figur 32). Von Q trägt man den Vektor n seinem Vorzeichen gemäß nach oben oder unten ab; der Endpunkt von n ist P_2 (für $n = 0$ ist schon $Q = P_2$). Dieser besitzt die Gleichungen:

$$x = x_1 + 1 = x_2,$$
$$y = y_1 + n = y_2.$$

Daher hat die Gerade durch P_1 und P_2 den Richtungskoeffizienten $n = (y_2 - y_1)/(x_2 - x_1)$. Das Dreieck $P_1 Q P_2$ heißt das *charakteristische Dreieck*, da es an jedem Punkt P_1 angesetzt werden kann.

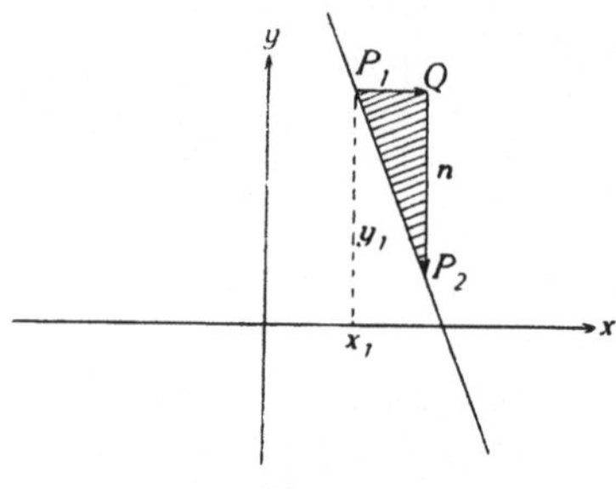

Fig. 32.

Sind *zwei* voneinander verschiedene Geraden gegeben:

$$A_1 x + B_1 y + C_1 = 0,$$
$$A_2 x + B_2 y + C_2 = 0,$$

(die nur gleich wären, wenn $A_1 : A_2 = B_1 : B_2 = C_1 : C_2 = \lambda$ ist), so fragen wir zuerst nach ihrem *Schnittpunkt*. Seine Koordinaten müssen beide Gleichungen befriedigen. *Das algebraische Problem, zwei lineare Gleichungen mit zwei Unbekannten zu lösen, ist also identisch mit dem geometrischen Problem, den Schnitt zweier Geraden zu bestimmen,* eine Bemerkung, die klar den Zusammenhang der beiden Gebiete beleuchtet. Die algebraische Methode der Auflösung ist die *Eliminationsmethode*. Man findet:

$$(A_1 B_2 - A_2 B_1) x + (C_1 B_2 - C_2 B_1) = 0,$$
$$(A_1 B_2 - A_2 B_1) y + (C_2 A_1 - C_1 A_2) = 0.$$

Ist $A_1 B_2 - A_2 B_1 \neq 0$, so ergibt sich eine einzige Lösung x, y, also auch ein und nur ein Schnittpunkt. Die Bedingung schreibt man als (zweigliedrige) *Determinante:*

$$\begin{vmatrix} A_1 & B_1 \\ A_2 & B_2 \end{vmatrix} \neq 0.$$

Ist die Determinante null, und sind die beiden Geraden voneinander verschieden, so gibt es keine gemeinsame Lösung; daher müssen die Geraden parallel sein. *Somit ist*

$$\begin{vmatrix} A_1 & B_1 \\ A_2 & B_2 \end{vmatrix} \equiv A_1 B_2 - A_2 B_1 = 0$$

die Bedingung der Parallelität der beiden Geraden.

Außer dem Schnittpunkt sind bei zwei Geraden die *Winkel*, die sie miteinander bilden, zu berechnen. Ist φ einer derselben, so sind die übrigen $= \varphi$ oder $= \pi - \varphi$. $\pm \operatorname{tg} \varphi$ bestimmt daher das Problem völlig. Sind φ_1 und φ_2 die Richtungswinkel der beiden Geraden, so zeigt Figur 33, daß $\varphi = \pm (\varphi_2 - \varphi_1)$ stets einer der Winkel der beiden Geraden ist. Ist keine der beiden Geraden zur y-Axe parallel, das heißt φ_1 und φ_2 von $\frac{\pi}{2}$ verschieden, so muß nach Seite 39

$$\operatorname{tg} \varphi_1 = - \frac{A_1}{B_1}, \qquad \operatorname{tg} \varphi_2 = - \frac{A_2}{B_2}$$

sein, und es wird:

$$\operatorname{tg} \varphi = \pm \operatorname{tg} (\varphi_2 - \varphi_1) = \pm \frac{\operatorname{tg} \varphi_2 - \operatorname{tg} \varphi_1}{1 + \operatorname{tg} \varphi_1 \operatorname{tg} \varphi_2} = \pm \frac{A_1 B_2 - A_2 B_1}{A_1 A_2 + B_1 B_2}.$$

Diese Formel gilt, wie man sich sofort überzeugt, auch für den Fall, daß eine oder beide Geraden zur y-Axe parallel sind. Denn dann gilt für die betreffenden $A, B : B = 0$, $A \neq 0$. Ist $\varphi = 0$ oder π, so erhält man als Bedingung für parallele Geraden wieder $A_1 B_2 - A_2 B_1 = 0$. Ist dagegen $\varphi = \frac{\pi}{2}$, das heißt $\operatorname{tg} \varphi = \infty$, so muß $A_1 A_2 + B_1 B_2 = 0$ sein.

11. Satz: *Die durch die Gleichungen:*

$$A_1 x + B_1 y + C_1 = 0, \quad A_2 x + B_2 y + C_2 = 0$$

gegebenen Geraden sind zueinander parallel, wenn $A_1 B_2 - A_2 B_1 = 0$, senkrecht aufeinander, wenn $A_1 A_2 + B_1 B_2 = 0$ ist.

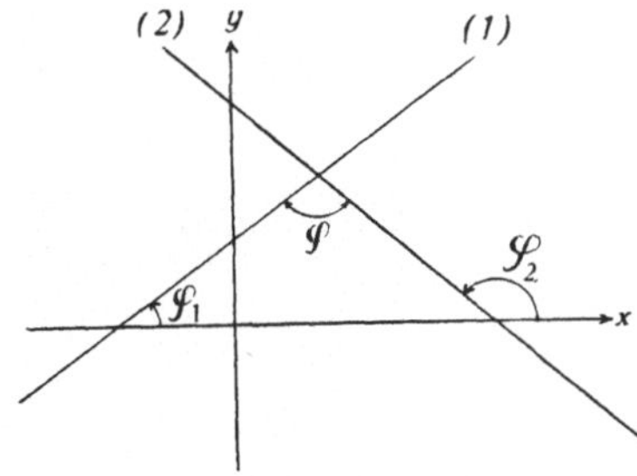

Fig. 33.

Sind die Richtungskoeffizienten endlich, so kann man gemäß den obigen Gleichungen die Bedingung, daß die Geraden senkrecht aufeinander sind, auch so schreiben:

$$n_1 n_2 + 1 = 0, \text{ oder } n_2 = - \frac{1}{n_1}.$$

Die zweite Form gilt auch für $n_1 = \infty$, da dann $n_2 = 0$ sein muß.

12. Satz: *Zwei Geraden sind aufeinander senkrecht, wenn das Produkt ihrer Richtungskoeffizienten -1 ist.*

Drei Geraden legen in der Ebene ein Dreieck fest, falls keine zwei zueinander parallel sind. Seiten, Winkel und Inhalt eines solchen haben wir schon im ersten Paragraphen berechnet. Degeneriert das Dreieck zu einem Punkte, so sagt man, die drei Geraden gehören demselben *Geradenbüschel* an. Ein solches ist durch den gemeinsamen Punkt gegeben, oder durch zwei sich in ihm schneidende Geraden:

$$(1) \equiv A_1 x + B_1 y + C_1 = 0,$$
$$(2) \equiv A_2 x + B_2 y + C_2 = 0,$$

wobei (1) und (2) die Abkürzungen der linken Seiten der Gleichungen bedeuten. Wie erhält man die Gleichungen *aller* Geraden des Geradenbüschels? Wir multiplizieren die gegebenen Gleichungen mit den von 0 verschiedenen Konstanten λ_1, respektive λ_2 und addieren sie:

$$\lambda_1 (1) + \lambda_2 (2) = 0.$$

Diese Relation ist wieder eine lineare Gleichung: $Ax + By + C = 0$, wo $A^2 + B^2 \neq 0$ sein muß. Denn sonst wäre:

$$A \equiv \lambda_1 A_1 + \lambda_2 A_2 = 0,$$
$$B \equiv \lambda_1 B_1 + \lambda_2 B_2 = 0,$$

woraus, da $\lambda_1 \neq 0$, $\lambda_2 \neq 0$ ist, die Beziehung $A_1 B_2 - A_2 B_1 = 0$ folgen würde. Nach Satz 11 wären die beiden Geraden parallel, gegen Annahme, daß sie sich in einem Punkte schneiden. Daher ist $\lambda_1 (1) + \lambda_2 (2) = 0$ die Gleichung einer Geraden. Diese muß durch den Schnittpunkt der beiden gegebenen Geraden gehen,

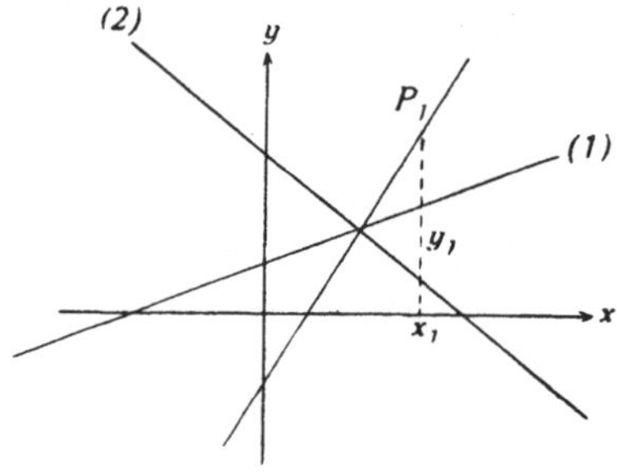

Fig. 34.

für den ja (1) = 0 und (2) = 0 sein muß, gehört also dem Geradenbüschel an. Wir behaupten, daß wir in dieser Form *alle* übrigen Geraden des Büschels erhalten, wenn wir nur λ_1, λ_2 alle möglichen Werte geben. Um dies zu beweisen, gehen wir vom Gegenteil aus und setzen voraus, es gäbe eine dritte Gerade, deren Gleichung nicht erhalten werde. Auf ihr liege ein nicht mit dem Schnittpunkt der ersten Geraden zusammenfallender Punkt P_1 mit den Gleichungen:

$$P_1 \begin{cases} x = x_1, \\ y = y_1. \end{cases}$$

(Figur 34). Wir setzen:

$$n_1 = A_1 x_1 + B_1 y_1 + C_1,$$
$$n_2 = A_2 x_1 + B_2 y_1 + C_2,$$

dann sind n_1 und n_2 nicht null, da P_1 auf keiner der ersten Geraden liegen soll. Wählen wir jetzt $\lambda_1 = n_2$, $\lambda_2 = -n_1$, so ist:

$$n_2(1) - n_1(2) = 0$$

eine Gerade des Büschels, die durch den Punkt P_1 geht; sie fällt also mit der angenommenen Geraden zusammen, die darum gegen Annahme ebenfalls die gewünschte Darstellung besitzt. Damit erhalten wir durch $\lambda_1(1) + \lambda_2(2) = 0$ *alle* Geraden des Büschels. Wenn also:

$$(3) \equiv A_3 x + B_3 y + C_3 = 0$$

mit $(1) = 0$ und $(2) = 0$ demselben Geradenbüschel angehört, so muß die Gleichung identisch sein mit einer der Gleichungen $\lambda_1(1) + \lambda_2(2) = 0$. Es muß daher einen Faktor $-\lambda_3$ geben, so daß identisch:

$$-\lambda_3(3) \equiv \lambda_1(1) + \lambda_2(2) \quad \text{oder} \quad \lambda_1(1) + \lambda_2(2) + \lambda_3(3) \equiv 0$$

sein muß. Das Identitätszeichen sagt aus, daß alle drei Koeffizienten links und rechts dieselben sind; die Identität fordert also drei Bedingungsgleichungen.

13. Satz: *Damit drei voneinander verschiedene nicht parallele Geraden* $(1) = 0$, $(2) = 0$, $(3) = 0$ *demselben Geradenbüschel angehören, ist notwendig und hinreichend, daß es drei von null verschiedene Konstanten* $\lambda_1, \lambda_2, \lambda_3$ *gibt, so daß identisch:*

$$\lambda_1(1) + \lambda_2(2) + \lambda_3(3) \equiv 0$$

ist.

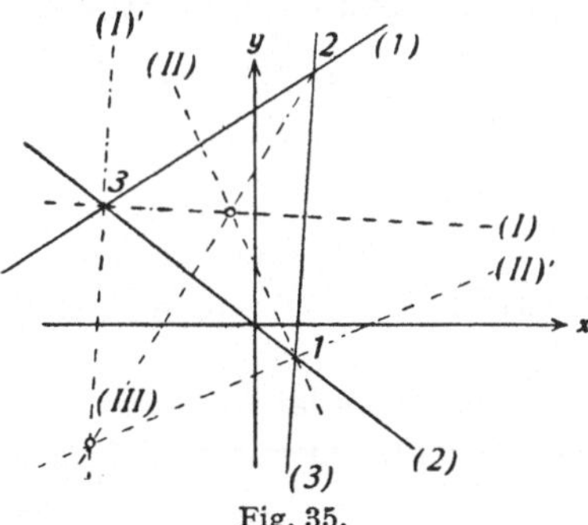

Fig. 35.

Setzt man in der Identität von Satz 13 für (1), (2), (3) die linken Seiten der Gleichungen ein, so sind die Koeffizienten von x und y, sowie das konstante Glied null, das heißt:

$$A_1\lambda_1 + A_2\lambda_2 + A_3\lambda_3 = 0,$$
$$B_1\lambda_1 + B_2\lambda_2 + B_3\lambda_3 = 0,$$
$$C_1\lambda_1 + C_2\lambda_2 + C_3\lambda_3 = 0.$$

Eine einfache algebraische Rechnung ergibt hieraus, da alle $\lambda \neq 0$ sind, daß die Determinante:

$$\begin{vmatrix} A_1 & A_2 & A_3 \\ B_1 & B_2 & B_3 \\ C_1 & C_2 & C_3 \end{vmatrix} = 0$$

sein muß. Dies ist die *algebraische* Bedingung für die Existenz der drei λ.

Als einfache Anwendung nehmen wir drei *nicht* demselben Geradenbüschel angehörende Geraden: (1) = 0, (2) = 0, (3) = 0, von denen keine zwei zueinander parallel sein sollen. Sie bilden ein Dreieck. Die Gleichungen seien auf die HESSEsche Normalform gebracht. Die beiden Winkelhalbierenden von (1) und (2) werden durch:

$$(1) \pm (2) = 0$$

gegeben. Denn diese Geraden gehen durch den Schnittpunkt von (1) und (2), und jeder ihrer Punkte hat von den beiden Geraden nach Satz 8 absolut gleiche Normalabstände, sie sind also wirklich die Halbierenden. Ebenso bilden wir die Gleichungen der Winkelhalbierenden von (1) und (3) und von (2) und (3) (Figur 35):

$$(3) \pm (1) = 0,$$
$$(2) \pm (3) = 0.$$

Dann gehören sowohl die drei Geraden:

$$(I) \equiv (1) - (2) = 0,$$
$$(II) \equiv (2) - (3) = 0,$$
$$(III) \equiv (3) - (1) = 0,$$

als auch:

$$(I)' \equiv (1) + (2) = 0,$$
$$(II)' \equiv (2) + (3) = 0,$$
$$(III)' \equiv (3) - (1) = 0,$$

demselben Geradenbüschel an. Denn es ist identisch:

$$(I) + (II) + (III) \equiv 0,$$
$$(I)' - (II)' + (III)' \equiv 0.$$

Damit sind die bekannten Sätze bewiesen, daß die Winkelhalbierenden des Dreiecks sowie zwei Winkelhalbierende von Außenwinkeln und die Halbierende des nicht zu diesen Außenwinkeln gehörenden Dreieckwinkels sich in einem Punkte schneiden.

Die Theorie des Geradenbüschels läßt uns die *Eliminationstheorie* bei der Lösung von zwei linearen Gleichungen mit zwei Unbekannten verstehen. Soll aus:

$$A_1 x + B_1 y + C_1 = 0, \quad A_2 x + B_2 y + C_2 = 0, \quad A_1 B_2 - A_2 B_1 \neq 0,$$

x und y berechnet werden, so besteht das Eliminationsverfahren darin, daß man diejenigen Geraden des durch die beiden Gleichungen gegebenen Geradenbüschels sucht, die zu je einer Axe parallel sind, und die deshalb die Gleichungen des Schnittpunktes sind.

In der höhern Mathematik benutzt man allgemeinere Koordinaten als die bisherigen. Wir hatten gesehen, daß die Koordinaten aller Punkte P einer Axe nicht absolute Zahlen sind, sondern positiv oder negativ genommene Verhältniszahlen zwischen der Strecke OP und der festgewählten Einheitsstrecke. Würden wir die Einheitsstrecke in einer beliebigen andern Einheit messen, und entsprechend die Strecke OP, so bliebe das Verhältnis der neuen Maßzahlen gleich. Hat die Einheitsstrecke in einer andern Einheit gemessen die Maßzahl t, und die Strecke in derselben Einheit gemessen die zugeordnete Zahl x, so ist das alte x nichts anderes als das Verhältnis $x:t$. Ebenso kann man das alte y durch $y:t$ ersetzen. Man nennt $x:y:t$ die *homogenen Koordinaten* des Punktes. Der Punkt wird jetzt nicht mehr durch feste Werte zweier Größen, sondern durch die beiden Verhältnisse gegeben:

$$x:y:t,$$

wobei nur der Fall, daß alle x, y, t null sind, ausgeschlossen wird. Für homogene Koordinaten lautet die *Gleichung der Geraden:*

$$Ax + By + Ct = 0;$$

sie ist ebenfalls nur von den Verhältnissen:

$$A:B:C$$

abhängig. Alle Gleichungen, für die $A:B:C$ dieselben Werte haben, ergeben dieselbe Gerade; genau wie alle Werte von x, y, t, für die $x:y:t$ dieselben Werte besitzen, denselben Punkt ergeben. Nun treten x, y, t und A, B, C symmetrisch in der Gleichung der Geraden auf, da $xA + yB + tC = 0$ dasselbe bedeutet. Man kann somit ebensogut sagen, daß $A:B:C$ einen Punkt und $x:y:t$ eine Gerade festlegt. Nehmen wir zwei Ebenen, eine erste mit den homogenen Punktkoordinaten $x:y:t$ und eine zweite mit den homogenen Punktkoordinaten $A:B:C$, so entspricht jedem Punkt der ersten eine Gerade der zweiten und jedem Punkt der zweiten eine Gerade der ersten; und umgekehrt jeder Geraden der ersten ein Punkt der zweiten und jeder Geraden der zweiten ein Punkt der ersten. Das eine Mal wird $x:y:t$ festgehalten, und es werden alle Lösungen $A:B:C$ von $Ax + By + Ct = 0$ gesucht; das andere Mal wird $A:B:C$ festgehalten und alle Lösungen $x:y:t$ der Gleichung gesucht. Wenn daher ein Theorem, in dem nur das Schneiden und Verbinden von Geraden und Punkten vorkommt, bewiesen ist, so behält es seine Gültigkeit, wenn man in ihm die Worte Punkt und Gerade vertauscht. Dabei muß man allerdings bei parallelen Geraden immer den unendlich fernen Punkt als *uneigentliches Element* einführen, wie dies in der *projektiven Geometrie* geschieht, die uns hier nicht beschäftigen soll. Man nennt in ihr das ausgesprochene Gesetz *das Prinzip der Dualität.* Zum Beispiel ist durch zwei Punkte eine Gerade gegeben und durch zwei Gerade ein Punkt, nämlich ihr Schnittpunkt (bei parallelen Geraden ihr unendlich ferner Punkt).

Zu weiteren Koordinatensystemen kommt man, wenn man drei beliebige Geraden in der Ebene wählt, die nicht demselben Geradenbüschel angehören, und von denen nicht je zwei parallel sind. Sie bilden ein Dreieck ABC mit den Seiten a, b, c (Figur 36). In bezug auf ein beliebiges, aber festgewähltes Koordinatensystem mit homogenen Koordinaten x, y, t seien:

$$A_1 x + B_1 y + C_1 t = 0,$$
$$A_2 x + B_2 y + C_2 t = 0,$$
$$A_3 x + B_3 y + C_3 t = 0,$$

die festgegebenen Gleichungen der Geraden. Für einen allgemeinen Punkt P der Ebene mit den homogenen Koordinaten x, y, t berechnen wir die Größen:

$$n_1 = A_1 x + B_1 y + C_1 t,$$
$$n_2 = A_2 x + B_2 y + C_2 t,$$
$$n_3 = A_3 x + B_3 y + C_3 t,$$

und nennen die Verhältnisse $n_1 : n_2 : n_3$ *die Dreieckskoordinaten von P*. Ist ein n null, so liegt der Punkt auf der betreffenden Dreiecksgeraden. Sind zwei n null, so ist der Punkt ein Eckpunkt des Dreiecks. Alle drei n können nicht null sein,

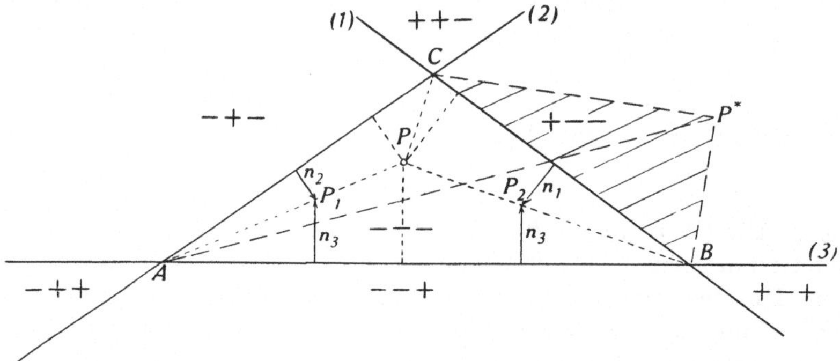

Fig. 36.

da die Geraden *nicht* durch einen Punkt gehen. Nun sind die homogenen Koordinaten x, y, t eines Punktes nur bis auf einen gemeinsamen Faktor λ bestimmt. Setzen wir aber in den Gleichungen für n_1, n_2, n_3 an Stelle von x, y, t die Werte $\lambda x, \lambda y, \lambda t$, so gehen die n über in $\lambda n_1, \lambda n_2, \lambda n_3$, die Verhältnisse der drei Zahlen, oder die Dreieckskoordinaten bleiben aber dieselben für alle λ. *Daher besitzt ein Punkt ein und nur ein Paar von Verhältnissen $n_1 : n_2 : n_3$, das heißt, seine Dreieckskoordinaten sind eindeutig bestimmt.* Es fragt sich, ob umgekehrt zu gegebenen Dreieckskoordinaten ein und nur ein Punkt gehört? Da die drei Geraden nicht demselben Geradenbüschel angehören, ist nach Seite 47

$$D \equiv \begin{vmatrix} A_1 & A_2 & A_3 \\ B_1 & B_2 & B_3 \\ C_1 & C_2 & C_3 \end{vmatrix} \neq 0.$$

Man kann daher *algebraisch* umgekehrt x, y, t aus n_1, n_2, n_3 ausrechnen und findet Ausdrücke der Gestalt:

$$D x = p_1 n_1 + p_2 n_2 + p_3 n_3,$$
$$D y = q_1 n_1 + q_2 n_2 + q_3 n_3,$$
$$D t = r_1 n_1 + r_2 n_2 + r_3 n_3,$$

wo die p, q, r nur von den A, B, C abhängen. Auch die n_1, n_2, n_3 sind nur bis auf einen Faktor λ bestimmt. Nimmt man die Werte $\lambda n_1, \lambda n_2, \lambda n_3$, so sieht man daß auch die homogenen Koordinaten x, y, t den Faktor λ erhalten, ihr Verhältnis $x : y : t$ somit dasselbe bleibt. Daher gehört zu den Werten der Dreieckskoordinaten ein und nur ein Punkt der Ebene. Wie finden wir diesen Punkt? Wir wollen diese Frage nur für den Fall beantworten, daß die drei Geraden durch ihre Hesseschen Normalformen gegeben sind, also:

$$n_1 = x \cos \alpha_1 + y \sin \alpha_1 - d_1,$$
$$n_2 = x \cos \alpha_2 + y \sin \alpha_2 - d_2,$$
$$n_3 = x \cos \alpha_3 + y \sin \alpha_3 - d_3,$$

wird, wobei wir zugleich in den homogenen Koordinaten $t = 1$ gesetzt haben. Nehmen wir weiter an, daß der Ursprung des Koordinatensystems im Innern des Dreiecks liegt, so stellt jedes n nach Satz 8 den positiven oder negativen Normalabstand eines Punktes von der betreffenden Dreiecksseite dar. In unserm Falle sind alle Normalen ins Innere des Dreiecks negativ, für die Punkte in diesem Innern sind somit alle n negativ. Jeder der 7 Teile, in die die Geraden die Ebene einteilen, werden bestimmte Vorzeichen für die drei n ergeben (siehe Figur 36). Wir bestimmen jetzt die Punkte P_1 und P_2, die von den Seiten die gerichteten Normalabstände n_2, n_3, respektive n_1, n_3 haben. Die Geraden AP_1 und BP_2 schneiden sich im Punkte P, dessen Normalabstände von den drei Seiten sich verhalten wie $n_1 : n_2 : n_3$. Für die Koordinaten dieses Punktes gibt es also ein λ, so daß $\lambda n_1, \lambda n_2, \lambda n_3$ die Werte der linken Seite der Hesseschen Normalgleichungen sind. Somit sind $n_1 : n_2 : n_3$ die Dreieckskoordinaten von P. Sind die n selbst diese Normalabstände ($\lambda = 1$), so können sie nicht voneinander unabhängig sein. Denn ist Δ der Inhalt des Dreiecks, so zerfällt es in drei Teildreiecke mit den Grundlinien a, b, c und den Höhen n_1, n_2, n_3; daher ist:

$$2\Delta = -a n_1 - b n_2 - c n_3.$$

Ist $Ax + By + Ct = 0$ die allgemeine Gleichung einer Geraden, so erhält man die *Gleichung der Geraden in Dreieckskoordinaten*, wenn man für x, y, t die obigen Ausdrücke in den n einsetzt. Man findet:

$$N_1 n_1 + N_2 n_2 + N_3 n_3 = 0,$$

wo die N nur von A, B, C, p, q, r abhängen. Dies ist wieder eine Gleichung derselben Form wie für homogene Koordinaten.

Kapitel II

PUNKT, EBENE UND GERADE IM RAUME

§ 1. Koordinaten des Punktes im Raume

Wir werden im folgenden ständig einige Sätze der Stereometrie benutzen, die wir zum leichtern Verständnis ohne Beweise zusammenstellen wollen:

1. Wenn eine Gerade auf einer Ebene senkrecht steht, so steht sie senkrecht auf jeder Geraden der Ebene, die durch ihre Spur geht.

2. Wenn eine Gerade eine Ebene schneidet und auf zwei durch ihre Spur gehenden Geraden der Ebene senkrecht steht, so steht sie auf der Ebene senkrecht.

3. Wenn eine Gerade auf einer Ebene senkrecht steht, so steht jede durch sie hindurchgehende Ebene senkrecht auf der ersten Ebene.

4. Wenn zwei Ebenen auf einer dritten Ebene senkrecht stehen, so steht ihre Schnittkante auf der dritten Ebene senkrecht.

Wir werden die Anwendung dieser Sätze im folgenden durch einen in Klammer hinzugefügten Hinweis auf die Nummer 1, 2, 3, 4 des betreffenden Satzes markieren.

Um einen Punkt im Raume festzulegen, denken wir uns eine Ebene fest gegeben. Es ist praktisch, die Ebene für den Beschauer zu orientieren. Dazu nehmen wir sie vor uns in *horizontaler* Lage (senkrecht zur Richtung der Schwerkraft) an. Um den Ort des Raumpunktes P in bezug auf die Ebene zu fixieren, projizieren wir P normal auf die Ebene. Der Fußpunkt sei P'; er kann durch ein rechtwinkliges Koordinatensystem in der Ebene gemessen werden. Wir nehmen die x-Axe in der horizontalen Ebene auf den Beschauer zu, also von hinten nach vorn, die y-Axe von links nach rechts gerichtet an. P' ist dann durch zwei Gleichungen:

$$P' \begin{cases} x = a, \\ y = b, \end{cases}$$

gegeben. P selbst ist damit nicht bestimmt, sondern kann irgend ein Punkt der in P' auf der Ebene senkrechten Geraden sein. Um P ebenfalls zu fixieren, legen wir eine dritte Axe, die z-Axe, durch den Ursprung des xy-Koordinatensystemes senkrecht zur gegebenen Ebene. Man kann dies auf zwei Weisen machen, und je nachdem haben wir *ein System erster oder zweiter Art:* Man nimmt entweder die positive z-Axe gegen den Zenith, das heißt nach oben, oder gegen den Nadir, das heißt nach *unten* gerichtet an. Die beiden Systeme sind wesentlich verschieden, da man sie durch Bewegung im Raume nicht zur Deckung bringen kann. Wir werden stets ein System *erster* Art benutzen, bei dem somit die z-Axe nach oben gerichtet ist. Von der positiven z-Axe aus sieht das xy-Axenkreuz so aus, wie es im I. Kapitel angenommen wurde. Gibt man dem Daumen der linken Hand die Richtung der x-Axe, dem Mittelfinger diejenige der y-Axe, so wird der Zeigfinger die positive Richtung der z-Axe markieren. Wir nennen das System erster Art ein *Dreibein*. Seine z-Axe besitzt als Nullpunkt den Ursprung O des xy-Axenkreuzes und dieselbe Einheitsstrecke wie letzteres. Die drei Axen bilden *das Raumkoordinatensystem* oder *das räumliche Axenkreuz*. Um mit seiner Hilfe P zu bestimmen, tragen wir den Vektor

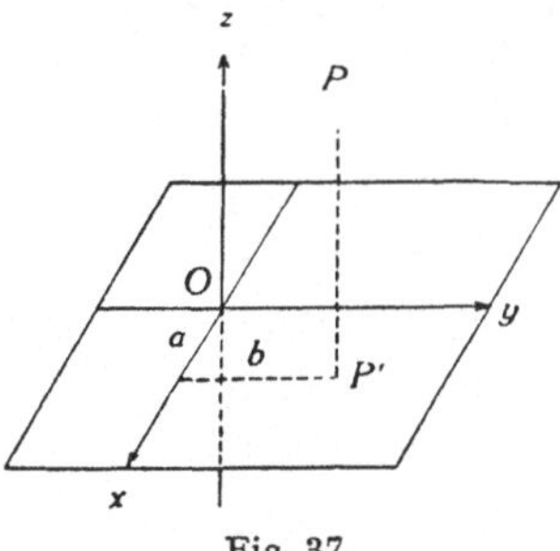

Fig. 37.

$\overrightarrow{P'P}$ von O aus (Figur 37) in der betreffenden Richtung auf der z-Axe ab und lesen die zum Endpunkt gehörende Zahl c ab. Diese gibt die dritte Gleichung: $z = c$. Jeder Punkt P besitzt daher eindeutig drei Gleichungen:

$$P \begin{cases} x = a, \\ y = b, \\ z = c. \end{cases}$$

Man nennt a, b, c *die Koordinaten von P*. Der allgemeine Punkt hat die Koordinaten x, y, z. Es fragt sich, ob umgekehrt durch das Zahlentripel a, b, c ein Punkt eindeutig festgelegt ist? Um diese Frage zu beantworten, müssen wir das Koordinatensystem weiter ausbauen. Bisher besteht es nur aus drei Axen. Jede steht senkrecht auf den beiden andern (1). Wir legen durch je zwei Axen die Ebenen; sie heißen *die Koordinatenebenen*. Man bezeichnet sie durch die Buchstaben der beiden Axen, durch die sie gehen, als xy-, xz- und yz-Ebenen. Jede Axe steht senkrecht auf der Koordinatenebene, in der sie nicht liegt (2). Jede Koordinatenebene steht senkrecht auf den beiden andern (3). Die drei Koordinatenebenen teilen den Raum in 8 kongruente Dreikant, die man *Oktanten* nennt. Für das gegen den Beschauer orientierte Axenkreuz kann man die Oktanten durch je ein Wort aus den drei Gruppen:

hinten, vorn; links, rechts; unten, oben

charakterisieren, und sie folgendermaßen abzählen: Der I. Oktant liegt vorn, rechts, oben; der II. Oktant liegt hinten, rechts, oben; der III. Oktant liegt hinten, links, oben; der IV. Oktant liegt vorn, links, oben; der V., VI., VII. und VIII. Oktant liegt unter dem I., II., III. und IV. Oktanten.

Noch ein Wort über die Art der Zeichnung. Da wir im Raume operieren, kann nur eine *Projektion* des wirklichen Gebildes auf dem Papier entworfen werden. Die Zeichnung stellt nicht mehr die wirklichen Größen dar, sondern will nur *helfen*, sich alles räumlich vorzustellen. Die Figur hat daher nur Sinn, wenn sie klar und einfach ist. Wir werden aus diesem Grunde trotz der Allgemeinheit der Annahmen die geometrischen Gebilde stets im I. Oktanten zeichnen, wobei der Blick des Beschauers in den ersten Oktanten fällt (Figur 38). Die benutzte Projektion ist *die schiefe Axonometrie*, die folgendes verlangt: Parallele Geraden werden parallel gezeichnet und die Maßeinheit auf parallelen Geraden ist gleich groß zu zeichnen, dagegen wird sie auf andern Geraden ent-

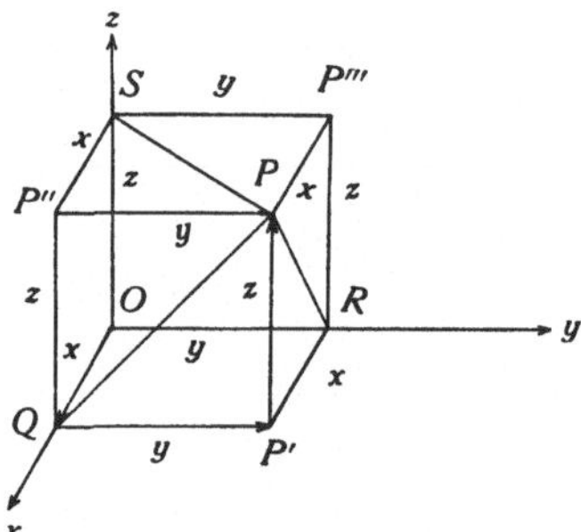

Fig. 38.

sprechend verkürzt oder verlängert. Die Ebene des Papieres ist in unsern Zeichnungen stets als yz-Ebene angenommen, so daß auf ihr richtig, ohne Projektion gezeichnet werden kann. Die x-Axe, die gegen uns gerichtet ist, hat eine verkürzte Maßeinheit.

Mittels des ausgebauten Koordinatensystems suchen wir nach einer allgemeinen Definition der Koordinaten x, y, z des Punktes P. Bisher waren x, y die Koordinaten des Fußpunktes P' des Lotes von P auf die xy-Ebene, und z die positive oder negative Länge des Vektors $\overrightarrow{P'P}$. Wir fällen jetzt von P auch die Lote $P''P$ und $P'''P$ auf die xz- und yz-Ebene. Durch je zwei der Lote legen wir eine Ebene. Die Ebene durch $P'P$ und $P''P$ steht senkrecht auf der xy- und xz-Ebene (3), also auch auf der x-Axe (4). Ist Q die Spur der x-Axe auf ihr, so müssen die Vektoren $\overrightarrow{OQ}$ und $\overrightarrow{QP'}$ die Koordinaten x, y von P' sein. $QP'PP''$ muß ein Rechteck und daher der Vektor $\overrightarrow{P''P}$ ebenfalls $= y$ sein. Genau so beweist man, daß $\overrightarrow{P'''P} = x$ ist. Daraus folgt:

14. Satz: *Die drei Koordinaten eines Punktes sind seine positiv oder negativ genommenen Normalabstände von den drei Koordinatenebenen, und zwar positiv, wenn der Punkt auf derjenigen Seite der Ebene liegt, in die die zum Normalabstand parallele Axe weist; negativ auf der andern Seite.*

Es gibt noch eine zweite Definition der Koordinaten eines Punktes. Die eingeführten Ebenen durch je zwei Normalabstände mögen die Axen in Q, R, S schneiden; es ist $\overrightarrow{OQ} = x, \overrightarrow{OR} = y, \overrightarrow{OS} = z$. Verbinden wir Q, R, S mit P, so steht QP auf der x-Axe, RP auf der y-Axe und SP auf der z-Axe senkrecht (1). Somit treffen die Lote aus P auf die drei Axen diese in den Punkten, die auf den Axen durch die Koordinaten x, y, z gegeben sind.

15. Satz: *Die Koordinaten eines Punktes P sind die Axenkoordinaten der Fußpunkte der drei Lote von P auf die Koordinatenaxen.*

Jetzt ist es leicht, die anfangs gestellte Frage zu beantworten: Gehört zu einem Zahlentripel a, b, c eindeutig ein Punkt P? Durch a, b, c sind drei Gleichungen gegeben:

$$x = a,$$
$$y = b,$$
$$z = c,$$

und wir fragen nach allen Raumpunkten, die die erste Gleichung $x = a$ besitzen? Nach Satz 15 müssen sie auf den Normalen liegen, die man im eindeutig bestimmten Punkt $x = a$ der x-Axe auf ihr errichten kann. Diese Normalen bilden die auf der x-Axe in $x = a$ senkrecht stehende, eindeutig fixierte Ebene. Umgekehrt haben alle Punkte dieser Ebene die erste Gleichung $x = a$, und $x = a$ ist eine *Ortsbedingung*, die die Raumpunkte an diese Ebene fesselt: *Ein Punkt besitzt dann und nur dann die erste Gleichung $x = a$, wenn er auf der zur x-Axe in $x = a$ senkrechten Ebene liegt.* Genau so beweist man, daß alle Punkte, die die zweite Gleichung $y = b$ besitzen, auf der in $y = b$ zur y-Axe senkrechten Ebene liegen, und diejenigen, die die dritte Gleichung $z = c$ besitzen, auf der in $z = c$ auf der z-Axe senkrechten Ebene liegen. Alle Punkte, die zwei Gleichungen, etwa $x = a$, $y = b$ gemein haben, müssen auf den beiden entsprechenden Ebenen, also in ihrer *Schnittkante* liegen. Zwei Gleichungen sind daher Ortsbedingungen für eine *Gerade*. Die Punkte, die alle drei Gleichungen besitzen, liegen auf allen drei Ebenen. Da je zwei der letztern aufeinander senkrecht stehen, können sich die drei Ebenen nur in einem Punkte schneiden. Daher gibt es nur einen Punkt, der alle drei Gleichungen besitzt.

IV. Hauptsatz: *Jeder Punkt P des Raumes besitzt ein Tripel von Gleichungen:*

$$P \begin{cases} x = a, \\ y = b, \\ z = c, \end{cases}$$

und umgekehrt entspricht jedem Wertetripel a, b, c ein und nur ein Punkt des Raumes, dessen Gleichungen:

$$x = a,$$
$$y = b,$$
$$z = c,$$

sind.

Zwischen den Zahlentripeln und den Punkten des Raumes besteht daher eine umkehrbar eindeutige Beziehung. Die exakten Wissenschaften identifizieren erkenntnistheoretisch beides, indem sie den Raumpunkt als Zahlentripel definieren.

Die drei Ebenen, die durch je zwei der Lote $P'P$, $P''P$, $P'''P$ hindurchgehen (Figur 38), bilden, falls P nicht auf einer Koordinatenebene liegt, mit den drei Koordinatenebenen ein *aufrechtes Parallelepipedon* oder ein *Quader*. In demselben treten die Koordinaten als Gegenseiten in Rechtecken je viermal auf. Das Quader liegt in demjenigen Oktant, in dem der Punkt liegt, und dieser Oktant ist seinerseits durch die Vorzeichen der Koordinaten a,b,c bestimmt. Gemäß der Abzählung der Oktanten ergibt sich die Tabelle:

	x	y	z		x	y	z
I	+	+	+	V	+	+	−
II	−	+	+	VI	−	+	−
III	−	−	+	VII	−	−	−
IV	+	−	+	VIII	+	−	−

Liegt P auf einer Koordinatenebene, so ist eine Koordinate null.

Jeder Punkt $P \neq O$ legt den Vektor $\overrightarrow{OP} = \mathfrak{r}$ fest. Seine Länge $|\mathfrak{r}|$ ist die Maßzahl der Strecke OP. Um seine Richtung festzulegen, führen wir *Richtungswinkel* ein. Wir denken uns auf den drei Axen die Einheitsvektoren $\mathfrak{e}_x$, $\mathfrak{e}_y$, $\mathfrak{e}_z$ gezeichnet. Wir legen durch sie und $\mathfrak{r}$ die Ebenen (ausgenommen, wenn $\mathfrak{r}$ in einen Einheitsvektor selbst fällt). Von den beiden Winkeln, die der Einheits-

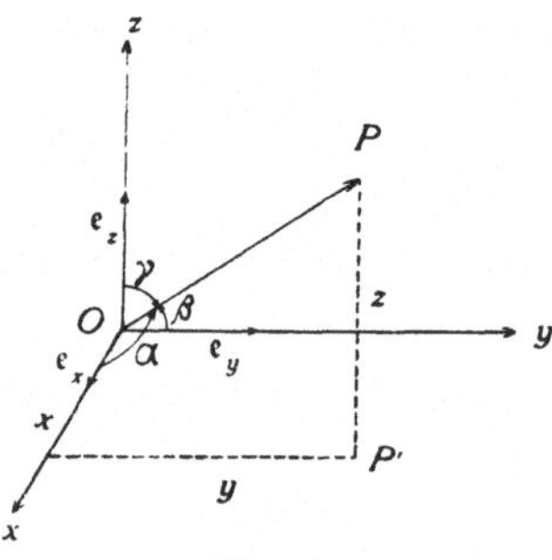

Fig. 39.

vektor in dieser Ebene mit $\overrightarrow{OP}$ bildet, messen wir den eindeutig bestimmten kleinern und bezeichnen ihn als Richtungswinkel. Liegt $\overrightarrow{OP}$ in einer Axe, so ist der betreffende Richtungswinkel 0 oder π, je nachdem $\overrightarrow{OP}$ in die positive oder negative Axe fällt. Die Richtungswinkel mit $\mathfrak{e}_x$, $\mathfrak{e}_y$ und $\mathfrak{e}_z$ seien α, β, γ; sie genügen den Bedingungen (Figur 39):

$$0 \leqq \alpha \leqq \pi, \ 0 \leqq \beta \leqq \pi, \ 0 \leqq \gamma \leqq \pi.$$

Ist α spitz, so kann P nur im I., IV., V. oder VIII. Oktanten, das heißt *vorn* liegen; denn alle $\overrightarrow{OP}$ mit einem spitzen Richtungswinkel α liegen auf einem Kreiskegel um die x-Axe mit der Öffnung α. Ist $\alpha = \frac{\pi}{2}$, so liegt P in der $y.z$-Ebene und für stumpfes α liegt P *hinten*. Entsprechend ist für spitzes β der Punkt P *rechts*, für $\beta = \frac{\pi}{2}$ auf der xz-Ebene und für stumpfes β *links*; für spitzes γ ist P *oben*, für $\gamma = \frac{\pi}{2}$ auf der xy-Ebene und für stumpfes γ *unten*. Die Richtungswinkel werden durch die Kosinusse berechnet, die sie innerhalb der Grenzen eindeutig festlegen und praktischer als die Tangens sind, die für $\frac{\pi}{2}$ unendlich werden. Die Sinusse kommen nicht in Betracht, weil sie im Intervall $0, \pi$ jeden ihrer Werte zweimal annehmen. Die Kosinusse:

$$\xi = \cos \alpha, \quad \eta = \cos \beta, \quad \zeta = \cos \gamma$$

heißen *die Richtungskosinusse des Vektors* $\mathfrak{r}$. Sie legen α, β, γ eindeutig fest, bestimmen somit auch die Richtung von $\mathfrak{r}$ eindeutig. Da die ξ, η, ζ positiv, null oder negativ sind, je nachdem die betreffenden Winkel spitz, $\frac{\pi}{2}$ oder stumpf sind, so ist der Oktant, in dem P liegen muß, durch die Vorzeichen der ξ, η, ζ bestimmt. Aus den bisherigen Ausführungen ergibt sich die Tabelle:

	ξ	η	ζ		ξ	η	ζ
I	+	+	+	V	+	+	−
II	−	+	+	VI	−	+	−
III	-	−	+	VII	−	−	−
IV	+	−	+	VIII	+	−	−

Sie stimmt genau mit der Tabelle der Vorzeichen von x, y, z überein; *daher haben ξ, η, ζ genau die Vorzeichen von x, y, z.* Für die Punkte der Koordinatenebenen ist je ein Richtungskosinus null. Um $|\mathfrak{r}|$ und ξ, η, ζ aus den Koordinaten

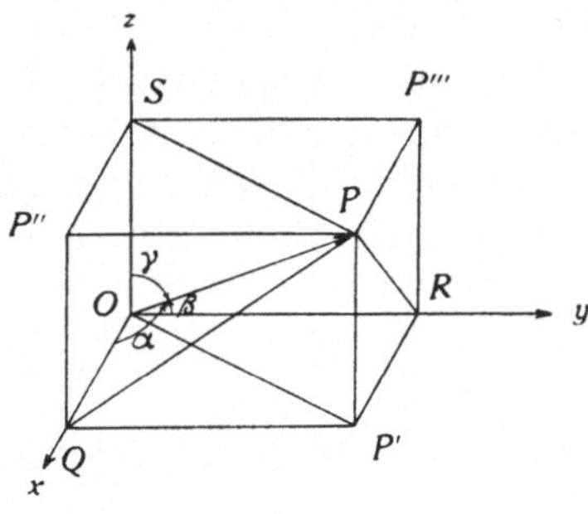

Fig. 40.

von P zu berechnen, entnehmen wir der Figur 40 in Anwendung des Pythagoräischen Lehrsatzes:

$$\overline{OQ}^2 + \overline{QP'}^2 = \overline{OP'}^2 \text{ oder } \overline{OP'}^2 = x^2 + y^2.$$

Da das Dreieck $OP'P$ bei P' rechtwinklig ist, wird ebenso:

$$\overline{OP}^2 = \overline{OP'}^2 + \overline{P'P}^2 = \overline{OP'}^2 + z^2,$$

oder, falls man für OP'^2 den Wert einsetzt:

$$\overline{OP}^2 = x^2 + y^2 + z^2.$$

Daher erhält man für die Länge von $\mathfrak{r}$:

$$|\mathfrak{r}| = |\overrightarrow{OP}| = r = \sqrt[+]{x^2 + y^2 + z^2}.$$

r heißt der *Radius vektor von P*. Die Dreiecke OQP, ORP, OSP sind je bei den Ecken Q, R, S rechtwinklig (1). Somit ist:

$$\xi = \frac{x}{\sqrt[+]{x^2 + y^2 + z^2}} = \frac{x}{|\mathfrak{r}|},$$

$$\eta = \frac{y}{\sqrt[+]{x^2 + y^2 + z^2}} = \frac{y}{|\mathfrak{r}|},$$

$$\zeta = \frac{z}{\sqrt[+]{x^2 + y^2 + z^2}} = \frac{z}{|\mathfrak{r}|}.$$

Da die ξ, η, ζ dieselben Vorzeichen wie x, y, z haben, gelten die Formeln allgemein für jeden Oktanten. Aus ihnen folgt:

$$\xi^2 + \eta^2 + \zeta^2 = 1.$$

Die Richtungskosinusse sind daher nicht voneinander unabhängig. Durch zwei, zum Beispiel ξ und η, ist der dritte ζ *zweiwertig* gegeben:

$$\zeta = \pm\sqrt{1 - \xi^2 - \eta^2}.$$

Dabei darf man ξ, η nur so wählen, daß die Wurzel reell wird. Geometrisch durchschaut man diese Verhältnisse, wenn man die durch die Richtungswinkel α, β gegebenen Kreiskegel um die x-, respektive y-Axe zu Hilfe nimmt. Diese können sich in zwei Erzeugenden schneiden, sich berühren oder nur die Spitze gemein haben. Im ersten Falle ergibt die Wurzel für ζ zwei verschiedene reelle Zahlen, im zweiten wird die Wurzel null, im dritten ist der Radikand negativ, ζ imaginär. Es wäre daher unpraktisch, einen der Richtungskosinusse eliminieren zu wollen. Sondern man behält die drei Richtungskosinusse, bedenkt aber stets, daß für sie der Satz gilt:

16. Satz: *Die Summe der Quadrate der Richtungskosinusse eines Vektors* $\mathfrak{r} = \overrightarrow{OP}$ *(P$\neq$O) ist gleich eins.*

Umgekehrt sind drei beliebige reelle Zahlen ξ, η, ζ, für die $\xi^2 + \eta^2 + \zeta^2 = 1$ ist, stets die Richtungskosinusse eines bestimmten Vektors $\mathfrak{r}$, falls man seine Länge $r = |\mathfrak{r}|$ als bekannt voraussetzt, da sein Endpunkt P die Koordinaten

$r\xi, r\eta, r\zeta$ hat. Ist $r=1$, so heißt der Vektor ein Einheitsvektor $\mathfrak{e}$: $|\mathfrak{e}|=1$. ξ, η, ζ sind dann die Koordinaten des Endpunktes des Vektors $\mathfrak{e}$, und dieser hat die Gleichungen:

$$x = \xi,$$
$$y = \eta,$$
$$z = \zeta.$$

Die Endpunkte aller Vektoren mit denselben Richtungskosinussen liegen auf demselben Strahl von O aus. Gibt man allen drei Richtungskosinussen von $\mathfrak{r}=\overrightarrow{OP}$ das umgekehrte Vorzeichen, läßt aber $|\mathfrak{r}|$ ungeändert, so müssen die Koordinaten x, y, z des Endpunktes in $-x, -y, -z$ übergehen. Dies sind aber die Koordinaten des in bezug auf den Nullpunkt diametral gegenüberliegenden Punktes von P. Der neue Vektor hat dieselbe Länge, aber entgegengesetzte Richtung.

17. Satz: *Gibt man den Richtungskosinussen eines Vektors die entgegengesetzten Vorzeichen, behält aber seine Länge bei, so wechselt der Vektor seine Richtung.*

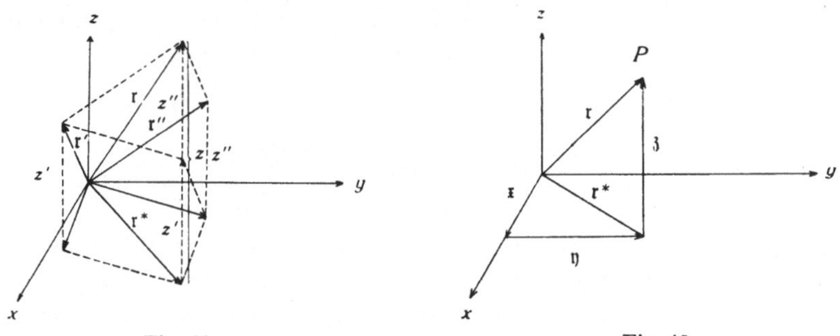

Fig. 41.   Fig. 42.

Auch die Koordinaten eines Punktes P sind Vektoren. Man darf sie, so lange man nur innerhalb einer Axe operiert, den Koordinaten direkt gleichsetzen: $\mathfrak{x}=x$, $\mathfrak{y}=y$, $\mathfrak{z}=z$. Man nennt die Vektoren $\mathfrak{x}, \mathfrak{y}, \mathfrak{z}$ *die Komponenten von* $\mathfrak{r}=\overrightarrow{OP}$. Sind zwei Vektoren $\mathfrak{r}'$ und $\mathfrak{r}''$ mit den Komponenten $\mathfrak{x}', \mathfrak{y}', \mathfrak{z}'$, und $\mathfrak{x}'', \mathfrak{y}'', \mathfrak{z}''$ gegeben, so definiert man wieder auf zwei Weisen *die Vektoraddition*. Legt man durch $\mathfrak{r}'$ und $\mathfrak{r}''$ eine Ebene, so kann man in ihr wie früher *geometrisch* die Summe $\mathfrak{r}'+\mathfrak{r}''$ als Diagonale des Vektorparallelogrammes definieren. *Arithmetisch* kann man innerhalb jeder Axe durch Addition die Komponenten:

$$\mathfrak{x}=\mathfrak{x}'+\mathfrak{x}''=x'+x'', \quad \mathfrak{y}=\mathfrak{y}'+\mathfrak{y}''=y'+y'', \quad \mathfrak{z}=\mathfrak{z}'+\mathfrak{z}''=z'+z''$$

bilden. $\mathfrak{r}=\mathfrak{r}'+\mathfrak{r}''$ hat dann die Komponenten $\mathfrak{x}, \mathfrak{y}, \mathfrak{z}$. Die Übereinstimmung der beiden Definitionen zeigt Figur 41, da nach dem für die Ebene bewiesenen Satz die Projektion $\mathfrak{r}^*$ von $\mathfrak{r}$ auf die xy-Ebene die Summe $\mathfrak{x}+\mathfrak{y}$ ist und außerdem $\mathfrak{z}=\mathfrak{z}'+\mathfrak{z}''$ ist. Für die Vektoraddition gilt das *kommutative* und *assoziative Gesetz* (siehe Seite 17). Für jeden Vektor ist speziell (Figur 42):

$$\mathfrak{r}=\mathfrak{r}^*+\mathfrak{z}=\mathfrak{x}+\mathfrak{y}+\mathfrak{z},$$

wobei aber hier die Vektoren $\mathfrak{x}, \mathfrak{y}, \mathfrak{z}$ nicht mehr mit ihren Zahlen identifiziert werden dürfen: *Jeder Vektor ist die geometrische Summe seiner Komponenten.*

Bisher war der Anfangspunkt aller Vektoren O. Wir wollen jetzt einen beliebigen Anfangspunkt P_1 und einen beliebigen Endpunkt $P_2 \neq P_1$ mit den Gleichungen:

$$P_1 \begin{cases} x = x_1, \\ y = y_1, \\ z = z_1, \end{cases} \qquad P_2 \begin{cases} x = x_2, \\ y = y_2, \\ z = z_2, \end{cases}$$

annehmen. Welches ist Länge und Richtung des Vektors $\mathfrak{r} = \overrightarrow{P_1 P_2}$? Da wir die Aufgabe für $P_1 = O$ gelöst haben, suchen wir den allgemeinen Fall durch eine Koordinatentransformation auf den frühern zurückzuführen. Denn Länge und Richtung eines Vektors sind *geometrische* Eigenschaften, hängen daher nicht von der Wahl des Koordinatensystemes ab. Es genügt zur Lösung unseres Problemes, die einfachste Transformation, *die Translation* oder die Parallelverschiebung, heranzuziehen. Wir denken uns das gegebene Koordinatensystem im Raume so bewegt, daß seine Axen zu ihren vorhergehenden Lagen parallel und gleichgerichtet bleiben. Wir führen diese Bewegung so lange aus, bis der Ursprung O in einen durch seine Gleichungen gegebenen Punkt O':

$$O' \begin{cases} x = a, \\ y = b, \\ z = c \end{cases}$$

fällt. Das neue System habe die Axen x', y', z', die in O' parallel und gleichgerichtet zu den alten Axen sind. Auch die neue $x'y'$-Ebene ist parallel zur alten xy-Ebene. Der Normalabstand der beiden Ebenen ist c, und seine Rich-

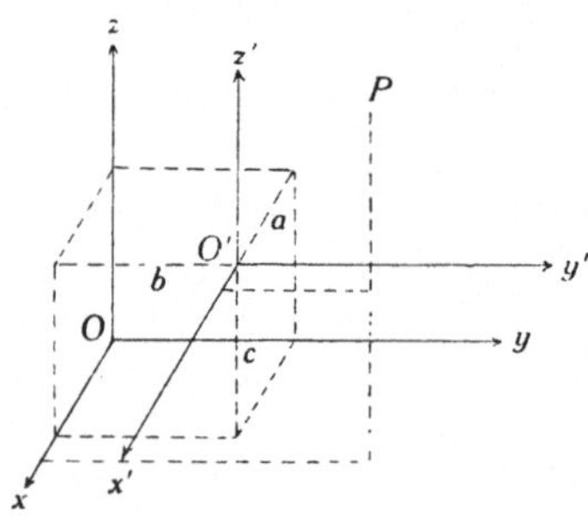

Fig. 43.

tung geht von der xy-Ebene aus. Das entsprechende gilt für die $x'z'$- und $y'z'$-Ebene, die zu den alten xz- und yz-Ebenen parallel sind. b und a sind ihre, von den alten Ebenen aus gerichteten Normalabstände. Ein allgemeiner Punkt P habe die alten Koordinaten x, y, z und die neuen Koordinaten x', y', z'. Um ihren Zusammenhang abzuleiten, wenden wir Satz 14 an (Figur 43). Der Normalabstand x von P, von der yz-Ebene aus gerechnet, entsteht, wenn man zuerst um a zur $y'z'$-Ebene und dann um x' zu P geht, da letzterer ja der von der $y'z'$-Ebene aus gerichtete Normalabstand ist. Also muß:

$$x = a + x',$$

und entsprechend:

$$y = b + y',$$
$$z = c + z'$$

sein. Damit sind die alten Koordinaten aus den neuen berechnet. Umgekehrt ist:

$$x' = x - a,$$
$$y' = y - b,$$
$$z' = z - c.$$

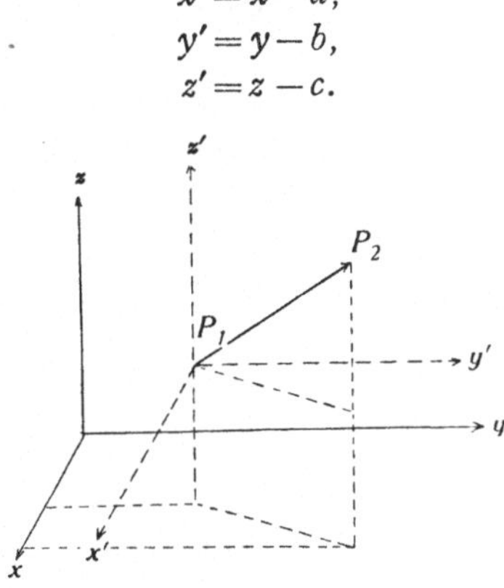

Fig. 44.

Dies sind *die Translationsgleichungen*. Auf unser Problem angewandt (Figur 44), ist für O' der Punkt P_1 zu wählen, also $a = x_1$, $b = y_1$, $c = z_1$ zu setzen. Die Translationsgleichungen lauten:

$$x' = x - x_1,$$
$$y' = y - y_1,$$
$$z' = z - z_1,$$

und für die neuen Koordinaten x_2', y_2', z_2' von P_2 findet man:

$$x_2' = x_2 - x_1,$$
$$y_2' = y_2 - y_1,$$
$$z_2' = z_2 - z_1.$$

Im neuen Koordinatensystem können wir aber Länge und Richtung des Vektors $\mathfrak{r}$ berechnen, da jetzt der Anfangspunkt mit dem Ursprung übereinstimmt. Es gelten die Formeln:

$$|\mathfrak{r}| = |\overrightarrow{P_1 P_2}| = \sqrt[+]{x_2'^2 + y_2'^2 + z_2'^2},$$
$$\xi = \frac{x_2'}{|\mathfrak{r}|}, \ \eta = \frac{y_2'}{|\mathfrak{r}|}, \ \zeta = \frac{z_2'}{|\mathfrak{r}|}.$$

Setzt man für x_2', y_2', z_2' die gefundenen Werte ein, so folgt:

$$|\mathfrak{r}| = |\overrightarrow{P_1 P_2}| = \overset{+}{\sqrt{(x_2 - x_1)^2 + (y_2 - y_1)^2 + (z_2 - z_1)^2}},$$

$$\xi = \frac{x_2 - x_1}{\overset{+}{\sqrt{(x_2 - x_1)^2 + (y_2 - y_1)^2 + (z_2 - z_1)^2}}},$$

$$\eta = \frac{y_2 - y_1}{\overset{+}{\sqrt{(x_2 - x_1)^2 + (y_2 - y_1)^2 + (z_2 - z_1)^2}}},$$

$$\zeta = \frac{z_2 - z_1}{\overset{+}{\sqrt{(x_2 - x_1)^2 + (y_2 - y_1)^2 + (z_2 - z_1)^2}}},$$

$$\xi^2 + \eta^2 + \zeta^2 = 1.$$

ξ, η, ζ heißen *die Richtungskosinusse des allgemeinen Vektors* $\mathfrak{r} = \overrightarrow{P_1 P_2}$. Sie sind die Kosinusse der Winkel, die der Vektor mit den positiven x'-, y'-, z'-Axen bildet, oder der Richtungswinkel des Vektors von O aus, der parallel, gleichgerichtet und gleichlang wie $\mathfrak{r}$ ist.

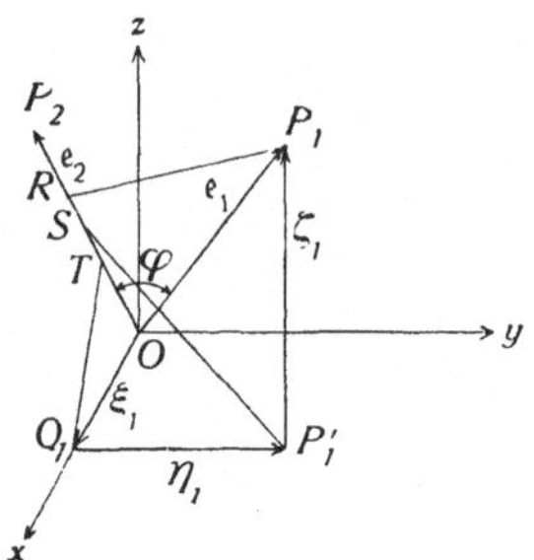

Fig. 45.

Wir werden im nächsten Paragraphen eine Formel benutzen, die wir am besten hier herleiten. Es seien $\mathfrak{e}_1$ und $\mathfrak{e}_2$ zwei Einheitsvektoren mit dem Anfangspunkt O und den Endpunkten P_1, P_2; sind

$$P_1 \begin{cases} x = \xi_1, \\ y = \eta_1, \\ z = \zeta_1, \end{cases} \qquad P_2 \begin{cases} x = \xi_2, \\ y = \eta_2, \\ z = \zeta_2, \end{cases}$$

die Gleichungen der Endpunkte, so sind die Koordinaten zugleich die Richtungskosinusse von $\mathfrak{e}_1$ und $\mathfrak{e}_2$, und es muß:

$$\xi_1^2 + \eta_1^2 + \zeta_1^2 = 1, \qquad \xi_2^2 + \eta_2^2 + \zeta_2^2 = 1$$

sein. $OQ_1 P_1' P_1$ (Figur 45) ist ein windschiefes Viereck. Wir projizieren seine Eckpunkte normal auf den Vektor $\mathfrak{e}_2$. Die Fußpunkte seien O, R, S, T. Wir durchlaufen das Viereck in dem Sinne $O \to P_1 \to P_1' \to Q_1 \to O$ und geben den Projektionen der Seiten $\overrightarrow{OP_1}$, $\overrightarrow{P_1 P_1'}$, $\overrightarrow{P_1' Q_1}$ und $\overrightarrow{Q_1 O}$ die entsprechende Richtung, also $\overrightarrow{OR}, \overrightarrow{RS}, \overrightarrow{ST}, \overrightarrow{TO}$. Da $\mathfrak{e}_2$ ein Vektor ist, so haben wir diese Projektionen mit positivem oder negativem Vorzeichen zu messen, je nachdem ihre Richtung mit derjenigen von e_2 zusammenfällt oder entgegengesetzt ist. Dann ist:

$$\overrightarrow{OR} + \overrightarrow{RS} + \overrightarrow{ST} + \overrightarrow{TO} = 0.$$

Ist φ derjenige Winkel zwischen e_1 und e_2, für den $0 \leq \varphi \leq \pi$ ist, so ist wegen $|\overrightarrow{OP_1}| = 1$:

$$\overrightarrow{OR} = \cos \varphi,$$

und das Vorzeichen stimmt. $\overrightarrow{RS}$ ist die Projektion von $\overrightarrow{P_1P_1'} = -\zeta_1$ auf e_2. Der Kosinus des Winkels zwischen dem nach oben gerichteten $P_1'P_1$ und e_2 ist derjenige des Winkels zwischen der z-Axe und e_2, also $= \zeta_2$; es muß daher: $\overrightarrow{RS} = -\zeta_1\zeta_2$ sein; denn bei gleichem Vorzeichen von ζ_1 und ζ_2 sind beide nach oben oder beide nach unten gerichtet, und $\overrightarrow{RS}$ hat die entgegengesetzte Richtung von e_2 und ist negativ, also $= -\zeta_1\zeta_2$. Sind ζ_1 und ζ_2 von verschiedenem Zeichen, so ist ein Vektor e nach oben, der andere nach unten gerichtet, $\overrightarrow{RS}$ fällt somit in Richtung von e_2 und ist positiv, also $= -\zeta_1\zeta_2$. Ebenso findet man:

$$\overrightarrow{ST} = -\eta_1\eta_2, \quad \overrightarrow{TO} = -\xi_1\xi_2.$$

Setzt man diese Werte oben ein, so folgt:

$$\cos \varphi = \xi_1\xi_2 + \eta_1\eta_2 + \zeta_1\zeta_2.$$

Man nennt $\cos \varphi$ das *innere oder skalare Produkt der Vektoren e_1 und e_2* und schreibt:

$$e_1 \cdot e_2 = \cos \varphi = \xi_1\xi_2 + \eta_1\eta_2 + \zeta_1\zeta_2.$$

Nehmen wir zwei beliebige Vektoren $r_1 = \overrightarrow{OP_1}$, $r_2 = \overrightarrow{OP_2}$, deren Endpunkte die Gleichungen:

$$P_1 \begin{cases} x = x_1, \\ y = y_1, \\ z = z_1, \end{cases} \qquad P_2 \begin{cases} x = x_2, \\ y = y_2, \\ z = z_2, \end{cases}$$

besitzen, und bilden dieselben miteinander den Winkel φ, wo $0 \leq \varphi \leq \pi$ ist, so erhält man für ihre Richtungskosinusse:

$$\text{von } P_1: \begin{cases} \xi_1 = \dfrac{x_1}{|r_1|}, \\[2mm] \eta_1 = \dfrac{y_1}{|r_1|}, \\[2mm] \zeta_1 = \dfrac{z_1}{|r_1|}, \end{cases} \qquad \text{von } P_2: \begin{cases} \xi_2 = \dfrac{x_2}{|r_2|}, \\[2mm] \eta_2 = \dfrac{y_2}{|r_2|}, \\[2mm] \zeta_2 = \dfrac{z_2}{|r_2|}. \end{cases}$$

Die letztern legen Einheitsvektoren fest, die in die Richtung von r_1 und r_2 fallen, und es muß:

$$\cos \varphi = \xi_1\xi_2 + \eta_1\eta_2 + \zeta_1\zeta_2$$

werden. Definiert man $\mathfrak{r}_1 \cdot \mathfrak{r}_2 = |\mathfrak{r}_1|\,|\mathfrak{r}_2|\cos\varphi$ als *das innere oder skalare Produkt der beiden Vektoren* $\mathfrak{r}_1$ *und* $\mathfrak{r}_2$, so wird:

$$\mathfrak{r}_1 \cdot \mathfrak{r}_2 = |\mathfrak{r}_1|\,|\mathfrak{r}_2|\cos\varphi = |\mathfrak{r}_1|\,\xi_1\,|\mathfrak{r}_2|\,\xi_2 + |\mathfrak{r}_1|\,\eta_1\,|\mathfrak{r}_2|\,\eta_2 + |\mathfrak{r}_1|\,\zeta_1\,|\mathfrak{r}_2|\,\zeta_2,$$

und setzt man hier die Werte für die Richtungskosinusse ein, so folgt:

$$\mathfrak{r}_1 \cdot \mathfrak{r}_2 = x_1 x_2 + y_1 y_2 + z_1 z_2.$$

Das innere Produkt ist kein Vektor, sondern eine *skalare Größe*. Geometrisch ist es der positive oder negative Inhalt eines Rechtecks, dessen eine Seite der erste Vektor, dessen andere Seite die Projektion des zweiten Vektors auf den ersten ist. Das Vorzeichen ist positiv, wenn der Winkel der beiden Vektoren spitz ist; negativ, wenn er stumpf ist. Das innere Produkt wird nur dann null, wenn der Winkel ein rechter ist. Wir können sagen: *Zwei Vektoren stehen dann und nur dann aufeinander senkrecht, wenn ihr inneres Produkt null ist:*

$$\mathfrak{r}_1 \cdot \mathfrak{r}_2 = x_1 x_2 + y_1 y_2 + z_1 z_2 = 0.$$

Für das innere Produkt gilt das kommutative Gesetz: $\mathfrak{r}_1 \cdot \mathfrak{r}_2 = \mathfrak{r}_2 \cdot \mathfrak{r}_1$.

§ 2. Die Ebene

Jede Ebene bildet mit den drei Koordinatenebenen im allgemeinen ein *Tetraeder*. Nur wenn die Ebene zu einer der drei Axen parallel ist, artet das Tetraeder in ein Prisma aus. Ist sie zu zwei Axen parallel, so artet das Prisma seinerseits in den Raumteil zwischen zwei parallelen Ebenen aus. Geht die

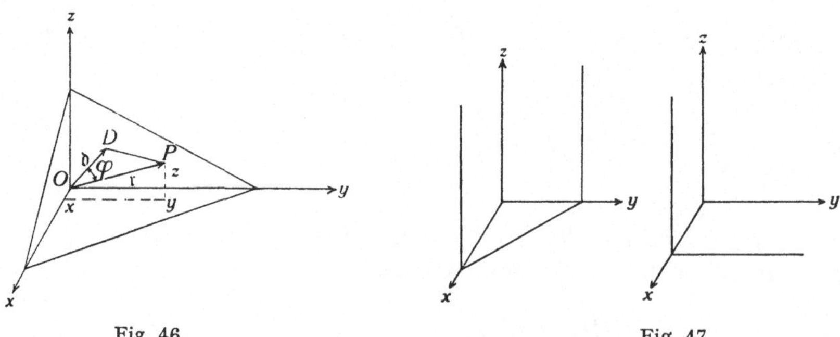

Fig. 46.
Fig. 47.

Ebene durch den Nullpunkt, so degeneriert das Tetraeder in einen Punkt. *Zeichnerisch* werden wir die Ebene im allgemeinen Falle durch die Angabe des Tetraeders fixieren, indem wir die Schnittkanten mit den Koordinatenebenen markieren (Figur 46). Nach der im letzten Paragraphen gemachten Bemerkung wird das Tetraeder in der Zeichnung immer im I. Oktanten angenommen. In gleicher Weise zeichnen wir, im Falle die Ebene zu einer oder zwei Axen parallel ist, ihre Schnittkanten mit den Koordinatenebenen (Figur 47); sie wird dadurch stets anschaulich mit dem Koordinatensystem verknüpft werden können. Nur im Falle die Ebene durch den Nullpunkt geht, ist dies nicht der Fall. Wir werden später zeigen, wie man hier die Lage der Ebene anschaulich festlegen kann.

Um die Ebenen *analytisch* in bezug auf das Koordinatensystem zu fixieren, fällen wir von O die Senkrechte auf die Ebene (Figur 46). Wir geben ihr eine *feste* Richtung, und zwar von O aus gegen ihre Spur D auf der Ebene, wenn die Ebene nicht durch O geht, und eine *willkürliche* Richtung, falls sie durch O geht. Im ersten Falle habe der Vektor $\mathfrak{d} = \overrightarrow{OD}$ die Richtungskosinusse ξ_0, η_0, ζ_0 und die Länge $|\mathfrak{d}| = d$, im zweiten Falle ist $d = 0$ und ξ_0, η_0, ζ_0 sind die Richtungskosinusse eines Vektors, der die positive Normalenrichtung hat. Durch

$$|\mathfrak{d}| = d, \ \xi_0, \eta_0, \zeta_0,$$

wo $\xi_0^2 + \eta_0^2 + \zeta_0^2 = 1$ sein muß,

ist die Lage der Ebene eindeutig in bezug auf das Koordinatensystem gegeben. Denn durch ξ_0, η_0, ζ_0 ist eindeutig eine Richtung in O, und durch d ein Punkt auf dieser Richtung gegeben. In einem Punkt gibt es aber nur eine Ebene, die auf einer gegebenen Richtung senkrecht steht.

Wir fragen nach der «*Gleichung*» der Ebene. Die Ausführungen von Seite 30 über den Begriff der Gleichung gelten auch im Raum; nur muß die Funktion jetzt eine solche der drei Koordinaten $f(x, y, z)$ sein. Wir definieren somit die Gleichung einer Ebene folgendermaßen: *Die nicht identisch verschwindende funktionale Beziehung*

$$f(x, y, z) = 0$$

heißt die Gleichung einer Ebene, wenn die Koordinaten x, y, z aller Punkte der Ebene sie erfüllen, und wenn umgekehrt jedes Zahlentripel x, y, z, für das die funktionale Beziehung erfüllt ist, Koordinaten eines Punktes der Ebene sind.

Um die Gleichung der durch d, η_0, ξ_0 gegebenen Ebene zu finden, nehmen wir einen allgemeinen Punkt P der Ebene mit den Koordinaten x, y, z. r sei die Länge des Vektors $\mathfrak{r} = \overrightarrow{OP}$; ξ, η, ζ seine Richtungskosinusse. Es muß:

$$r = \sqrt[+]{x^2 + y^2 + z^2}, \ \xi = \frac{x}{r}, \ \eta = \frac{y}{r}, \ \zeta = \frac{z}{r}$$

sein. Im Falle $D \neq O$ ist das Dreieck ODP bei D rechtwinklig (1). Ja, wir können sagen, damit P auf der Ebene liegt, ist *notwendig und hinreichend*, daß ODP bei D rechtwinklig ist. Ist φ der Winkel zwischen d und r, so muß nach dem Resultat von Seite 63

$$\cos \varphi = \xi_0 \xi + \eta_0 \eta + \zeta_0 \zeta, \ 0 \leq \varphi < \frac{\pi}{2}$$

werden. Die Eigenschaft, daß ODP bei D rechtwinklig ist, drückt sich jetzt analytisch durch $r \cos \varphi = d$ aus. Denn wenn P auf der Ebene liegt, ist die Relation jedenfalls erfüllt. Ist aber P nicht auf der Ebene, so ist ODP bei D nicht rechtwinklig, und es muß $d \neq r \cos \varphi$ sein. Daher ist

$$r \cos \varphi = d$$

die Gleichung der Ebene. Setzt man für $\cos \varphi, \xi, \eta, \zeta$ die gefundenen Werte ein, so folgt:

$$\xi_0 x + \eta_0 y + \zeta_0 z - d = 0.$$

Ist $D = O$, $d = 0$, geht also die Ebene durch den Nullpunkt, so liegt P dann und nur dann auf der Ebene, wenn der Vektor $\mathfrak{r} = \overrightarrow{OP}$ auf der Normalrichtung der Ebene senkrecht steht. Der durch ξ_0, η_0, ζ_0 gegebene Einheitsvekor muß also auf $\mathfrak{r}$ senkrecht stehen, was nach Seite 64 nur möglich ist, wenn das innere Produkt der beiden Vektoren null ist:

$$\xi_0 \xi + \eta_0 \eta + \zeta_0 \zeta = 0.$$

Setzt man für ξ, η, ζ die frühern Werte ein und erweitert die Gleichung mit r, so folgt:

$$\xi_0 x + \eta_0 y + \zeta_0 z = 0,$$

also wieder dieselbe Bedingung wie im Falle $D \neq O$. Die Gleichung gilt somit allgemein. Man nennt sie *die* HESSE*sche Normalform der Gleichung der Ebene:*

$$\xi_0 x + \eta_0 y + \zeta_0 z - d = 0,$$

$$\text{wo } \xi_0^2 + \eta_0^2 + \zeta_0^2 = 1 \text{ ist.}$$

Jede Ebene besitzt eine solche. Im Falle $d = 0$ kann die Richtung der Normalen auf der Ebene beliebig gewählt werden. Die Gleichung ist aber in jedem der beiden möglichen Fälle bis auf das Vorzeichen dieselbe. Umgekehrt gehört zu jeder HESSEschen Normalform eine und nur eine Ebene, da durch ξ_0, η_0, ζ_0 eindeutig eine Richtung von O aus festgelegt wird und durch d ein Punkt auf derselben. Durch diesen gibt es aber nur eine Ebene, senkrecht auf der Richtung.

18. Satz: *Jede Ebene im Raume besitzt die* HESSE*sche Normalform als Gleichung; und umgekehrt ist durch die* HESSE*sche Normalform eine Ebene eindeutig festgelegt.*

Aus der HESSEschen Normalform erhält man *die allgemeine Gleichung der Ebene,* wenn man sie mit einem beliebigen Faktor $\lambda \neq 0$ erweitert:

$$Ax + By + Cz + D = 0,$$

wo:

$$A = \lambda \xi_0, \ B = \lambda \eta_0, \ C = \lambda \zeta_0, \ D = -\lambda d$$

ist. Aus der Bedingung $\lambda \neq 0$ folgt wegen $\xi_0^2 + \eta_0^2 + \zeta_0^2 = 1$ für A, B, C:

$$A^2 + B^2 + C^2 = \lambda^2 \neq 0,$$

das heißt, es dürfen niemals alle Koeffizienten A, B, C zugleich null sein. Wäre $A = B = C = 0$, so würde die Gleichung $D = 0$ lauten, das heißt, alle Koeffizienten müßten null sein; es wäre keine Bedingungsgleichung, sondern eine Identität gegeben, die nichts aussagt.

Umgekehrt fragt es sich, ob jede allgemeine Gleichung:

$$Ax + By + Cz + D = 0, \quad A^2 + B^2 + C^2 \neq 0,$$

eine Ebene festlegt, deren «Gleichung» sie ist? Um dies zu untersuchen, brauchen wir wegen des Satzes 18 nur zu zeigen, daß die allgemeine Gleichung stets aus einer HESSEschen Normalform durch Multiplikation mit einem Faktor entspringt. Es ist also bloß zu beweisen, daß es zu jedem gegebenen Wertesystem A, B, C, D, deren drei erste nicht sämtlich null sind, fünf andere Größen $d, \xi_0, \eta_0, \zeta_0, \lambda$ existieren, für die

$$\lambda \xi_0 = A, \quad \lambda \eta_0 = B, \quad \lambda \zeta_0 = C, \quad \lambda d = -D,$$

und:

$$\xi_0^2 + \eta_0^2 + \zeta_0^2 = 1, \quad d \geqq 0, \quad \lambda \neq 0$$

ist. Quadrieren wir die drei ersten Gleichungen und addieren sie, so folgt wegen der weiteren Bedingungen:

$$\lambda^2 = A^2 + B^2 + C^2, \quad \lambda = \pm \sqrt{A^2 + B^2 + C^2}.$$

Also ist sicherlich $\lambda \neq 0$. Dagegen ist es zweiwertig. Im Falle $D \neq 0$ folgt aus der vierten Gleichung:

$$d = -\frac{D}{\lambda} > 0,$$

daß λ das umgekehrte Zeichen von D haben muß. Es ist daher bestimmt. Im Falle $D = 0$ folgt $d = 0$, und wir geben λ willkürlich eines der Vorzeichen. Damit ist aber auch die Richtung bestimmt:

$$\xi_0 = \frac{A}{\lambda}, \quad \eta_0 = \frac{B}{\lambda}, \quad \zeta_0 = \frac{C}{\lambda}, \quad \xi_0^2 + \eta_0^2 + \zeta_0^2 = 1,$$

da nach der Bemerkung Seite 58/9 durch ξ_0, η_0, ζ_0 eine Richtung eindeutig festgelegt ist. Hätte man im Falle $d = 0$ für λ das andere Vorzeichen gewählt, so wäre die Richtung der Normalen nach Satz 17 die entgegengesetzte. Da wir im Falle $d = 0$ die Richtung der Normalen beliebig wählen dürfen, so erhalten wir beide Male dieselbe Ebene. Somit gehört zu jeder allgemeinen Gleichung eine HESSEsche Normalform, aus der sie durch Multiplikation mit λ entsteht; und da zu letzterer eine und nur eine Ebene gehört, so legt jede allgemeine Gleichung eine Ebene eindeutig fest. Für die Berechnung der zu einer allgemeinen Gleichung gehörenden HESSEschen Normalform sagt man: «*Man bringt die allgemeine Gleichung auf die* HESSE*sche Normalform.*»

19. Satz: *Man bringt die allgemeine Gleichung:*

$$Ax + By + Cz + D = 0$$

auf die HESSE*sche Normalform, indem man alle ihre Koeffizienten durch* $\lambda = \pm \sqrt{A^2 + B^2 + C^2}$ *dividiert. Im Falle* $D \neq 0$ *hat* λ *das entgegengesetzte Zeichen von* D; *im Falle* $D = 0$ *ist die Wahl des Vorzeichens willkürlich.*

Für die allgemeine Gleichung jeder Ebene gelten somit die Proportionen:

$$A:B:C:D=\xi_0:\eta_0:\zeta_0:-d.$$

Für $d=0$ ist die rechte Seite der Proportionen für beide Vorzeichen von λ dieselbe. Für jede Ebene ist daher $A:B:C:D$ fest vorgegeben. Man faßt somit zwei allgemeine Gleichungen nur dann als verschieden auf, wenn diese Verhältnisse andere sind. Jede Ebene besitzt dann nur eine Gleichung, und man erhält den Satz:

V. Hauptsatz: *Jede Ebene im Raume besitzt in bezug auf ein gegebenes Koordinatensystem eine Gleichung:*

$$Ax+By+Cz+D=0, \quad A^2+B^2+C^2\neq0,$$

die nur von den Verhältnissen $A:B:C:D$ abhängt; umgekehrt gehört zu jeder solchen Bedingung eine und nur eine Ebene, deren Gleichung sie ist.

Ist ein beliebiger Raumpunkt P_0 durch seine Gleichungen gegeben:

$$P_0 \begin{cases} x=x_0, \\ y=y_0, \\ z=z_0, \end{cases}$$

so soll sein Normalabstand n von einer beliebigen Ebene mit der HESSEschen Normalform:

$$\xi_0 x+\eta_0 y+\zeta_0 z-d=0$$

berechnet werden. Wir geben dem Normalabstand eine Richtung, n also ein Vorzeichen (Figur 48). Ist Q der Fußpunkt des Lotes von P_0 auf die Ebene, so habe n die Richtung $n=\overrightarrow{QP_0}$, und sei positiv, wenn $\overrightarrow{QP_0}$ gleichgerichtet, negativ, wenn $\overrightarrow{QP_0}$ entgegengesetzt gerichtet ist zur Normalrichtung auf der

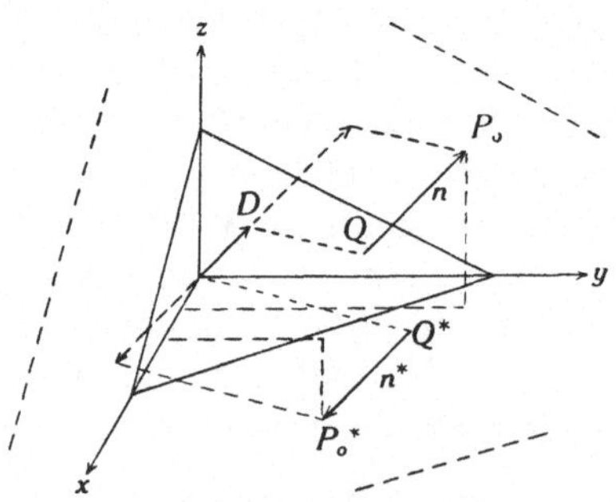

Fig. 48.

Ebene, wie sie durch die HESSEsche Normalform festgelegt ist. Um den Vektor n zu berechnen, legen wir durch P_0 die Hilfsebene parallel zur gegebenen Ebene. Wir unterscheiden die beiden Fälle:

a) *Die Hilfsebene schneidet den positiven von O ausgehenden Normalvektor der Ebene.* Dann sind nach der Vektorrechnung $d+n$, ξ_0, η_0, ζ_0 Länge und Richtung des auf der Hilfsebene senkrecht stehenden Vektors von O aus bis zum Fußpunkt auf der Hilfsebene. Daher ist:

$$\xi_0 x + \eta_0 y + \zeta_0 z - (d+n) = 0$$

die HESSEsche Normalform der Gleichung der Hilfsebene. Da sie durch P_0 gehen soll, muß:

$$\xi_0 x_0 + \eta_0 y_0 + \zeta_0 z_0 - d - n = 0$$

sein. Daraus folgt:

$$n = \xi_0 x_0 + \eta_0 y_0 + \zeta_0 z_0 - d.$$

Diese Gleichung gilt auch im Falle, daß die Hilfsebene durch O geht $(d+n=0)$.

b) *Die Hilfsebene schneidet den negativen von O ausgehenden Normalvektor der Ebene* (Fall P_0^* in Figur 48). Da jetzt n negativ sein muß, ist $-n-d$ der positive Normalabstand der Hilfsebene von O und $-\xi_0, -\eta_0, -\zeta_0$ sind die Richtungskosinusse der Normalen auf der Hilfsebene (Satz 17). Daher ist die HESSEsche Normalform der Gleichung der Hilfsebene:

$$-\xi_0 x - \eta_0 y - \zeta_0 z + (n+d) = 0;$$

da sie durch P_0 geht, müssen die Koordinaten von P_0 die Gleichung befriedigen, woraus wie oben folgt:

$$n = \xi_0 x_0 + \eta_0 y_0 + \zeta_0 z_0 - d.$$

Diese Formel gilt in beiden Fällen a) und b).

20. Satz: *Der Normalabstand eines Punktes von einer Ebene ist gleich dem Wert der linken Seite der HESSEschen Normalform der Gleichung der Ebene, berechnet für die Koordinaten des Punktes. Er ist positiv oder negativ, je nachdem der Punkt auf der Seite der positiven oder negativen Normalenrichtung auf der Ebene liegt, wie sie durch die HESSEsche Normalform festgelegt wird.*

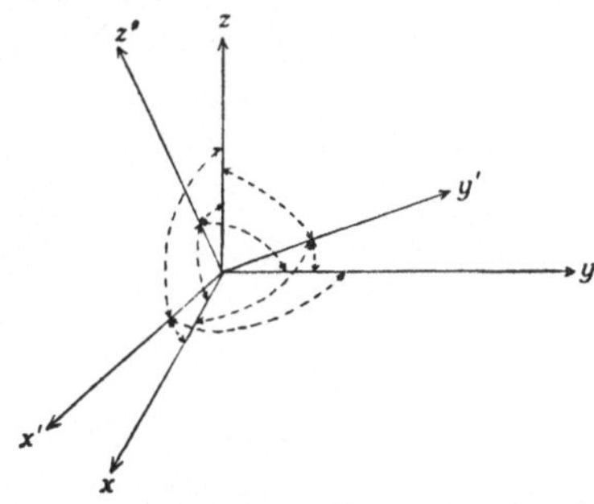

Fig. 49.

Geht die Ebene nicht durch O, so ist daher n positiv oder negativ, je nachdem der Punkt P_0 auf der entgegengesetzten oder gleichen Seite der Ebene wie der Nullpunkt liegt.

Als Anwendung von Satz 20 wollen wir die Formeln der allgemeinen Koordinatentransformation aufstellen. *Jede Bewegung eines Koordinatensystems im Raume kann man zerlegen in eine Translation und in eine Drehung.* Da wir die Translation schon betrachtet haben, handelt es sich zunächst um die Drehung des Koordinatensystems um O, der als Drehpunkt fest bleibt. Die x-, y-, z-Axe sollen in die x'-, y'-, z'-Axe übergehen (Figur 49). Wie legen wir sie in bezug auf das ursprüngliche System fest? Die positive x'-Axe legt eine Vektorrichtung fest, die durch drei Richtungskosinusse ξ_1, η_1, ζ_1 gegeben sei. Ebenso sollen die positive y'-Axe durch ξ_2, η_2, ζ_2, die positive z'-Axe durch ξ_3, η_3, ζ_3 gegeben sein. Wir schreiben dies in folgender Tabelle auf:

	x	y	z
x'	ξ_1	η_1	ζ_1
y'	ξ_2	η_2	ζ_2
z'	ξ_3	η_3	ζ_3

Die neun eingeführten Richtungskosinusse sind nicht voneinander unabhängig. Einmal ist:

$$\xi_1^2 + \eta_1^2 + \zeta_1^2 = 1,$$
$$\xi_2^2 + \eta_2^2 + \zeta_2^2 = 1,$$
$$\xi_3^2 + \eta_3^2 + \zeta_3^2 = 1.$$

Des weiteren soll doch das neue $x'y'z'$-Koordinatensystem wieder rechtwinklig sein. Daher ist das innere Produkt von je zweien der Vektoren (Seite 64) null:

$$\xi_1\xi_2 + \eta_1\eta_2 + \zeta_1\zeta_2 = 0,$$
$$\xi_1\xi_3 + \eta_1\eta_3 + \zeta_1\zeta_3 = 0,$$
$$\xi_2\xi_3 + \eta_2\eta_3 + \zeta_2\zeta_3 = 0.$$

Nun ist die Operation der Drehung *reversibel*, das heißt, man kann sie rückwärts ausführen und erhält aus dem neuen das alte System. Gehen wir also vom neuen System aus, so ist die alte x-Axe ein durch ξ_1, ξ_2, ξ_3, die alte y-Axe ein durch η_1, η_2, η_3, die alte z-Axe ein durch $\zeta_1, \zeta_2, \zeta_3$ gegebener Vektor, da dies für das neue System Richtungskosinusse sind. (Es sind die Kolonnen der obigen Tabelle.) Also muß:

$$\xi_1^2 + \xi_2^2 + \xi_3^2 = 1,$$
$$\eta_1^2 + \eta_2^2 + \eta_3^2 = 1,$$
$$\zeta_1^2 + \zeta_2^2 + \zeta_3^2 = 1$$

sein, und da auch das alte System rechtwinklig ist, wird:

$$\xi_1\eta_1 + \xi_2\eta_2 + \xi_3\eta_3 = 0,$$
$$\xi_1\zeta_1 + \xi_2\zeta_2 + \xi_3\zeta_3 = 0,$$
$$\eta_1\zeta_1 + \eta_2\zeta_2 + \eta_3\zeta_3 = 0.$$

Diese neuen sechs Gleichungen sind nicht unabhängig von den ersten, sondern können aus ihnen entnommen werden. Es ist praktisch, alle neun Richtungskosinusse beizubehalten, dabei aber stets zu bedenken, daß zwischen ihnen die hergeleiteten 12 Relationen bestehen. Es wäre analytisch unrichtig, etwa sechs unter ihnen eliminieren zu wollen. Man nennt die drei ersten Gleichungen jeder Gruppe von Bedingungsgleichungen der Richtungskosinusse *die Normierungsbedingungen*, die zweiten die *Orthogonalitätsbedingungen*.

Wir erhalten die Drehformeln, wenn wir nach den HESSEschen Normalformen der Gleichungen der drei neuen Koordinatenebenen fragen. Da dieselben durch O gehen, dürfen wir die Normalrichtung auf ihnen beliebig festlegen. Wir bestimmen, daß die positive x'-Axe die Normalrichtung auf der $y'z'$-Ebene, die positive y'-Axe diejenige auf der $x'z'$-Ebene und die positive z'-Axe diejenige auf der $x'y'$-Ebene sei. Dann sind die HESSEschen Normalformen der drei neuen Koordinatenebenen:

$$y'z'\text{-Ebene:} \quad \xi_1 x + \eta_1 y + \zeta_1 z = 0,$$
$$x'z'\text{-Ebene:} \quad \xi_2 x + \eta_2 y + \zeta_2 z = 0,$$
$$x'y'\text{-Ebene:} \quad \xi_3 x + \eta_3 y + \zeta_3 z = 0.$$

Anderseits ist, falls ein allgemeiner Punkt P mit den alten Koordinaten x, y, z und den neuen x', y', z' gegeben ist, x' nach Satz 14 der Normalabstand des Punktes von der $y'z'$-Ebene, und zwar positiv genommen auf der Seite der positiven x'-Axe, negativ auf der Seite der negativen x'-Axe. Daher ist nach Satz 20:

$$x' = \xi_1 x + \eta_1 y + \zeta_1 z,$$

und ebenso:

$$y' = \xi_2 x + \eta_2 y + \zeta_2 z,$$
$$z' = \xi_3 x + \eta_3 y + \zeta_3 z.$$

Damit sind die neuen Koordinaten aus den alten berechnet. Will man umgekehrt die alten aus den neuen berechnen, so hat man bloß die drei Gleichungen nach x, y, z aufzulösen. Dies geschieht, unter Berücksichtigung der Bedingungsgleichungen der Richtungskosinusse, indem man zum Beispiel die erste Gleichung mit ξ_1, die zweite mit ξ_2, die dritte mit ξ_3 erweitert und alle drei addiert. Wegen der Orthogonalitätsbedingungen werden die Koeffizienten von y und z null, und es folgt:

$$x = \xi_1 x' + \xi_2 y' + \xi_3 z',$$

und entsprechend:

$$y = \eta_1 x' + \eta_2 y' + \eta_3 z',$$
$$z = \zeta_1 x' + \zeta_2 y' + \zeta_3 z'.$$

Die allgemeinste Transformation erhält man durch Zusammensetzung von Translation und Drehung. Führt man zuerst eine Translation von O nach O' aus, wobei x', y', z' die neuen Koordinatenaxen seien, so ist (Seite 61):

$$
\begin{aligned}
x &= a + x', \qquad & x' &= x - a, \\
y &= b + y', \quad \text{oder:} \quad & y' &= y - b, \\
z &= c + z', & z' &= z - c,
\end{aligned}
$$

wo a, b, c die alten Koordinaten von O' sind. Jetzt drehen wir das $x'y'z'$-Koordinatensystem um O' so in das neue $x''y''z''$-Koordinatensystem, daß die neuen Axen gegenüber den alten durch die Richtungskosinusse der Tabelle von Seite 70 gegeben werden. Dann muß:

$$x' = \xi_1 x'' + \xi_2 y'' + \xi_3 z'', \qquad x'' = \xi_1 x' + \eta_1 y' + \zeta_1 z',$$
$$y' = \eta_1 x'' + \eta_2 y'' + \eta_3 z'', \quad \text{oder:} \quad y'' = \xi_2 x' + \eta_2 y' + \zeta_2 z',$$
$$z' = \zeta_1 x'' + \zeta_2 y'' + \zeta_3 z'', \qquad z'' = \xi_3 x' + \eta_3 y' + \zeta_3 z'$$

sein. Setzt man beide Gleichungssysteme zusammen, so folgen *die allgemeinsten Transformationsgleichungen bei Bewegung im Raume:*

$$x = a + \xi_1 x'' + \xi_2 y'' + \xi_3 z'', \qquad x'' = \xi_1 (x - a) + \eta_1 (y - b) + \zeta_1 (z - c),$$
$$y = b + \eta_1 x'' + \eta_2 y'' + \eta_3 z'', \quad \text{oder:} \quad y'' = \xi_2 (x - a) + \eta_2 (y - b) + \zeta_2 (z - c),$$
$$z = c + \zeta_1 x'' + \zeta_2 y'' + \zeta_3 z'', \qquad z'' = \xi_3 (x - a) + \eta_3 (y - b) + \zeta_3 (z - c).$$

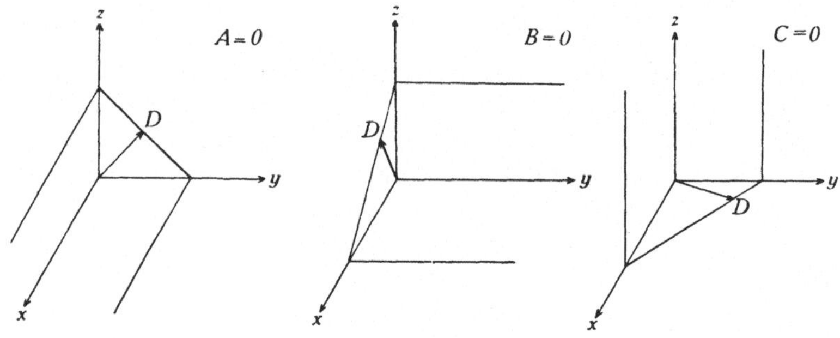

Fig. 50.

Algebraisch heißt dies eine *lineare Substitution* von drei Variablen. Durch unsere Formeln wird stets ein Koordinatensystem in ein solches derselben Art übergeführt.

Nach diesen Anwendungen der HESSEschen Normalform gehen wir zur Diskussion der allgemeinen Gleichung der Ebene:

$$Ax + By + Cz + D = 0,$$

über. Wir unterscheiden die Fälle:

1. $A = 0$. In der zugehörigen HESSEschen Normalform ist $\xi_0 = 0$; der Winkel zwischen der Normalen in O auf der Ebene und der x-Axe ist ein rechter. Die Normale muß daher in die yz-Ebene fallen, und die Ebene ist parallel zur x-Axe (Figur 50).

2. $B = 0$. Es wird $\eta_0 = 0$. Die Normale in O auf der Ebene fällt in die xz-Ebene, und die Ebene ist parallel zur y-Axe (Figur 50).

3. $C = 0$. Es wird $\zeta_0 = 0$. Die Normale in O auf der Ebene fällt in die xy-Ebene, und die Ebene ist parallel zur z-Axe (Figur 50).

Wir fassen die drei Fälle durch den Satz zusammen:

21. Satz: *Tritt eine Koordinate in der allgemeinen Gleichung der Ebene nicht auf, so ist die Ebene parallel zu der betreffenden Axe.*

Ist die Ebene zu zwei Axen parallel, so ist sie zu der betreffenden Koordinatenebene parallel. Es sind dann *zwei* der Größen A, B, C null.

4. $D = 0$. Die Ebene geht durch den Nullpunkt.

5. $D \neq 0$. Die Ebene geht *nicht* durch O und schneidet die Axen in den drei von O verschiedenen Punkten P_a, P_b und P_c, wobei einer oder zwei dieser Punkte auch ins Unendliche fallen können. Dies trifft dann ein, wenn die Ebene zu der betreffenden Axe oder Koordinatenebene parallel ist. Ist a die x-Koordinate von P_a, b die y-Koordinate von P_b und c die z-Koordinate von P_c, so heißen a, b, c *die Axenabschnitte der Ebene*. Durch sie ist die Ebene bestimmt (Figur 51). Dies gelte auch, wenn die Ebene zu einer Axe parallel ist.

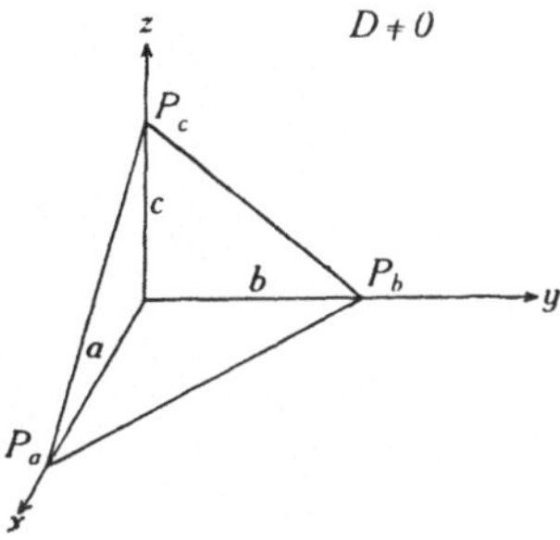

Fig. 51.

Der zugehörige Axenabschnitt ist dann unendlich groß. Zum Beispiel ist die Ebene mit den Axenabschnitten ∞, ∞, c parallel zur xy-Ebene. Um die Axenabschnitte aus der allgemeinen Gleichung der Ebene zu berechnen, bedenken wir, daß a, 0, 0 die Koordinaten von P_a, 0, b, 0 diejenigen von P_b und 0, 0, c diejenigen von P_c sind (falls a, b, c endlich sind). Somit muß:

$$A\,a + D = 0, \quad B\,b + D = 0, \quad C\,c + D = 0,$$

sein, woraus folgt:

$$a = -\frac{D}{A}, \quad b = -\frac{D}{B}, \quad c = -\frac{D}{C}.$$

Diese Formeln gelten auch, falls eine oder zwei der Größen A, B, C null sind (alle drei können wegen $A^2 + B^2 + C^2 \neq 0$ nicht null sein). Denn wegen des Satzes 21 muß dann die Ebene parallel zu der betreffenden Axe sein, der zugehörige Axenabschnitt also unendlich werden. Umgekehrt ist:

$$A = -\frac{D}{a}, \quad B = -\frac{D}{b}, \quad C = -\frac{D}{c};$$

setzt man dies in die allgemeine Gleichung der Ebene ein und kürzt durch $-D \neq 0$, so folgt die *Axengleichung der Ebene:*

$$\frac{x}{a} + \frac{y}{b} + \frac{z}{c} - 1 = 0.$$

6. $C \neq 0$. Die Ebene ist *nicht* parallel zur z-Axe. Man darf ihre Gleichung nach z auflösen:

$$z = a\,x + b\,y + c.$$

Diese Gleichung heißt *die explizite Form der Ebenengleichung*. z ist eine *lineare* Funktion der Variablen x, y. Eigentlich müßte man «*planar*» statt «*linear*» sagen. Ist B oder $A \neq 0$, die Ebene also zur y- oder x-Axe nicht parallel, so kann man die allgemeine Gleichung auch nach y oder x auflösen.

Die Art, wie die Ebene in der HESSEschen Normalform geometrisch gegeben ist, ist *theoretisch* am zweckmäßigsten, *praktisch* aber nicht verwertbar.

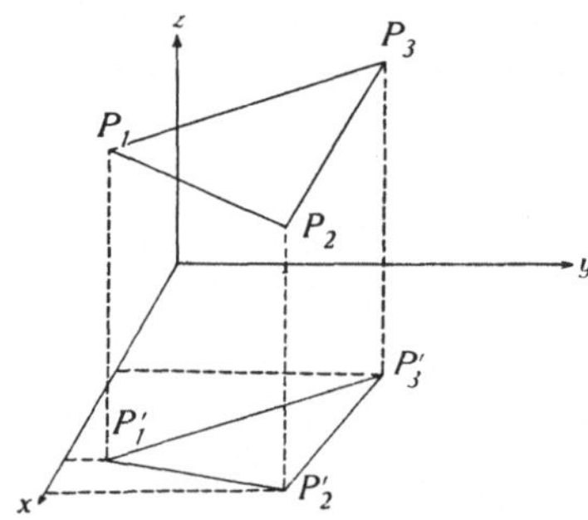

Fig. 52.

Hier stellt sich die Aufgabe gewöhnlich so, daß die Ebene geometrisch durch drei nicht in einer Geraden liegende Punkte gegeben ist, und man daraus ihre Gleichung zu berechnen hat. Die Gleichungen der Punkte seien (Figur 52):

$$P_1 \begin{cases} x = x_1, \\ y = y_1, \\ z = z_1, \end{cases} \qquad P_2 \begin{cases} x = x_2, \\ y = y_2, \\ z = z_2, \end{cases} \qquad P_3 \begin{cases} x = x_3, \\ y = y_3, \\ z = z_3. \end{cases}$$

Hat die gesuchte Ebene die Gleichung:

$$A\,x + B\,y + C\,z + D = 0, \quad A^2 + B^2 + C^2 \neq 0,$$

so wird sie durch die Koordinaten der Punkte, da dieselben auf der Ebene liegen sollen, befriedigt, was die drei Bedingungsgleichungen ergibt:

$$A\,x_1 + B\,y_1 + C\,z_1 + D = 0,$$
$$A\,x_2 + B\,y_2 + C\,z_2 + D = 0,$$
$$A\,x_3 + B\,y_3 + C\,z_3 + D = 0.$$

Hieraus hat man die drei Verhältnisse $A:B:C:D$ zu berechnen und in die Gleichung einzusetzen. Eleganter kommt man zum Ziele, wenn man zuerst D mit Hilfe der ersten Bedingungsgleichung eliminiert:

$$A\,(x - x_1) + B\,(y - y_1) + C\,(z - z_1) = 0,$$

so daß jetzt nur noch zwei Verhältnisse $A:B:C$ zu berechnen sind. Subtrahiert man von der 2. und 3. Bedingungsgleichung die erste, so folgt:

$$A\,(x_2 - x_1) + B\,(y_2 - y_1) + C\,(z_2 - z_1) = 0,$$
$$A\,(x_3 - x_1) + B\,(y_3 - y_1) + C\,(z_3 - z_1) = 0.$$

Aus den so erhaltenen *drei* Gleichungen eliminiert man zuerst etwa das Verhältnis $A:C$, und findet *zwei* Gleichungen mit $A:B$ und durch Elimination von $A:B$ *eine* Bedingungsgleichung, die kein unbekanntes Verhältnis mehr enthält, und die eine lineare Gleichung in x, y, z ist. Sie ist die gesuchte Ebenengleichung. Das Resultat der Rechnung kann man mit Hilfe der Determinante sehr einfach so schreiben:

$$\begin{vmatrix} x - x_1 & y - y_1 & z - z_1 \\ x_2 - x_1 & y_2 - y_1 & z_2 - z_1 \\ x_3 - x_1 & y_3 - y_1 & z_3 - z_1 \end{vmatrix} = 0.$$

Rechnen wir diese Determinante nach dem auf Seite 28 angegebenen Schema aus, und ordnen wir sie nach den drei Faktoren $(x - x_1)$, $(y - y_1)$, $(z - z_1)$, so folgt:

$$[(y_2 - y_1)\,(z_3 - z_1) - (y_3 - y_1)\,(z_2 - z_1)]\,(x - x_1)$$
$$+[(z_2 - z_1)\,(x_3 - x_1) - (z_3 - z_1)\,(x_2 - x_1)]\,(y - y_1)$$
$$+[(x_2 - x_1)\,(y_3 - y_1) - (x_3 - x_1)\,(y_2 - y_1)]\,(z - z_1) = 0.$$

Dies ist stets die Gleichung einer Ebene, wenn nicht alle Koeffizienten von x, y, z null sind. Sehen wir, was geometrisch die Nullsetzung des Koeffizienten von z:

$$(x_2 - x_1)\,(y_3 - y_1) - (x_3 - x_1)\,(y_2 - y_1) = 0$$

bedeutet. Ausgerechnet erhält man die Gleichung:

$$x_1 y_2 + x_2 y_3 + x_3 y_1 - x_2 y_1 - x_3 y_2 - x_1 y_3 = 0.$$

Nach Satz 5 ist dies die Bedingung dafür, daß der doppelte Inhalt des Dreiecks $P_1' P_2' P_3'$, wo P_1', P_2', P_3' die Projektionen von P_1, P_2, P_3 auf die xy-Ebene sind, null ist, daß somit die drei Punkte P_1', P_2', P_3' in einer Geraden liegen. Letzteres ist nur möglich, wenn die drei Punkte P_1, P_2, P_3 selbst in einer Ebene liegen, die zur z-Axe parallel ist. Ist umgekehrt diese geometrische Bedingung erfüllt, so ist der Dreiecksinhalt null, also der Koeffizient von z null. Genau so sieht man ein, daß, wenn der Koeffizient von y null ist, die drei Punkte in einer Ebene parallel zur y-Axe liegen müssen. Sind beide Koeffizienten null, so müssen die Punkte in einer zur z-Axe und in einer zur y-Axe, also in einer zur yz-Ebene parallelen Ebene liegen, da sie nicht in einer Geraden liegen sollen. Wäre nun auch noch der Koeffizient von x null, so müßten die drei Punkte entsprechend auch noch in einer zur xz-Ebene parallelen Ebene, also im Schnitt von zwei aufeinander senkrechten Ebenen, das heißt auf einer Geraden liegen, gegen Annahme. Damit ist der Satz bewiesen:

22. Satz: *Sind drei nicht in einer Geraden liegende Punkte durch ihre Gleichungen gegeben*:

$$P_1 \begin{cases} x = x_1, \\ y = y_1, \\ z = z_1, \end{cases} \qquad P_2 \begin{cases} x = x_2, \\ y = y_2, \\ z = z_2, \end{cases} \qquad P_3 \begin{cases} x = x_3, \\ y = y_3, \\ z = z_3, \end{cases}$$

so besitzt die durch die drei Punkte gehende Ebene die Gleichung:

$$\begin{vmatrix} x - x_1 & y - y_1 & z - z_1 \\ x_2 - x_1 & y_2 - y_1 & z_2 - z_1 \\ x_3 - x_1 & y_3 - y_1 & z_3 - z_1 \end{vmatrix} = 0.$$

Wir wenden diesen Satz an für den Fall, daß P_1 in O, und P_2 und P_3 in die Endpunkte E_1 und E_2 der Einheitsvektoren $\mathfrak{e}_1$ und $\mathfrak{e}_2$ ($\mp \pm \mathfrak{e}_1$) fallen. Die Richtungskosinusse ξ_1, η_1, ζ_1 von $\mathfrak{e}_1$ und ξ_2, η_2, ζ_2 von $\mathfrak{e}_2$ sind zugleich die Koordi-

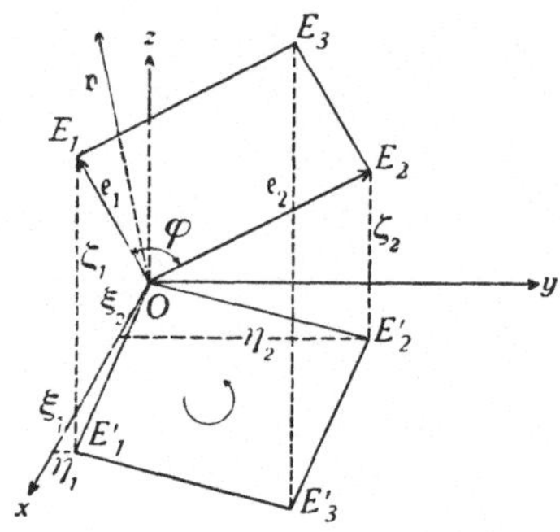

Fig. 53.

naten von E_1 und E_2. Nach Satz 22 lautet die Gleichung der Ebene durch O, E_1, E_2 und somit durch $\mathfrak{e}_1$ und $\mathfrak{e}_2$ (Figur 53), falls O, E_1, E_2 nicht in einer Geraden liegen:

$$\begin{vmatrix} x & y & z \\ \xi_1 & \eta_1 & \zeta_1 \\ \xi_2 & \eta_2 & \zeta_2 \end{vmatrix} = 0.$$

Rechnet man die Determinante aus, so wird:

$$(\eta_1\zeta_2 - \eta_2\zeta_1)x + (\zeta_1\xi_2 - \zeta_2\xi_1)y + (\xi_1\eta_2 - \xi_2\eta_1)z = 0.$$

Sind E'_1 und E'_2 die Projektionen von E_1 und E_2 auf die xy-Ebene, so ist nach Satz 5, wie wir schon sahen, $\xi_1\eta_2 - \xi_2\eta_1$ der doppelte Inhalt des Dreiecks $OE'_1E'_2$, und zwar positiv oder negativ genommen, je nachdem der Umlaufsinn $O \to E'_1 \to E'_2$ von der positiven z-Axe, das heißt von oben gesehen positiv oder negativ ist. Entsprechend sind die Koeffizienten von y und x die positiv oder negativ genommenen doppelten Dreiecksinhalte der Projektionen in die xz-, respektive yz-Ebene. Statt der doppelten Dreiecksinhalte nimmt man besser die Inhalte der betreffenden Parallelogramme. Dieselben erhält man, indem man das Parallelogramm $OE_1E_3E_2$ in der Ebene der Vektoren e_1 und e_2 normal auf die xy-, xz- und yz-Ebene projiziert. Die Inhalte dieser Projektionen können wir auch direkt durch Rechnung erhalten, wenn wir den Satz anwenden, daß der positive Inhalt der normalen Projektion eines Ebenenteiles auf eine andere Ebene gleich ist dem positiven Inhalt des Ebenenteiles selbst, multipliziert mit dem Kosinus des spitzen Winkels zwischen den beiden Ebenen. Ist φ der Winkel zwischen e_1 und e_2, wo $0 < \varphi < \pi$ sein muß, so ist der positive Inhalt des Parallelogrammes $OE_1E_3E_2$ gleich $\sin\varphi$. Der Neigungswinkel der Ebene des Parallelogrammes mit den Koordinatenebenen ist gleich dem Winkel ihrer Normalen. Zu seiner Bestimmung führen wir einen weiteren Punkt P_3:

$$P_3 \begin{cases} x = \eta_1\zeta_2 - \eta_2\zeta_1, \\ y = \zeta_1\xi_2 - \zeta_2\xi_1, \\ z = \xi_1\eta_2 - \xi_2\eta_1, \end{cases}$$

ein. Die Richtungskosinusse des Vektors $v = \overrightarrow{OP_3}$ sind:

$$\xi_3 = \frac{\eta_1\zeta_2 - \eta_2\zeta_1}{|v|}, \quad \eta_3 = \frac{\zeta_1\xi_2 - \zeta_2\xi_1}{|v|}, \quad \zeta_3 = \frac{\xi_1\eta_2 - \xi_2\eta_1}{|v|},$$

wo

$$|v| = \sqrt[+]{(\eta_1\zeta_2 - \eta_2\zeta_1)^2 + (\zeta_1\xi_2 - \zeta_2\xi_1)^2 + (\xi_1\eta_2 - \xi_2\eta_1)^2}$$

die Länge des Vektors v ist. Nach Satz 19 ist

$$\xi_3 x + \eta_3 y + \zeta_3 z = 0$$

die HESSEsche Normalform der Ebene durch e_1 und e_2. *Daher muß v auf dieser Ebene senkrecht stehen*, und ξ_3, η_3, ζ_3 sind die Kosinusse der Winkel zwischen der Normalen auf der Ebene und der x-, y-, z-Axe, das heißt auch die Kosinusse der Winkel zwischen der Ebene selbst und der yz-, xz-, xy-Ebene. Somit muß nach dem oben angeführten Satze:

$$\begin{aligned} \xi_3 \sin\varphi &= \eta_1\zeta_2 - \eta_2\zeta_1, \\ \eta_3 \sin\varphi &= \zeta_1\xi_2 - \zeta_2\xi_1, \\ \zeta_3 \sin\varphi &= \xi_1\eta_2 - \xi_2\eta_1 \end{aligned}$$

sein. Denn $\sin\varphi$ ist stets positiv und die Größen ξ_3, η_3, ζ_3 müssen die Vorzeichen der rechten Seiten haben. Hieraus folgt $\sin\varphi = |v|$, womit die geometrische Bedeutung der Länge von v gefunden ist. Dies ergibt die wichtige Formel:

$$\sin^2\varphi = (\eta_1\zeta_2 - \eta_2\zeta_1)^2 + (\zeta_1\xi_2 - \zeta_2\xi_1)^2 + (\xi_1\eta_2 - \xi_2\eta_1)^2.$$

Wir haben jetzt noch zu entscheiden, welche Richtung v in bezug auf die beiden Vektoren e_1 und e_2 hat. Bis jetzt wissen wir nur, daß v auf der Ebene der beiden Vektoren senkrecht steht, aber nicht nach welcher Seite seine Länge $\sin\varphi$ von O aus abzutragen ist. Da die Ebene durch den Nullpunkt geht, gibt uns die Theorie der HESSEschen Normalform über diese Frage keinen Aufschluß; denn in diesem Falle ist die Normalrichtung willkürlich. Nun haben aber ξ_3, η_3, ζ_3 dasselbe Vorzeichen wie $\eta_1\zeta_2 - \eta_2\zeta_1, \zeta_1\xi_2 - \zeta_2\xi_1, \xi_1\eta_2 - \xi_2\eta_1$, und letztere Größen sind nach Satz 5 positiv oder negativ, je nach dem Umlaufsinn der Projektion von $OE_1E_3E_2$ auf die Koordinatenebenen, falls das Parallelogramm im Sinne $O \to E_1 \to E_3 \to E_2$ durchlaufen wird, und die Projektion von vorn, rechts oder oben betrachtet wird. Ist etwa ζ_3 positiv, das heißt $\mathfrak{v}$ nach oben gerichtet, so ist der Umlaufsinn $O \to E_1' \to E_3' \to E_2'$ von oben gesehen positiv (entgegengesetzt dem Uhrzeiger); ist ζ_3 negativ, das heißt $\mathfrak{v}$ nach unten gerichtet, so ist der Umlaufsinn von oben gesehen negativ und von unten gesehen positiv. *Der Umlaufsinn $O \to E_1' \to E_3' \to E_2'$ ist daher für $\zeta_3 \neq 0$ immer positiv von P_3 aus gesehen.* Das (im allgemeinen nicht rechtwinklige) Vektorensystem $\overrightarrow{OE_1'}, \overrightarrow{OE_2'}, \mathfrak{v}$ ist in dieser Reihenfolge ein *Dreibein;* also auch $\mathfrak{e}_1, \mathfrak{e}_2, \mathfrak{v}$. Denn P_3 kann nicht in dem *spitzen* Winkelraum zwischen der Ebene durch $\mathfrak{e}_1, \mathfrak{e}_2$ und der xy-Ebene liegen, da $\mathfrak{v}$ auf $\mathfrak{e}_1$ und $\mathfrak{e}_2$ senkrecht steht und die Winkel zwischen $\mathfrak{e}_1, \mathfrak{e}_2$ und ihren Projektionen auf die xy-Ebene spitz sind. Die drei Vektoren $\mathfrak{e}_1, \mathfrak{e}_2, \mathfrak{v}$ sind somit von der Art der positiven Koordinatenaxen x, y, z, wobei nur der Winkel zwischen $\mathfrak{e}_1$ und $\mathfrak{e}_2$ jetzt kein rechter mehr zu sein braucht, sondern ein Winkel φ zwischen 0 und π ist.

Ist $\zeta_3 = 0$, so nimmt man ξ_3 oder η_3, die wegen $\varphi \neq 0$ und $\neq \pi$ nicht beide null sein können, und betrachtet die betreffende Projektion. Die Lage des Vektors $\mathfrak{v}$ ist damit eindeutig festgelegt. Repräsentiert man $\mathfrak{e}_1$ durch den Daumen der linken Hand, $\mathfrak{e}_2$ durch den Mittelfinger, so ergibt der Zeigefinger die Richtung von $\mathfrak{v}$. Wenn wir $\mathfrak{e}_1$ und $\mathfrak{e}_2$ vertauschen, so ändern die Komponenten von $\mathfrak{v}$ das Vorzeichen und $\mathfrak{v}$ geht in die entgegengesetzte Richtung über. Man nennt $\mathfrak{v}$ *das äußere oder vektorielle Produkt von $\mathfrak{e}_1$ und $\mathfrak{e}_2$* und schreibt:

$$\mathfrak{v} = \mathfrak{e}_1 \times \mathfrak{e}_2.$$

Bezeichnet man den entgegengesetzt gerichteten, aber gleichlangen Vektor von $\mathfrak{v}$ mit $-\mathfrak{v}$, so ist nach dem ausgeführten:

$$-\mathfrak{v} = \mathfrak{e}_2 \times \mathfrak{e}_1.$$

Das *kommutative Gesetz* gilt für die neue Multiplikation *nicht mehr*. Wenn die drei Punkte O, E_1, E_2 in einer Geraden liegen, so ist $\varphi = 0$ oder $= \pi$, je nachdem $\mathfrak{e}_1$ und $\mathfrak{e}_2$ gleich oder entgegengesetzt gerichtet sind. Alle Komponenten von $\mathfrak{v}$ sind dann null. Bezeichnet man diesen Vektor mit 0, so ist *das vektorielle Produkt von $\mathfrak{e}_1$ und $\mathfrak{e}_2$ dann und nur dann null, wenn die beiden Vektoren gleiche oder entgegengesetzte Richtung haben.*

Wir wollen jetzt diese Definition auf zwei allgemeine Vektoren $\mathfrak{r}_1$ und $\mathfrak{r}_2$ ausdehnen, die durch ihre von O verschiedenen Endpunkte P_1, P_2:

$$P_1 \begin{cases} x = x_1, \\ y = y_1, \\ z = z_1, \end{cases} \qquad P_2 \begin{cases} x = x_2, \\ y = y_2, \\ z = z_2, \end{cases}$$

gegeben sind. $\mathfrak{r}_1$ und $\mathfrak{r}_2$ haben die Richtungskosinusse:

$$P_1 \begin{cases} \xi_1 = \dfrac{x_1}{|\mathfrak{r}_1|}, \\[2mm] \eta_1 = \dfrac{y_1}{|\mathfrak{r}_1|}, \\[2mm] \zeta_1 = \dfrac{z_1}{|\mathfrak{r}_1|}, \end{cases} \qquad P_2 \begin{cases} \xi_2 = \dfrac{x_2}{|\mathfrak{r}_2|}, \\[2mm] \eta_2 = \dfrac{y_2}{|\mathfrak{r}_2|}, \\[2mm] \zeta_2 = \dfrac{z_2}{|\mathfrak{r}_2|}, \end{cases}$$

die als Koordinaten von zwei Punkten E_1 und E_2 zugleich zwei Einheitsvektoren $\mathfrak{e}_1$ und $\mathfrak{e}_2$ festlegen. Man schreibt mit Hilfe der sogenannten *skalaren Multiplikation*:

$$\mathfrak{r}_1 = |\mathfrak{r}_1|\,\mathfrak{e}_1, \quad \mathfrak{r}_2 = |\mathfrak{r}_2|\,\mathfrak{e}_2,$$

und definiert *das äußere oder vektorielle Produkt* durch:

$$\mathfrak{v} = \mathfrak{r}_1 \times \mathfrak{r}_2 = |\mathfrak{r}_1|\,|\mathfrak{r}_2|\,\mathfrak{e}_1 \times \mathfrak{e}_2.$$

Dasselbe hat folgende Eigenschaften:

a) $\mathfrak{v}$ ist ein Vektor mit derselben Richtung wie $\mathfrak{e}_1 \times \mathfrak{e}_2$. Er steht somit senkrecht auf der durch $\mathfrak{r}_1$ und $\mathfrak{r}_2$ gehenden Ebene, und $\mathfrak{r}_1, \mathfrak{r}_2, \mathfrak{v}$ bilden ein Dreibein. Sind $\mathfrak{r}_1$ und $\mathfrak{r}_2$, also auch $\mathfrak{e}_1$ und $\mathfrak{e}_2$ gleich oder entgegengesetzt gerichtet, so ist $\mathfrak{v} = 0$.

b) Seine Länge ist $|\mathfrak{v}| = |\mathfrak{r}_1|\,|\mathfrak{r}_2|\,\sin\varphi$, falls φ der Winkel zwischen $\mathfrak{e}_1$ und $\mathfrak{e}_2$, also auch zwischen $\mathfrak{r}_1$ und $\mathfrak{r}_2$ ist, wobei $0 \leq \varphi \leq \pi$ ist. Geometrisch bedeutet die Länge den Flächeninhalt des durch $\mathfrak{r}_1$ und $\mathfrak{r}_2$ erzeugten Parallelogrammes.

c) Die Komponenten von $\mathfrak{v}$ sind:

$$|\mathfrak{r}_1|\,|\mathfrak{r}_2|\,(\eta_1 \zeta_2 - \eta_2 \zeta_1) = y_1 z_2 - y_2 z_1,$$
$$|\mathfrak{r}_1|\,|\mathfrak{r}_2|\,(\zeta_1 \xi_2 - \zeta_2 \xi_1) = z_1 x_2 - z_2 x_1,$$
$$|\mathfrak{r}_1|\,|\mathfrak{r}_2|\,(\xi_1 \eta_2 - \xi_2 \eta_1) = x_1 y_2 - x_2 y_1.$$

23. Satz: *Sind zwei Punkte mit den Gleichungen:*

$$P_1 \begin{cases} x = x_1, \\ y = y_1, \\ z = z_1, \end{cases} \qquad P_2 \begin{cases} x = x_2, \\ y = y_2, \\ z = z_2, \end{cases}$$

gegeben, so ist das äußere oder vektorielle Produkt $\mathfrak{v} = \mathfrak{r}_1 \times \mathfrak{r}_2$ der beiden Vektoren $\mathfrak{r}_1 = \overrightarrow{OP_1}, \mathfrak{r}_2 = \overrightarrow{OP_2}$ der Nullvektor, falls $\mathfrak{r}_1$ und $\mathfrak{r}_2$ gleich oder entgegengesetzt gerichtet sind. Im andern Falle ist $\mathfrak{v}$ ein Vektor, dessen Länge gleich dem Inhalt des durch $\mathfrak{r}_1$ und $\mathfrak{r}_2$ gebildeten Vektorparallelogrammes ist, und dessen Richtung so in die Senkrechte auf die Ebene des Parallelogrammes fällt, daß $\mathfrak{r}_1, \mathfrak{r}_2, \mathfrak{v}$ ein Dreibein bilden. Die Komponenten von $\mathfrak{v}$ sind:

$$y_1 z_2 - y_2 z_1, \quad z_1 x_2 - z_2 x_1, \quad x_1 y_2 - x_2 y_1.$$

Unter den Problemen *zweier* Ebenen, zu denen wir jetzt übergehen, wollen wir nur die Berechnung ihres Neigungswinkels behandeln, da allgemein durch zwei Ebenen eine Gerade gegeben ist, und wir diesen Fall im nächsten Paragraphen ausführlich betrachten werden. Kennen wir die beiden Ebenen durch ihre Gleichungen:

$$A_1 x + B_1 y + C_1 z + D_1 = 0, \quad \text{und} \quad A_2 x + B_2 y + C_2 z + D_2 = 0,$$

so sind damit auch die Richtungskosinusse ihrer Normalen bekannt (Satz 19):

$$\xi_1 = \frac{A_1}{\lambda_1}, \qquad\qquad\qquad\qquad \xi_2 = \frac{A_2}{\lambda_2},$$

$$\eta_1 = \frac{B_1}{\lambda_1}, \quad \lambda_1 = \sqrt[+]{A_1^2 + B_1^2 + C_1^2}, \qquad \eta_2 = \frac{B_2}{\lambda_2}, \quad \lambda_2 = \sqrt[+]{A_2^2 + B_2^2 + C_2^2}.$$

$$\zeta_1 = \frac{C_1}{\lambda_1}, \qquad\qquad\qquad\qquad \zeta_2 = \frac{C_2}{\lambda_2},$$

Die vier Raumwinkel, die die beiden Ebenen miteinander bilden, und von denen je zwei gleich, die andern supplementär sind, können durch die Winkel berechnet werden, die ihre Normalen miteinander bilden. Auch diese sind gleich oder supplementär. Die Kosinusse sind daher nur bis auf das Vorzeichen gegeben, und es muß, falls einer der Raumwinkel mit φ bezeichnet wird:

$$\cos \varphi = \pm \, (\xi_1 \xi_2 + \eta_1 \eta_2 + \zeta_1 \zeta_2) = \pm \, \frac{1}{\lambda_1 \lambda_2} \, (A_1 A_2 + B_1 B_2 + C_1 C_2),$$

$$\sin^2 \varphi = (\eta_1 \zeta_2 - \eta_2 \zeta_1)^2 + (\zeta_1 \xi_2 - \zeta_2 \xi_1)^2 + (\xi_1 \eta_2 - \xi_2 \eta_1)^2 =$$

$$= \frac{1}{\lambda_1^2 \lambda_2^4} \, \left((B_1 C_2 - B_2 C_1)^2 + (C_1 A_2 - C_2 A_1)^2 + (A_1 B_2 - A_2 B_1)^2\right)$$

werden. $\sin \varphi$ ist stets die positive Wurzel. Sind die Ebenen *parallel*, so ist $\sin \varphi = 0$, also

$$A_1 : A_2 = B_1 : B_2 = C_1 : C_2.$$

Sind die Ebenen *senkrecht*, so ist $\cos \varphi = 0$, also:

$$A_1 A_2 + B_1 B_2 + C_1 C_2 = 0.$$

24. Satz: *Damit zwei durch ihre Gleichungen:*

$$A_1 x + B_1 y + C_1 z + D_1 = 0, \; A_2 x + B_2 y + C_2 z + D_2 = 0$$

gegebene Ebenen zueinander parallel sind, ist notwendig und hinreichend, daß $A_1 : A_2 = B_1 : B_2 = C_1 : C_2$ ist. Die notwendige und hinreichende Bedingung dafür, daß sie aufeinander senkrecht stehen, lautet:

$$A_1 A_2 + B_1 B_2 + C_1 C_2 = 0.$$

Bei drei durch ihre Gleichungen:

$$(1) = 0, \; (2) = 0, \; (3) = 0,$$

gegebenen verschiedenen Ebenen, wobei die Abkürzungen (1), (2), (3) die linken Seiten der allgemeinen Gleichung der Ebene bedeuten, deren Koeffizienten je mit den Indizes 1, 2, 3 versehen sind, stellt sich das Problem, alle Raumpunkte zu bestimmen, die auf allen drei Ebenen liegen. Dieses *geometrische Problem* ist identisch mit dem *algebraischen*, alle gemeinsamen Lösungen von drei linearen Gleichungen mit den drei Unbekannten x, y, z zu finden. Die Algebra löst diese Aufgabe durch das *Eliminationsverfahren*. Man eliminiert zuerst aus je zwei Gleichungen eine der Unbekannten und erhält zwei lineare Gleichungen mit zwei Unbekannten, aus denen man durch Elimination einer weiteren Unbekannten eine Gleichung mit einer Unbekannten erhält. Macht man dies für alle drei Größen x, y, z, so wird:

$$Dx = R, \quad Dy = S, \quad Dz = T,$$

wobei D stets dasselbe ist und so als Determinante geschrieben werden kann:

$$D = \begin{vmatrix} A_1 & B_1 & C_1 \\ A_2 & B_2 & C_2 \\ A_3 & B_3 & C_3 \end{vmatrix}.$$

Wir unterscheiden deshalb:

I. Fall: $D \neq 0$. Die drei oben gefundenen Gleichungen ergeben eine und nur eine Lösung, und *die drei Ebenen schneiden sich in einem und nur einem Punkte.*

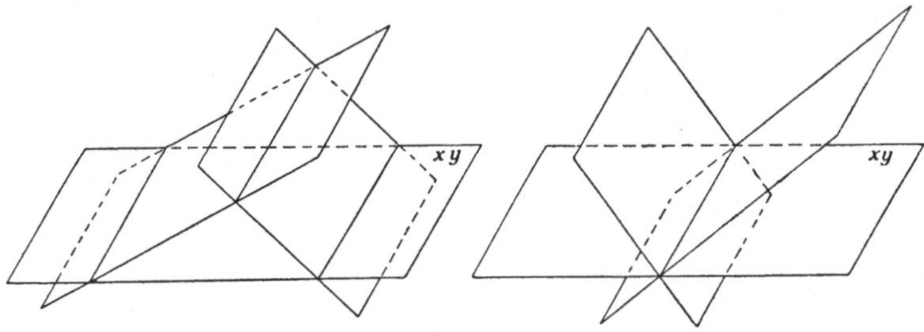

Fig. 54.

II. Fall: $D = 0$. Welche Lagen können die Ebenen zueinander besitzen, damit diese Bedingung erfüllt ist? Um dies bequem zu untersuchen, denken wir uns die dritte Ebene als die xy-Ebene mit der Gleichung: $(3) \equiv z = 0$. Diese Annahme ist keine Einschränkung, da wir sie stets durch eine Koordinatentransformation (bei der $D = 0$ bleibt) erfüllen können. Die Determinante kann jetzt leicht ausgerechnet werden und ergibt die Bedingung:

$$D = A_1 B_2 - A_2 B_1 = 0.$$

Es bleibt noch zu entscheiden, wie die beiden Ebenen

$$(1) \equiv A_1 x + B_1 y + C_1 z + D_1 = 0,$$
$$(2) \equiv A_2 x + B_2 y + C_2 z + D_2 = 0$$

unter dieser Voraussetzung in bezug auf die xy-Ebene liegen können. Wir eliminieren aus den Gleichungen x; dann folgt wegen der Bedingungsgleichung:

$$(C_1 A_2 - C_2 A_1) z + (D_1 A_2 - D_2 A_1) = 0.$$

Alle z derjenigen Punkte, die auf beiden Ebenen liegen, genügen dieser Bedingung. Hier treten folgende Möglichkeiten ein:

a) $C_1 A_2 - C_2 A_1 \neq 0$, $D_1 A_2 - D_2 A_1 \neq 0$. Die Koordinate z ist eindeutig bestimmt und $\neq 0$. Alle Schnittpunkte der beiden Ebenen haben gleiches z, die Schnittkante ist parallel zur xy-Ebene (Figur 54). Die drei Ebenen schneiden sich in drei parallelen Geraden und haben *keine Punkte gemein.*

b) $C_1A_2 - C_2A_1 \neq 0$, $D_1A_2 - D_2A_1 = 0$. Jetzt muß $z = 0$ sein. Alle Schnittpunkte der beiden Ebenen liegen in der xy-Ebene. Die drei Ebenen gehören demselben Ebenenbüschel an (Figur 54) und haben *unendlich viele gemeinsame Punkte.*

c) $C_1A_2 - C_2A_1 = 0$, $D_1A_2 - D_2A_1 \neq 0$. Hier muß $A_1 : A_2 = B_1 : B_2 = C_1 : C_2$ sein, das heißt die beiden Ebenen sind wegen Satz 24 zueinander parallel (Figur 55). Da sie verschieden sein sollen, haben sie unter sich *keine Punkte gemein.* Sind sie auch zur xy-Ebene parallel, so erhält man als Spezialfall drei parallele Ebenen (Figur 56). Es ist dann $A_1 = A_2 = B_1 = B_2 = 0$.

Ein weiterer Fall kann nicht eintreten, da, wenn beide Koeffizienten null wären,

$$A_1 : B_1 : C_1 : D_1 = A_2 : B_2 : C_2 : D_2$$

sein müßte, das heißt beide Ebenen fielen zusammen, gegen Annahme. Daher haben *im Falle II die drei Ebenen keine Punkte gemein außer im Falle, daß sie demselben Ebenenbüschel angehören, wo sie unendlich viele Punkte gemein haben.*

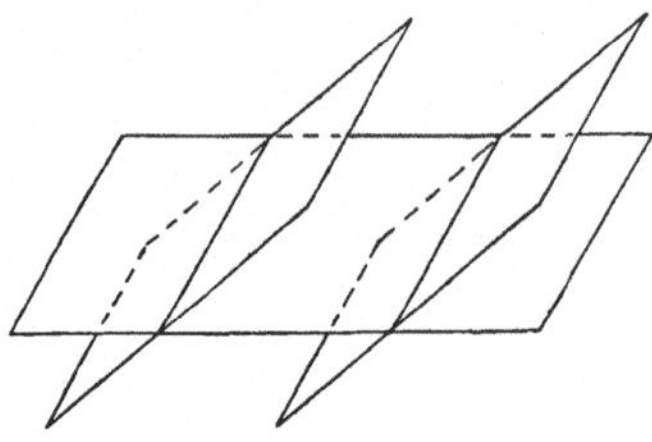

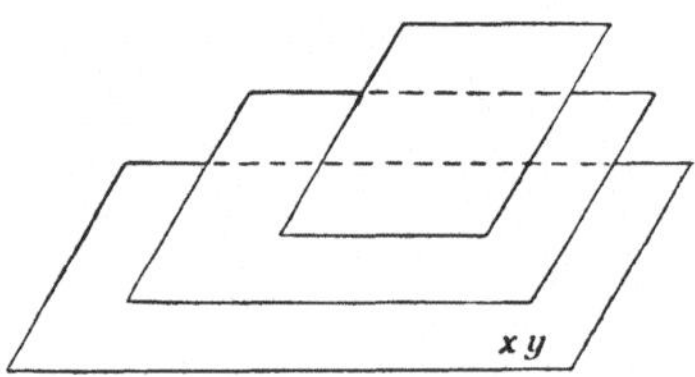

Fig. 55.   Fig. 56.

Dies führt uns zur Behandlung des *Ebenenbüschels.* Ein solches ist durch zwei sich schneidende Ebenen gegeben:

$$(1) \equiv A_1 x + B_1 y + C_1 z + D_1 = 0, \quad (2) \equiv A_2 x + B_2 y + C_2 z + D_2 = 0.$$

Wie erhalten wir alle Ebenen des Büschels? Wir diskutieren für zwei beliebige von null verschiedene konstante Faktoren λ_1 und λ_2 die Gleichung:

$$\lambda_1 (1) + \lambda_2 (2) = 0,$$

wo (1) und (2) die linken Seiten der beiden Gleichungen bedeuten. Die Bedingung ist in x, y, z vom 1. Grade, also die Gleichung einer Ebene. Denn in ihr sind die Koeffizienten der drei Variablen nicht alle null, weil aus:

$$\lambda_1 A_1 + \lambda_2 A_2 = 0, \quad \lambda_1 B_1 + \lambda_2 B_2 = 0, \quad \lambda_1 C_1 + \lambda_2 C_2 = 0$$

die Doppelproportion $A_1 : A_2 = B_1 : B_2 = C_1 : C_2$ folgen würde, die nach Satz 24 aussagt, daß die beiden Ebenen zueinander parallel sind, gegen Annahme. Die durch die Gleichung dargestellte Ebene gehört außerdem dem Ebenenbüschel an, weil für alle Punkte der Schnittgeraden der beiden Ebenen $(1) = 0$ und $(2) = 0$ sein muß. Damit haben wir unendlich viele Ebenen des Ebenenbüschels erhalten, und es fragt sich nur noch, ob es *alle* sind? Nehmen wir das

Gegenteil an, daß es nämlich eine Ebene des Ebenenbüschels gebe, die *nicht* in der Gestalt $\lambda_1(1)+\lambda_2(2)=0$ darstellbar sei, und es sei P_1 mit den Koordinaten x_1,y_1,z_1 ein Punkt dieser Ebene, der nicht auf der Schnittgeraden und auch auf keiner der beiden Ebenen liegt. Wir setzen:

$$n_1=A_1x_1+B_1y_1+C_1z_1+D_1,\quad n_2=A_2x_1+B_2y_1+C_2z_1+D_2;$$

n_1,n_2 sind wegen unserer Annahme beide von null verschieden. Wir wählen $\lambda_1=n_2$, $\lambda_2=-n_1$. Die Gleichung:

$$n_2(1)-n_1(2)=0$$

ergibt eine Ebene des Ebenenbüschels, die durch P_1 geht. Es gibt aber nur eine Ebene des Ebenenbüschels, die durch P_1 geht; die Gleichung ist daher die Gleichung der Ebene, von der wir ausgingen, die keine Gleichung dieser Gestalt besitzen sollte. Der Widerspruch zeigt, daß in dieser Form *alle* Ebenen des Ebenenbüschels (außer (1) und (2)) erhalten werden.

Diese Theorie des Ebenenbüschels enthält als Spezialfall die algebraische *Eliminationstheorie* und gibt ihr die geometrische Deutung. Wenn wir zum Beispiel x eliminieren wollen und dazu $\lambda_1=A_2$, $\lambda_2=-A_1$ setzen, so ist:

$$A_2(1)-A_1(2)=0$$

die Gleichung derjenigen Ebene des Büschels, die x nicht enthält, also parallel zur x-Axe ist.

Aus dem Bewiesenen geht hervor, daß, wenn eine von beiden Ebenen verschiedene Ebene mit der Gleichung:

$$(3)\equiv A_3x+B_3y+C_3z+D_3=0$$

gegeben ist, diese dann und nur dann dem Ebenenbüschel angehört, wenn sie auch eine Gleichung der Form:

$$\lambda_1(1)+\lambda_2(2)=0,\quad \lambda_1\neq0,\quad \lambda_2\neq0,$$

besitzt. Daraus folgt wegen des V. Hauptsatzes, daß es eine Konstante $\lambda_3\neq0$ geben muß, so daß identisch:

$$\lambda_1(1)+\lambda_2(2)+\lambda_3(3)\equiv0$$

sein muß. Diese Bedingung sagt aus, daß alle vier Koeffizienten links null sind, daß also vier Bedingungsgleichungen erfüllt sein müssen.

25. Satz: *Damit drei voneinander verschiedene Ebenen:*

$$(1)=0,\quad (2)=0,\quad (3)=0,$$

demselben Ebenenbüschel angehören, ist notwendig und hinreichend, daß es drei von null verschiedene Konstanten $\lambda_1,\lambda_2,\lambda_3$ gibt, für die identisch in x,y,z:

$$\lambda_1(1)+\lambda_2(2)+\lambda_3(3)\equiv0$$

verschwindet.

Als Anwendung fragen wir nach den beiden Ebenen, die die Winkel von zwei gegebenen, sich schneidenden Ebenen halbieren. Nehmen wir an, die letzteren seien durch ihre HESSEschen Normalformen gegeben, so ergeben ihre linken Seiten nach Satz 20 den positiven oder negativen Normalabstand von ihnen. Für die Punkte der winkelhalbierenden Ebenen sind diese Abstände gleich; daher müssen:

$$(1) \pm (2) = 0$$

die gesuchten Gleichungen sein.

Wir betrachten jetzt drei Ebenen durch O, die *nicht* demselben Ebenenbüschel angehören. Wie zeichnen wir sie? Wir haben diese Frage noch offen gelassen und wollen ihre Beantwortung nun nachholen. Wir legen um O eine Kugel mit beliebigem Radius; zum Beispiel die Einheitskugel. Jede Ebene

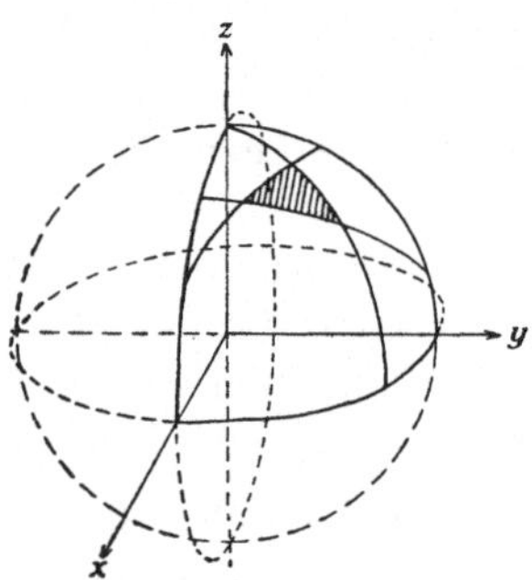

Fig. 57.

durch O schneidet die Kugel in einem Großkreis. Wir zeichnen von der Ebene nur diesen Großkreis. Bei drei durch O gehenden Ebenen, die nicht demselben Ebenenbüschel angehören, haben wir deshalb drei Großkreise zu zeichnen, die ein *sphärisches Dreieck* bilden (Figur 57). Eigentlich entstehen 8 solche Dreiecke. Wir können hier nicht auf den komplizierten Begriff des sphärischen Dreiecks eingehen, sondern bemerken nur, daß wir das von EULER als *gewöhnliches Dreieck* bezeichnete herausgreifen[9]). Würden die drei Ebenen demselben Ebenenbüschel angehören, so reduzierte sich das Dreieck auf einen Punkt. Sind:

$$(1) = 0, \quad (2) = 0, \quad (3) = 0$$

die HESSEschen Normalformen der Gleichungen unserer drei nicht demselben Ebenenbüschel angehörenden Ebenen, so sind:

$$(I) \equiv (1) - (2) = 0,$$
$$(II) \equiv (2) - (3) = 0,$$
$$(III) \equiv (3) - (1) = 0$$

die Gleichungen von drei durch O gehenden Ebenen, die die Winkel zwischen der ersten und zweiten, zweiten und dritten, dritten und ersten Ebene halbieren. Da identisch in x, y, z:

$$(I) + (II) + (III) \equiv 0$$

---

[9]) Siehe die Ausführungen in WEBER-WELLSTEIN-JAKOBSTHAL: *Encyklopädie der elementaren Geometrie*, 2. Auflage, Leipzig, 1907, Sechster Abschnitt, p. 339 u. ff. (Band II der Encyklopädie der Elementar-Mathematik).

verschwindet, so gehören die drei Ebenen nach Satz 25 demselben Ebenenbüschel an. Ihre Großkreise schneiden sich somit in einem Punkte. Genau ebenso gehören die drei Ebenen:

$$(\mathrm{I})' \equiv (1) + (2) = 0,$$
$$(\mathrm{II})' \equiv (2) + (3) = 0,$$
$$(\mathrm{III}) \equiv (3) - (1) = 0,$$

wegen:

$$(\mathrm{I})' - (\mathrm{II})' + (\mathrm{III}) \equiv 0$$

demselben Ebenenbüschel an. Auch hier schneiden sich die betreffenden Großkreise in einem Punkte (Figur 58). Für die sphärischen Dreiecke gelten somit die gleichen Sätze wie für die ebenen Dreiecke.

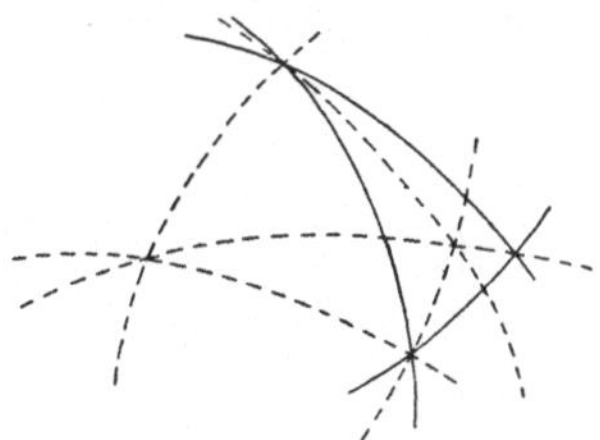

Fig. 58.

Auch im Raume führt man mit der gleichen Überlegung wie in der Ebene *homogene Koordinaten* ein, indem man x, y, z ersetzt durch die Verhältnisse $x:t,\ y:t,\ z:t$, wobei nicht alle vier Größen null sein dürfen. Jeder Punkt ist durch:

$$x:y:z:t,\ t \neq 0,$$

eindeutig festgelegt. Die Gleichung der Ebene in homogenen Koordinaten lautet entsprechend:

$$A x + B y + C z + D t = 0.$$

Da sie nur von den Verhältnissen $A:B:C:D$ abhängt, und die Verhältnisse $x:y:z:t$ mit ihnen symmetrisch auftreten, kann man wieder, nach Einführung *uneigentlicher Elemente* mit $t = 0$, wie in der Ebene das *Dualitätprinzip im Raume* aussprechen, in dem es sich jetzt aber um die Vertauschung der Worte Punkt und Ebene handelt.

§ 3. Die Gerade im Raume

Die Gerade im Raume wird in der analytischen Geometrie als Trägerin eines Ebenenbüschels aufgefaßt. Sie ist daher analytisch durch die Gleichungen von zwei Ebenen des Büschels, deren Schnitt sie ist, gegeben:

$$(1) \equiv A_1 x + B_1 y + C_1 z + D_1 = 0,$$
$$(2) \equiv A_2 x + B_2 y + C_2 z + D_2 = 0.$$

Man nennt sie *die Gleichungen der Geraden*. Es ist völlig gleichgültig, welche zwei Ebenen des Büschels man auswählt. Rechnerisch werden die Resultate am einfachsten, wenn man *Normalebenen zu den Koordinatenebenen*, sogenannte *projizierende Ebenen* nimmt. Diese sind zu einer Axe parallel; es muß somit in ihren Gleichungen einer der Koeffizienten A, B, C null sein. Wie wir bei der Betrachtung des Ebenenbüschels im letzten Paragraphen sahen, erreichen wir aus der allgemeinen Gleichung des Büschels:

$$\lambda_1 (1) + \lambda_2 (2) = 0,$$

für $\lambda_1 = A_2$, $\lambda_2 = -A_1$ die Elimination von x, das heißt eine Gleichung, in der der Koeffizient von x null ist. Die Ebene ist parallel zur x-Axe oder senkrecht auf der yz-Ebene. Entsprechend erhält man für $\lambda_1 = B_2$, $\lambda_2 = -B_1$ die Ebene des Büschels, die zur y-Axe parallel und senkrecht zur xz-Ebene ist, und für $\lambda_1 = C_2$, $\lambda_2 = -C_1$ diejenige parallel zur z-Axe und senkrecht zur xy-Ebene.

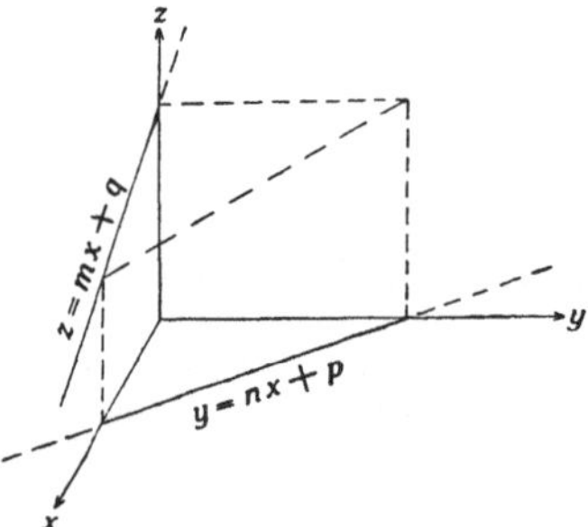

Fig. 59.

Damit sind die drei projizierenden Ebenen gefunden. Ist die gegebene Gerade parallel zu einer der Koordinatenebenen, so sind die projizierenden Ebenen auf die beiden andern Koordinatenebenen identisch, aber verschieden von derjenigen, die auf der zur Geraden parallelen Koordinatenebene senkrecht steht. Jede Gerade besitzt somit zwei verschiedene projizierende Ebenen, die sie definieren. Ist die Gerade nicht parallel zur yz-Ebene, so kann man ihre Gleichungen so annehmen:

$$ax + by + c = 0,$$
$$dx + ez + f = 0,$$

wo b und e nicht null sind. Denn wegen unserer Annahme darf keine Ebene $x =$ konstans dem Büschel angehören. Die beiden Gleichungen ergeben die Projektionen auf die xy- und xz-Ebene und sind gleichzeitig deren *Gleichungen in diesen Ebenen*. Wäre die Gerade parallel zur yz-Ebene, so müßte man zwei andere Projektionen kombinieren. Wegen $b \neq 0$, $e \neq 0$ können wir die beiden Gleichungen auf die explizite Form bringen:

$$y = nx + p,$$
$$z = mx + q,$$

wo die n, p in der xy-Ebene, die m, q in der xz-Ebene die einfache geometrische Deutung besitzen, wie sie im I. Kapitel auseinandergesetzt wurde. Wir werden die Projektion auf die xy-Ebene den *Grundriß*, diejenige auf die xz-Ebene den *Seitenriß* und diejenige auf die yz-Ebene den *Aufriß* nennen. *Eine nicht zur yz-Ebene parallele Gerade ist somit durch Grundriß und Seitenriß gegeben* (Figur 59).

Für eine solche Gerade wollen wir das wichtige Problem lösen, ihre Richtungskosinusse ξ, η, ζ zu berechnen. Diese sind nur dann eindeutig bestimmt, wenn die Gerade gerichtet ist. Wir denken uns daher willkürlich eine feste Richtung der Geraden gegeben. Kehren wir dieselbe um, so wechseln alle Richtungskosinusse ihr Zeichen (Satz 17). Um unsere Aufgabe zu lösen, fragen wir nach einer durch O gehenden Hilfsebene, auf der die Gerade senkrecht steht. Ihre Gleichung sei:

$$Ax + By + Cz = 0, \quad A^2 + B^2 + C^2 \neq 0.$$

Sie steht zu jeder Ebene des Büschels senkrecht (3), somit auch auf den projizierenden Ebenen:

$$y - nx - p = 0,$$
$$z - mx - q = 0.$$

Nach Satz 24 muß hierzu:

$$-An + B = 0, \text{ oder } B = An,$$
$$-Am + C = 0, \text{ oder } C = Am,$$

sein. Daher muss $A \neq 0$ sein. Setzt man die Werte in die Gleichung der Ebene ein und kürzt durch A, so folgt:

$$x + ny + mz = 0;$$

dies ist die Gleichung der Hilfsebene. Bringt man sie auf die HESSEsche Normalform, so sind ihre Koeffizienten die Richtungskosinusse einer Normalrichtung auf der Ebene, also auch die der Geraden, wobei das Vorzeichen der Quadratwurzel beliebig ist:

$$\xi = \frac{1}{\sqrt{1 + n^2 + m^2}},$$
$$\eta = \frac{n}{\sqrt{1 + n^2 + m^2}},$$
$$\zeta = \frac{m}{\sqrt{1 + n^2 + m^2}}.$$

26. Satz: *Die Richtungskosinusse einer nicht zur yz-Ebene parallelen Geraden mit den Gleichungen:*

$$y = nx + p,$$
$$z = mx + q,$$

sind:

$$\xi = \frac{1}{\sqrt{1 + n^2 + m^2}}, \quad \eta = \frac{n}{\sqrt{1 + n^2 + m^2}}, \quad \zeta = \frac{m}{\sqrt{1 + n^2 + m^2}};$$

je nachdem man in diesen Ausdrücken der Quadratwurzel des Nenners das eine oder andere Zeichen gibt, erhält man die eine oder andere Richtung der Geraden.

Wir nehmen jetzt umgekehrt an, von einer Geraden kennen wir einen Punkt:

$$P_1 \begin{cases} x = x_1, \\ y = y_1, \\ z = z_1, \end{cases}$$

und ihre Richtungskosinusse ξ, η, ζ; man berechne ihre Gleichungen. Wir unterscheiden die Fälle:

a) $\xi = 0$. Die Gerade ist parallel zur yz-Ebene und $x = x_1$ ist die projizierende Ebene auf die xy- und xz-Ebene. Wir müssen den Aufriß zu Hilfe nehmen, zu dem die Gerade parallel sein muß. Er geht durch den Punkt $y = y_1$, $z = z_1$ der yz-Ebene hindurch, hat also nach Seite 40 die Gleichung:

$$\frac{z - z_1}{\zeta} = \frac{y - y_1}{\eta},$$

resp. $y = y_1$, wenn $\eta = 0$, und $z = z_1$, wenn $\zeta = 0$ ist. Diese Gleichung und $x = x_1$ sind die Gleichungen der Geraden.

b) $\xi \neq 0$. Die Gerade ist nicht parallel zur yz-Ebene, besitzt somit Gleichungen der Gestalt:

$$y = n\,x + p,$$
$$z = m\,x + q.$$

Um die Unbekannten n, m, p, q zu berechnen, bedenken wir, daß die Koordinaten von P_1 sie befriedigen müssen:

$$y_1 = n\,x_1 + p,$$
$$z_1 = m\,x_1 + q;$$

durch Subtraktion kann man p, q eliminieren:

$$y - y_1 = n\,(x - x_1),$$
$$z - z_1 = m\,(x - x_1).$$

Wegen des Satzes 26 ist aber $\eta = n\xi$, $\zeta = m\xi$, also wird:

$$y - y_1 = \frac{\eta}{\xi}\,(x - x_1),$$
$$z - z_1 = \frac{\zeta}{\xi}\,(x - x_1).$$

Man kann diese beiden Gleichungen als Doppelgleichung schreiben:

$$\frac{x - x_1}{\xi} = \frac{y - y_1}{\eta} = \frac{z - z_1}{\zeta},$$

womit auch der Aufriß der Geraden erhalten wird. Kürzt man den Quotienten mit t ab, so erhält man *die uniformisierte Darstellung durch die drei Gleichungen:*

$$x = x_1 + \xi t,$$
$$y = y_1 + \eta t,$$
$$z = z_1 + \zeta t.$$

Dieselbe hat den großen Vorteil, daß die beiden Fälle a) und b) in ihr vereinigt sind. Denn für $\xi = 0$ wird $x = x_1$ und die Elimination von t aus der zweiten und dritten Gleichung ergibt die Gleichung des Aufrisses in der unter a) gefundenen Form. Wir wollen jetzt der Geraden von P_1 aus die Richtung des durch die Richtungskosinusse festgelegten Vektors geben und sie als t-Axe auffassen mit dem Nullpunkt in P_1 und derselben Einheit wie beim Axensystem. In der Tat gilt für einen beliebigen Punkt P der Geraden: $t = \overline{P_1 \vec{P}} = \mathfrak{t}$; also ist t die positive oder negative Länge des Vektors, je nachdem P auf der positiven oder negativen Seite der t-Axe liegt (Figur 60). Denn $x - x_1$, $y - y_1$, $z - z_1$ sind

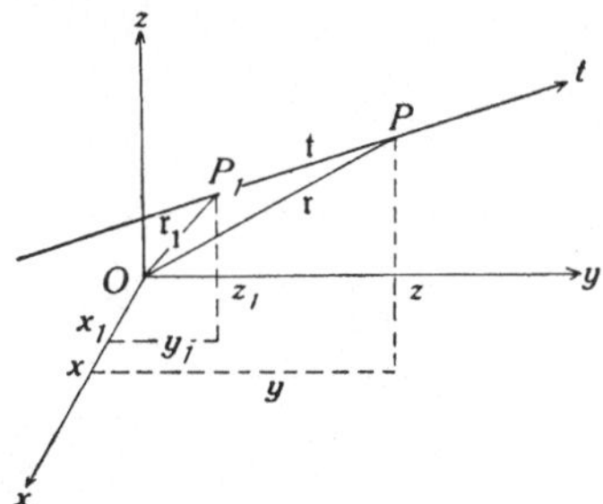

Fig. 60.

die drei Komponenten von $\mathfrak{t}$, somit die Größen $\xi t, \eta t, \zeta t$. Aus der geometrischen Definition der Vektoraddition folgt für $\mathfrak{r}_1 = \overrightarrow{OP_1}$, $\mathfrak{r} = \overrightarrow{OP}$:

$$\mathfrak{r} = \mathfrak{r}_1 + \mathfrak{t}.$$

Die uniformisierten Gleichungen der Geraden sind die Zerlegung in die Komponenten dieser Vektorgleichung.

Kennen wir *zwei* verschiedene Punkte von einer Geraden:

$$P_1 \begin{cases} x = x_1, \\ y = y_1, \\ z = z_1, \end{cases} \qquad P_2 \begin{cases} x = x_2, \\ y = y_2, \\ z = z_2, \end{cases}$$

so erhalten wir ihre Gleichungen folgendermaßen. Wir unterscheiden die beiden Fälle:

a) $x_1 = x_2$. Die Gerade liegt in der zur yz-Ebene parallelen Ebene $x = x_1 = x_2$. Ihr Aufriß geht durch die beiden Punkte

$$P_1'' \begin{cases} y = y_1, \\ z = z_1, \end{cases} \qquad P_2'' \begin{cases} y = y_2, \\ z = z_2, \end{cases}$$

der yz-Ebene, hat also nach Seite 42 die Gleichung:

$$\frac{y - y_1}{y_2 - y_1} = \frac{z - z_1}{z_2 - z_1},$$

resp. $y = y_1$, wenn, $y_2 = y_1$, und $z = z_1$, wenn $z_2 = z_1$ ist.

b) $x_1 \neq x_2$. Die Gerade kann nicht parallel zur yz-Ebene sein, muß also zwei Gleichungen der Gestalt:

$$y = nx + p,$$
$$z = mx + q,$$

besitzen. Um sie zu finden, bedenkt man, daß der Grundriß nicht parallel zur y-Axe sein kann und durch die Punkte (Figur 61):

$$P_1' \begin{cases} x = x_1, \\ y = y_1, \end{cases} \text{und} \quad P_2' \begin{cases} x = x_2, \\ y = y_2, \end{cases}$$

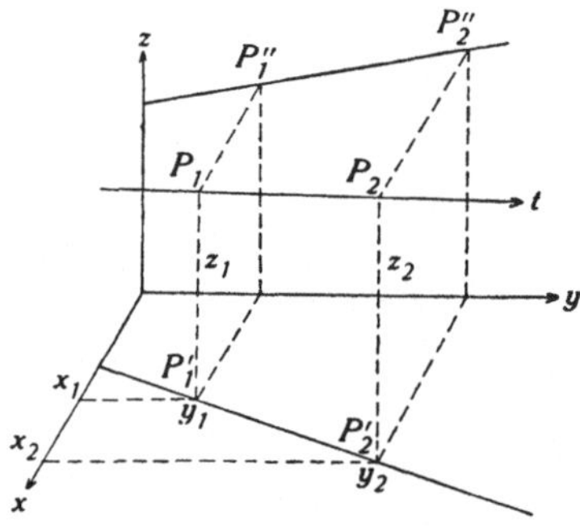

Fig. 61.

in der xy-Ebene geht, somit nach Seite 42 die Gleichung:

$$\frac{x - x_1}{x_2 - x_1} = \frac{y - y_1}{y_2 - y_1}$$

besitzt. Ebenso erhält man für den Seitenriß:

$$\frac{x - x_1}{x_2 - x_1} = \frac{z - z_1}{z_2 - z_1}.$$

Beide Gleichungen kann man als eine Doppelgleichung:

$$\frac{x - x_1}{x_2 - x_1} = \frac{y - y_1}{y_2 - y_1} = \frac{z - z_1}{z_2 - z_1}$$

schreiben; kürzt man den Quotienten mit t ab, so erhält man wieder *die uniformisierte Darstellung der Gleichungen der Geraden*:

$$x = x_1 + (x_2 - x_1)t = x_1(1 - t) + x_2 t,$$
$$y = y_1 + (y_2 - y_1)t = y_1(1 - t) + y_2 t,$$
$$z = z_1 + (z_2 - z_1)t = z_1(1 - t) + z_2 t,$$

die für beide Fälle a) und b) gilt.

Geometrisch hat t folgende Bedeutung: Für $t = 0$ und $t = 1$ erhält man die gegebenen Punkte P_1 und P_2. Man gibt der Geraden die Richtung des Vektors $\mathfrak{e} = \overrightarrow{P_1 P_2}$ und faßt sie als t-Axe mit dem Nullpunkt P_1 und dem Einheitsvektor $\mathfrak{e}$ auf. Für den allgemeinen Punkt P der Geraden ist dann $t = \overrightarrow{P_1 P} = \mathfrak{t}$.

Wie in der Ebene gilt auch im Raume die Umkehrung, daß *durch drei lineare Gleichungen eines Parameters t:*

$$x = a_1 + b_1 t,$$
$$y = a_2 + b_2 t, \quad b_1^2 + b_2^2 + b_3^2 \neq 0,$$
$$z = a_3 + b_3 t,$$

stets eine Gerade gegeben ist. Denn setzt man:

$$x_1 = a_1, \qquad x_2 = a_1 + b_1,$$
$$y_1 = a_2, \qquad y_2 = a_2 + b_2,$$
$$z_1 = a_3, \qquad z_2 = a_3 + b_3,$$

so sind unsere Gleichungen identisch mit den Gleichungen der Geraden durch die Punkte P_1 und $P_2 \neq P_1$, die die Koordinaten x_1, y_1, z_1, respektive x_2, y_2, z_2 besitzen.

Sind *zwei* nicht zur yz-Ebene parallele Geraden gegeben, und sollen sich dieselben schneiden, so müssen die Koeffizienten der Gleichungen der beiden Geraden:

$$(1): \begin{array}{l} y = n_1 x + p_1, \\ z = m_1 x + q_1. \end{array} \qquad (2): \begin{array}{l} y = n_2 x + p_2, \\ z = m_2 x + q_2, \end{array}$$

einer Bedingung genügen. Denn die Koordinaten x, y, z des Schnittpunktes müssen allen vier Gleichungen genügen. Subtrahiert man die beiden ersten und ebenso die beiden zweiten Gleichungen, so erhält man für x zwei Werte, die gleich sein müssen:

$$x = - \frac{p_2 - p_1}{n_2 - n_1} = - \frac{q_2 - q_1}{m_2 - m_1},$$

womit die Bedingung gefunden ist. Sie ist, wie man sofort sieht, auch *hinreichend* für den Schnitt der beiden Geraden.

Soll die Ebene:

$$A x + B y + C z + D, \quad A^2 + B^2 + C^2 \neq 0,$$

durch die Gerade:

$$y = n x + p,$$
$$z = m x + q$$

hindurchgehen, so gehört sie dem Ebenenbüschel der beiden projizierenden Ebenen an. Nach Satz 25 muß es zwei Konstante λ_1 und λ_2 geben, so daß identisch:

$$A x + B y + C z + D \equiv \lambda_1 (y - n x - p) + \lambda_2 (z - m x - q), \quad \lambda_1^2 + \lambda_2^2 \neq 0,$$

also:

$$A = - \lambda_1 n - \lambda_2 m,$$
$$B = \lambda_1,$$
$$C = \lambda_2,$$
$$D = - \lambda_1 p - \lambda_2 q,$$

ist. Die beiden mittlern Bedingungen ergeben λ_1 und λ_2; diese Werte in der ersten und letzten eingesetzt, führen zu den Beziehungen:

$$A \ + Bn + Cm = 0,$$
$$Bp + Cq + D \ = 0.$$

Dies hilft uns die Aufgabe lösen, die Gleichung einer Ebene zu berechnen, die durch eine gegebene Gerade:

$$y = nx + p,$$
$$z = mx + q,$$

und einen nicht auf der Geraden liegenden gegebenen Punkt:

$$P_1 \begin{cases} x = x_1, \\ y = y_1, \\ z = z_1, \end{cases}$$

geht. Ist die Gleichung der gesuchten Ebene:

$$Ax + By + Cz + D = 0, \quad A^2 + B^2 + C^2 \neq 0,$$

so muß, da die Ebene durch P_1 gehen soll:

$$Ax_1 + By_1 + Cz_1 + D = 0$$

sein; anderseits geht sie durch die Gerade, also muß:

$$A \ + Bn + Cm = 0,$$
$$Bp + Cq + D \ = 0$$

sein. Damit haben wir drei lineare Gleichungen für die unbekannten Verhältnisse $A : B : C : D$ gefunden. Das Eliminationsverfahren ergibt die Lösung:

$$A : B : C : D$$
$$= my_1 - nz_1 + qn - mp : z_1 - mx_1 - q : -y_1 + nx_1 + p : (pm - qn)x_1 + qy_1 - pz_1.$$

Da der Punkt nicht auf der Geraden liegt, können $z_1 - mx_1 - q$ und $-y_1 + nx_1 + p$ nicht beide null sein; es können daher auch nicht B und C null sein, und es ist $A^2 + B^2 + C^2 \neq 0$.

Die nächste Aufgabe, eine Ebene durch zwei sich schneidende Geraden zu legen, lösen wir in folgender Weise: Wir berechnen zuerst den Schnittpunkt P_1 der beiden Geraden:

$$P_1 \begin{cases} x = x_1, \\ y = y_1, \\ z = z_1, \end{cases}$$

und dann die Richtungskosinusse ξ_1, η_1, ζ_1 der ersten und diejenigen ξ_2, η_2, ζ_2 der zweiten Geraden. Diese legen für jede Gerade eine Richtung fest, und außerdem zwei Einheitsvektoren $\mathfrak{e}_1$ und $\mathfrak{e}_2$, deren Komponenten sie sind. Wir tragen die Einheitsvektoren $\mathfrak{e}_1$ und $\mathfrak{e}_2$ auf ihren Geraden von P_1 aus in positiver Richtung ab und kommen zu den Punkten P_2 und P_3, die nach Konstruktion offenbar die Gleichungen besitzen:

$$P_2 \begin{cases} x = x_1 + \xi_1, \\ y = y_1 + \eta_1, \\ z = z_1 + \zeta_1, \end{cases} \qquad P_3 \begin{cases} x = x_1 + \xi_2, \\ y = y_1 + \eta_2, \\ z = z_1 + \zeta_2. \end{cases}$$

Die gesuchte Ebene muß dann durch P_1, P_2, P_3 gehen; diese Punkte liegen nicht in einer Geraden, weil die beiden gegebenen Geraden voneinander verschieden sein müssen. Daher ist die Gleichung der Ebene nach Satz 22:

$$\begin{vmatrix} x - x_1 & y - y_1 & z - z_1 \\ \xi_1 & \eta_1 & \zeta_1 \\ \xi_2 & \eta_2 & \zeta_2 \end{vmatrix} = 0,$$

oder:

$$(\eta_1 \zeta_2 - \eta_2 \zeta_1)(x - x_1) + (\zeta_1 \xi_2 - \zeta_2 \xi_1)(y - y_1) + (\xi_1 \eta_2 - \xi_2 \eta_1)(z - z_1) = 0.$$

Die Koeffizienten von x, y, z sind nicht alle drei null, weil das vektorielle Produkt von $\mathfrak{e}_1$ und $\mathfrak{e}_2$ nicht null ist, das heißt ihr Winkel nicht 0 oder π sein darf.

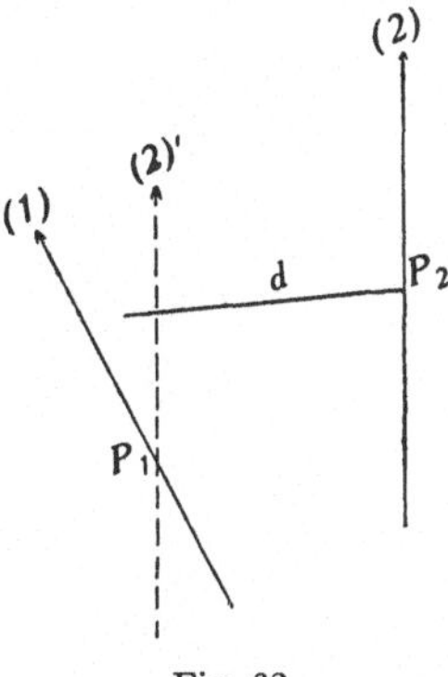

Fig. 62.

Als letztes Problem lösen wir die Aufgabe, den kürzesten Abstand d zweier *windschiefen Geraden* (1) und (2) zu berechnen (Figur 62). Wir wählen auf jeder Geraden willkürlich einen festen Punkt:

$$P_1 \text{ auf } (1) \begin{cases} x = x_1, \\ y = y_1, \\ z = z_1, \end{cases} \quad P_2 \text{ auf } (2) \begin{cases} x = x_2, \\ y = y_2, \\ z = z_2. \end{cases}$$

Außerdem berechnen wir die Richtungskosinusse ξ_1, η_1, ζ_1 der ersten und die Richtungskosinusse ξ_2, η_2, ζ_2 der zweiten Geraden. Durch deren Wahl erhält jede der beiden Geraden eine feste Richtung. Durch P_1 legen wir die zur Geraden (2) parallele und gleichgerichtete Gerade (2)'. Die oben erhaltene Gleichung ist diejenige einer Hilfsebene durch (1) und (2)'. Die Gerade (2) ist parallel zu dieser Hilfsebene, und der Normalabstand des Punktes P_2 von dieser Hilfsebene ist der gesuchte kürzeste Abstand d der beiden windschiefen Geraden. Zu dessen Berechnung bringen wir die Gleichung der Hilfsebene auf die HESSE-sche Normalform, wozu wir ihre Koeffizienten durch:

$$\pm \sin \varphi = \pm \sqrt{(\eta_1\zeta_2 - \eta_2\zeta_1)^2 + (\zeta_1\xi_2 - \zeta_2\xi_1)^2 + (\xi_1\eta_2 - \xi_2\eta_1)^2}$$

dividieren. φ ist einer der Winkel zwischen (1) und (2)'. Nach Satz 20 ist jetzt:

$$d = \pm \frac{1}{\sin \varphi}\Big((\eta_1\zeta_2 - \eta_2\zeta_1)(x_2 - x_1) + (\zeta_1\xi_2 - \zeta_2\xi_1)(y_2 - y_1) + (\xi_1\eta_2 - \xi_2\eta_1)(z_2 - z_1)\Big).$$

Das Vorzeichen ist so zu wählen, daß d positiv wird.

Kapitel III

KURVEN ZWEITEN GRADES IN DER EBENE
(Kegelschnitte)

Wir kehren jetzt zu ebenen Problemen zurück. Im Kapitel I hatten wir gesehen, daß zwischen den Geraden und den linearen Gleichungen zweier Variablen eine umkehrbar eindeutige Beziehung besteht. Es liegt nahe, zu fragen, welches die Kurven sind, die mit den nächst komplizierteren Gleichungen, den *quadratischen mit zwei Variablen*:

$$f(x, y) \equiv A x^2 + 2 B x y + C y^2 + 2 D x + 2 E y + F = 0$$

in ebensolcher Beziehung stehen? Es war ein wesentlicher und merkwürdiger Erfolg der analytischen Geometrie, daß die Antwort auf diese Frage ebenfalls längst bekannte, viel behandelte und wichtige Kurven wie den Kreis, die Ellipse und andere mehr, die man zusammenfassend als Kegelschnitte bezeichnet, ergab, so daß den *geometrisch* einfachen auch die *algebraisch* einfachen Gleichungen entsprachen. Das Ziel dieses Kapitels ist, diesen Zusammenhang zu beweisen. Zu diesem Zwecke werden in den ersten Paragraphen diejenigen Kurven *geometrisch* eingeführt und betrachtet, die *algebraisch* auf spezielle Gleichungen zweiten Grades führen. Der letzte und wichtigste Paragraph wird beweisen, daß die allgemeinste Gleichung zweiten Grades keine weiteren Kurven mehr ergibt.

§ 1. Der Kreis

Alle Punkte der Ebene, die gleich weit von einem festen Punkt, dem Mittelpunkt oder Zentrum, entfernt sind, liegen auf einem Kreise. Die feste Entfernung $R > 0$ heißt *der Radius des Kreises.* Jede Gerade durch den Mittelpunkt heißt *Zentrale* und ist eine *Symmetrieaxe* des Kreises. Darunter versteht man folgendes: Eine Gerade heißt Symmetrieaxe einer Kurve, wenn letztere bei der Umklappung der Ebene um die Gerade in sich übergeht. Statt den Raum zu Hilfe zu nehmen, kann man auch durch *Spiegelung* innerhalb der Ebene selbst die Symmetrieaxe definieren, indem man von jedem Kurvenpunkt aus die Senkrechte auf die Gerade fällt und den Normalabstand des Punktes von ihr nach der entgegengesetzten Seite abträgt; der so erhaltene Punkt heißt der *Spiegelpunkt des Kurvenpunktes in bezug auf die Gerade.* Ist derselbe stets wieder ein Kurvenpunkt, so ist die Axe Symmetrieaxe der Kurve. Da bei der Umklappung respektive Spiegelung Längen erhalten bleiben, muß jede Zentrale des Kreises Symmetrieaxe sein. Legt man in den Mittelpunkt des Kreises als Pol ein Polarkoordinatensystem mit beliebiger Anfangsrichtung, und sind r, φ, wo $r \geqq 0$, $0 \leqq \varphi < 2\pi$ sein muß, die Polarkoordinaten eines allgemeinen Punktes, so ist:

$$r = R$$

die «*Gleichung*» des Kreises in Polarkoordinaten. Führt man ein rechtwinkliges Koordinatensystem ein, mit dem Nullpunkt im Pol und der positiven x-Axe in der Anfangsrichtung (Figur 63), so gilt für die rechtwinkligen Koordinaten eines Punktes:

$$x = r \cos \varphi,$$
$$y = r \sin \varphi,$$

und für die Kreispunkte wird:

$$x^2 + y^2 = r^2 = R^2, \text{ oder } x^2 + y^2 - R^2 = 0.$$

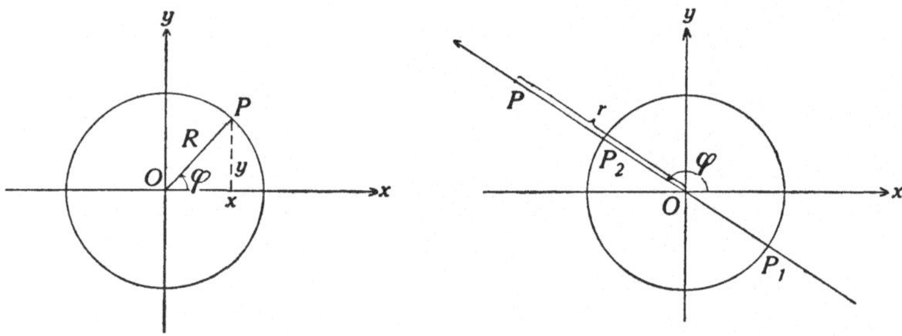

Fig. 63.

Diese Gleichung ist dann und nur dann erfüllt, wenn der Punkt auf dem Kreise liegt, und ist somit die „Gleichung" des Kreises in rechtwinkligen Koordinaten. Denn aus $r^2 = R^2$ folgt wegen $r \geqq 0$, $R > 0$ auch $r = R$. Alle Punkte, für die $r > R$ ist, bilden das Äußere, alle Punkte für die $r < R$ ist, daß Innere des Kreises. Man darf daher sagen:

27. Satz: *Ein Punkt liegt außerhalb, auf oder innerhalb des Kreises um O mit dem Radius R, je nachdem:*

$$x^2 + y^2 - R^2 \gtreqless 0$$

ist.

Man nennt $d = x^2 + y^2 - R^2 = r^2 - R^2 = (r + R)(r - R)$ *die Potenz des allgemeinen Punktes P in bezug auf den Kreis.* Die Gerade durch O und P schneide den Kreis in P_1 und P_2, wobei die beiden Punkte so abgezählt werden, daß die Richtung des Vektors $\overrightarrow{P_1 P_2}$ in die Richtung von $\overrightarrow{OP}$ fällt. Dann haben die Vektoren $\overrightarrow{P_1 P} = r + R$, $\overrightarrow{P_2 P} = r - R$ positives oder negatives Zeichen, je nachdem ihre Richtung mit derjenigen von $\overrightarrow{OP}$ übereinstimmt oder nicht, und es ist $d = \overrightarrow{P_1 P} . \overrightarrow{P_2 P}$.

Sind mehrere nicht konzentrische Kreise gegeben, so kann bloß ein Mittelpunkt nach O gelegt werden. Wir müssen daher auch nach der Kreisgleichung fragen, falls der Mittelpunkt M ein beliebiger Punkt:

$$M \begin{cases} x = a, \\ y = b, \end{cases}$$

ist. Wir führen diesen Fall durch die folgende *Translation* auf den frühern zurück:

$$x' = x - a,$$
$$y' = y - b,$$

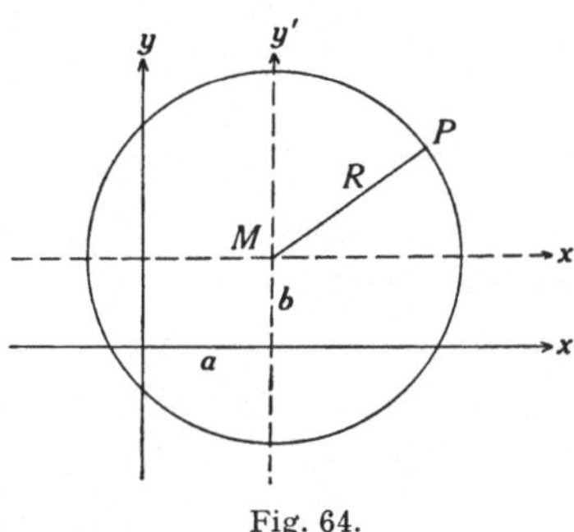

Fig. 64.

wo M der neue Koordinatenanfangspunkt, und x', y' die neuen Axen sind (Figur 64). Die Potenz des allgemeinen Punktes P in bezug auf den Kreis ist jetzt:

$$d = x'^2 + y'^2 - R^2 = (x - a)^2 + (y - b)^2 - R^2.$$

Daher folgt nach Satz 27, daß P außerhalb, auf oder innerhalb des Kreises liegt, je nachdem

$$(x - a)^2 + (y - b)^2 - R^2 \gtreqless 0$$

ist, und

$$(x - a)^2 + (y - b)^2 - R^2 = 0$$

ist die *allgemeine Gleichung des Kreises. Algebraisch* hat sie die Form:

$$x^2 + y^2 - 2ax - 2by + (a^2 + b^2 - R^2) = 0,$$

oder, wenn man sie mit einem Faktor $\lambda \neq 0$ erweitert:

$$\lambda(x^2 + y^2) + Ax + By + C = 0, \quad \lambda \neq 0,$$

wo

$$A = -2\lambda a, \quad B = -2\lambda b, \quad C = \lambda(a^2 + b^2 - R^2)$$

gesetzt ist.

Umgekehrt stellt jede solche Gleichung stets einen Kreis dar, was man mittels *der Methode der quadratischen Ergänzung* zeigt. Man dividiert zuerst durch $\lambda \neq 0$ und addiert links und rechts $\left(\dfrac{A}{2\lambda}\right)^2 + \left(\dfrac{B}{2\lambda}\right)^2$. Dann wird:

$$\left(x+\frac{A}{2\lambda}\right)^2+\left(y+\frac{B}{2\lambda}\right)^2+\frac{C}{\lambda}=\left(\frac{A}{2\lambda}\right)^2+\left(\frac{B}{2\lambda}\right)^2.$$

Setzt man:

$$a=-\frac{A}{2\lambda},\ \ b=-\frac{B}{2\lambda},\ \ R=\overset{+}{\sqrt{\left(\frac{A}{2\lambda}\right)^2+\left(\frac{B}{2\lambda}\right)^2-\frac{C}{\lambda}}},$$

so erhält man die allgemeine Kreisgleichung mit dem Mittelpunkt a, b und dem Radius R. Dabei setzt man allerdings voraus, daß R reell, der Radikand von R also positiv ist. Die Umkehrung gilt somit nur, wenn eine *Realitätsbedingung* erfüllt ist. Die höhere Geometrie führt imaginäre Punkte oder Kreise als gleichberechtigt ein, was die Umkehrung allgemein aussprechen läßt. Die Realitätsbedingung spielt dann erst bei der zeichnerischen Darstellung eine Rolle.

28. Satz: *Jede Beziehung:*

$$\lambda(x^2+y^2)+Ax+By+C=0,\ \ \lambda\neq0,$$

ist die Gleichung eines Kreises. Der Satz gilt nur allgemein, wenn auch Kreise mit imaginären Punkten zugelassen werden.

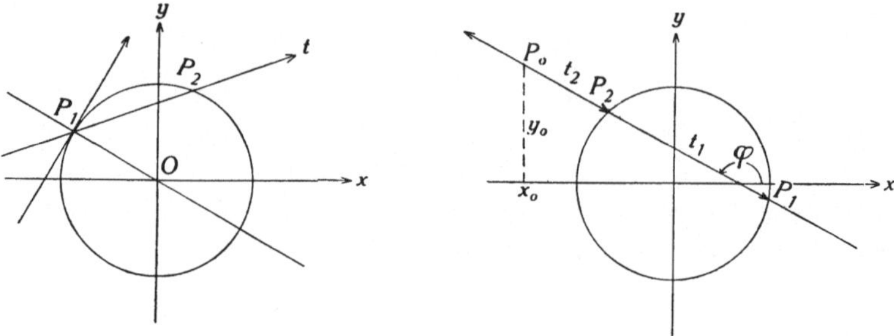

Fig. 65.

Die geometrische Grundaufgabe für jede Kurve ist, ihre Beziehung zu der Geraden festzulegen. Letztere sei durch einen Punkt P_0:

$$P_0\begin{cases}x=x_0,\\y=y_0,\end{cases}$$

und ihren Richtungswinkel φ gegeben. Die uniformisierte Geradengleichung lautet dann (Seite 40):

$$x=x_0+t\cos\varphi,$$
$$y=y_0+t\sin\varphi,$$

und t ist der positive oder negative Abstand des allgemeinen Geradenpunktes P von P_0 (Figur 65). Soll die Gerade mit dem Kreis:

$$x^2+y^2-R^2=0$$

Punkte gemein haben, so muß es wenigstens ein t geben, so daß:

$$(x_0+t\cos\varphi)^2+(y_0+t\sin\varphi)^2-R^2=0$$

wird. Umgekehrt gehört zu jeder Wurzel t dieser Gleichung ein Punkt, der zugleich auf der Geraden und dem Kreise liegt. Die Ausrechnung der Gleichung ergibt:

$$t^2 + 2\,(x_0 \cos \varphi + y_0 \sin \varphi)\,t + d_0 = 0,$$

wo d_0 die Potenz von P_0 in bezug auf den Kreis ist. Damit haben wir für t eine quadratische Gleichung gefunden, die uns erlaubt, die *algebraische Theorie* der letztern zu verwenden. Hiervon kommen zwei grundlegende Resultate in Frage:

a) *Ist* $ax^2 + bx + c = 0$, $a \neq 0$, *eine quadratische Gleichung mit den beiden Wurzeln* x_1 *und* x_2, *so ist:*

$$x_1 + x_2 = -\frac{b}{a}, \; x_1 x_2 = \frac{c}{a}.$$

Daraus ergibt sich für *die Diskriminante D der quadratischen Gleichung:*

$$D = a^2 (x_1 - x_2)^2 = b^2 - 4ac.$$

b) *Sind alle Koeffizienten der unter* a) *angegebenen Gleichung reell, so sind die beiden Wurzeln reell und verschieden, reell und gleich oder konjugiert komplex, je nachdem* $D \gtreqless 0$ *ist.*

Wenden wir diese Sätze auf die quadratische Gleichung von t an, und sind t_1, t_2 die beiden Wurzeln, so muß nach a):

$$t_1 t_2 = d_0,$$

also unabhängig von φ sein. Dies heißt ins Geometrische übersetzt folgendes: Sind t_1 und t_2 reell und voneinander verschieden, so erhält man auch zwei verschiedene Punkte P_1, P_2, die Schnittpunkte der Geraden mit dem Kreis sind. Nun ist $t_1 = \overrightarrow{P_0 P_1}, t_2 = \overrightarrow{P_0 P_2}$. Somit muß das Produkt dieser beiden Vektoren für alle Geraden denselben Wert d_0 haben; wir haben schon früher gesehen, daß d_0 als Potenz von P_0 in bezug auf den Kreis ein solches Produkt ist. Es folgt jetzt allgemein:

29. Satz: *Für alle Geraden des Geradenbüschels durch* P_0, *die den Kreis in zwei Punkten* P_1 *und* P_2 *schneiden, ist das Produkt der Vektoren* $\overrightarrow{P_0 P_1}$ *und* $\overrightarrow{P_0 P_2}$ *konstant und gleich der Potenz von* P_0 *in bezug auf den Kreis.*

Um b) anzuwenden, berechnen wir die Diskriminante D der Gleichung von t:

$$D = 4\big((x_0 \cos \varphi + y_0 \sin \varphi)^2 - d_0\big).$$

Das Vorzeichen von D bestimmt, ob die Wurzeln reell oder komplex sind, und damit auch, ob es Schnittpunkte gibt oder nicht. Ist $D > 0$, so spricht man von zwei verschiedenen *reellen Schnittpunkten*, für $D < 0$ von zwei konjugierten *imaginären Schnittpunkten*. Im ersten Falle schneidet die Gerade den Kreis in zwei verschiedenen Punkten, im zweiten liegt sie ganz außerhalb des Kreises. Im Falle $D = 0$ hat die Gleichung eine Doppelwurzel. Man nennt die Gerade dann eine *Tangente*, die den Kreis nicht schneidet, sondern *berührt*. Der Schnittpunkt $P_1 = P_2$ heißt *Berührungspunkt*. Man beachte, daß wir die Tangente nicht durch einen Grenzprozeß, sondern *rein algebraisch* definieren.

30. Satz: *Eine Gerade schneidet den Kreis in zwei verschiedenen reellen Punkten, berührt ihn oder schneidet ihn in zwei imaginären Punkten, je nachdem $D \gtreqless 0$ ist.*

Wir betrachten den Fall der Tangente noch näher und wählen dazu P_0 als einen Kreispunkt P_1:

$$P_1 \begin{cases} x = x_1, \\ y = y_1, \end{cases} \text{ wo } x_1^2 + y_1^2 - R^2 = 0 \text{ ist.}$$

Da die Potenz von P_1 null ist, lautet die quadratische Gleichung für t:

$$t^2 + 2(x_1 \cos \varphi + y_1 \sin \varphi)t = 0,$$

und jeder Geradenpunkt ist gegeben durch:

$$x = x_1 + t \cos \varphi,$$
$$y = y_1 + t \sin \varphi,$$

(Figur 65). Die beiden Wurzeln sind jetzt stets reell:

$$t_1 = 0, \quad t_2 = -2(x_1 \cos \varphi + y_1 \sin \varphi).$$

Somit erhalten wir in der Geraden *dann und nur dann eine Tangente,* wenn auch:

$$t_2 = 0, \quad \text{oder} \quad x_1 \cos \varphi + y_1 \sin \varphi = 0$$

ist. Multipliziert man somit in den Gleichungen der Geraden die erste mit x_1, die zweite mit y_1 und addiert die beiden Gleichungen, so folgt im Falle der Tangente:

$$x_1 x + y_1 y = x_1^2 + y_1^2 = R^2 \quad \text{oder} \quad x_1 x + y_1 y - R^2 = 0.$$

31. Satz: *Ist:*

$$P_1 \begin{cases} x = x_1, \\ y = y_1, \end{cases}$$

ein Punkt des Kreises $x^2 + y^2 - R^2 = 0$, so ist:

$$x_1 x + y_1 y - R^2 = 0$$

die Gleichung der Tangente im Berührungspunkte P_1.

Der Richtungskoeffizient der Tangente in P_1 ist $n = -\dfrac{x_1}{y_1}$ (Satz 9) ($y_1 \neq 0$). Anderseits hat der Vektor $\overrightarrow{OP_1}$ den Richtungskoeffizienten $n^* = \dfrac{y_1}{x_1}$. Wegen $n \, n^* = -1$ steht nach Satz 12 $\overrightarrow{OP_1}$ senkrecht auf der Tangente. Nennt man $\overrightarrow{OP_1}$ den *Berührungsradius der Tangente,* so *steht somit die Tangente senkrecht auf dem Berührungsradius,* womit eine einfache Konstruktion gegeben ist.

Wählen wir P_0 jetzt wieder ganz beliebig, aber $\neq O$, so läßt sich leicht die Frage beantworten, wieviele Tangenten man von P_0 aus an den Kreis legen kann. Ist P_1 mit x_1, y_1 als Koordinaten der Berührungspunkt einer Tangente von P_0 aus, somit:

$$x_1 x + y_1 y - R^2 = 0$$

die Gleichung der Tangente, so muß offenbar die Bedingung:

$$x_1 x_0 + y_1 y_0 - R^2 = 0$$

erfüllt sein. Außerdem liegt P_1 auf dem Kreise, also muß:

$$x_1^2 + y_1^2 - R^2 = 0$$

sein. Das Wertepaar x_1, y_1 ist daher ein Lösungspaar der beiden Gleichungen:

$$x_0 x + y_0 y - R^2 = 0,$$
$$x^2 + y^2 - R^2 = 0,$$

und umgekehrt ergeben alle Lösungspaare dieser beiden Gleichungen die Koordinaten der Berührungspunkte von Tangenten aus P_0 an den Kreis. Die erste Gleichung ist in x, y linear, also wegen $P_0 \neq O$ die Gleichung einer Geraden, die *die Polare von P_0 als Pol heißt*. Sie schneidet den Kreis in den gesuchten Berührungspunkten. Ihre Hessesche Normalform ist, falls $r_0 = \overline{OP_0} = \overset{+}{\sqrt{x_0^2 + y_0^2}}$ der Radius vektor von P_0 ist:

$$\frac{x_0}{r_0} x + \frac{y_0}{r_0} y - R \cdot \frac{R}{r_0} = 0.$$

Somit muß sie senkrecht auf dem Radius vektor r_0 stehen und hat den Normalabstand $R \dfrac{R}{r_0}$ von O, der $\lessgtr R$ ist, je nachdem $r_0 \gtrless R$ ist. Die Polare schneidet somit den Kreis in zwei reellen, zusammenfallenden oder imaginären Punkten, je nachdem der Punkt P_0 außerhalb, auf oder innerhalb des Kreises liegt; daher gibt es von jedem Punkt außerhalb des Kreises zwei, von jedem Punkt im Innern keine Tangente an den Kreis. Liegt der Punkt auf dem Kreis, so ist seine Tangente an den Kreis die Polare.

Es seien zwei nicht konzentrische Kreise K_1 und K_2 mit den allgemeinen Gleichungen:

$$(K_1) \equiv (x - a_1)^2 + (y - b_1)^2 - R_1^2 = 0, \quad (K_2) \equiv (x - a_2)^2 + (y - b_2)^2 - R_2^2 = 0$$

gegeben. Welches sind ihre Schnittpunkte? Die Koordinaten der gemeinsamen Punkte müssen beide Gleichungen, also auch die beiden Gleichungen:

$$(K_1) = 0, \quad (K_1) - (K_2) = 0,$$

befriedigen, und umgekehrt sind alle gemeinsamen Lösungen dieser Gleichungen Schnittpunkte der beiden Kreise. Die zweite der Gleichungen ist aber linear:

$$(K_1) - (K_2) \equiv 2(a_2 - a_1)x + 2(b_2 - b_1)y + a_1^2 - a_2^2 + b_1^2 - b_2^2 - R_1^2 + R_2^2 = 0.$$

Da die Koeffizienten von x und y hier nur null sind, wenn $a_1 = a_2$, $b_1 = b_2$ ist, das heißt, wenn die Kreise konzentrisch sind, was ausgeschlossen wurde, so stellt uns die Gleichung stets eine Gerade dar, die *die Potenzaxe der beiden Kreise* heißt. Alle ihre Punkte haben gleiche Potenz in bezug auf beide Kreise wegen $(K_1) = (K_2)$. Die Schnittpunkte der beiden Kreise sind identisch mit den Schnittpunkten der Potenzaxe mit einem der Kreise, und da nach Satz 30 eine Gerade einen Kreis in zwei reellen, zusammenfallenden oder imaginären Punkten trifft, können auch zwei Kreise sich nur in zwei Punkten schneiden, sich berühren oder keine gemeinsamen Punkte haben. Im ersten Falle geht die Potenzaxe durch die beiden reellen Schnittpunkte (Figur 66). Zwei verschiedene konzentrische Kreise haben keine gemeinsamen Punkte und keine Potenzaxe. Die projektive Geometrie sagt mit Hilfe der *uneigentlichen Elemente*, daß die unendlich ferne Gerade die Potenzaxe zweier konzentrischer Kreise sei.

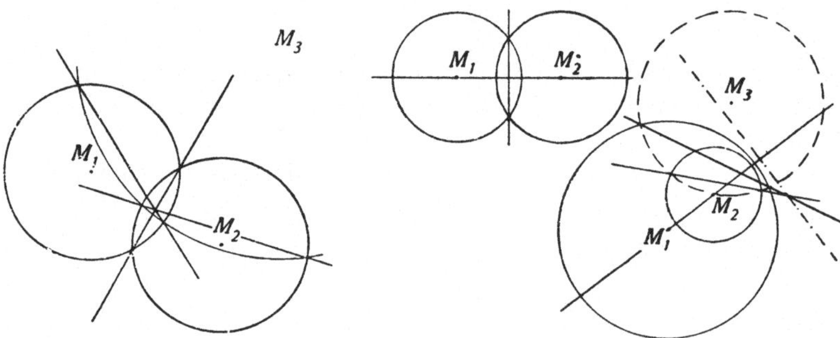

Fig. 66.

Sind die Kreise nicht konzentrisch, und M_1 und M_2 ihre Mittelpunkte, so steht die Potenzaxe senkrecht auf der Zentralen durch M_1 und M_2. Denn der Richtungskoeffizient der Potenzaxe ist wegen ihrer obigen Gleichung:

$$n = -\frac{a_2 - a_1}{b_2 - b_1},$$

und derjenige der Zentralen:

$$n^* = \frac{b_2 - b_1}{a_2 - a_1},$$

woraus wegen $n\,n^* = -1$ die Behauptung folgt.

Drei nicht konzentrische Kreise:

$$(K_1) = 0, \quad (K_2) = 0, \quad (K_3) = 0,$$

besitzen drei Potenzaxen:

$$(K_1) - (K_2) = 0, \quad (K_2) - (K_3) = 0, \quad (K_3) - (K_1) = 0.$$

Nach Satz 13 gehören sie, falls sie nicht parallel sind, demselben Geradenbüschel an, da

$$\big((K_1) - (K_2)\big) + \big((K_2) - (K_3)\big) + \big((K_3) - (K_1)\big) \equiv 0$$

identisch verschwindet. Den Schnittpunkt der drei Potenzaxen nennt man das *Potenzzentrum der drei Kreise*, da dieser Punkt in bezug auf alle drei Kreise gleiche Potenz hat.

32. Satz: *Die Potenzaxen dreier nicht konzentrischer Kreise schneiden sich in einem Punkte, dem Potenzzentrum, falls sie nicht gleiche Richtung haben.*

Mit Hilfe dieses Satzes kann man die Potenzaxe zweier Kreise, die sich nicht schneiden, konstruieren. Man nimmt einen beliebigen dritten Kreis, dessen Zentrum nicht auf der Zentralen durch M_1, M_2 liegt und der beide in je zwei reellen Punkten schneidet (Figur 66). Dann gehen zwei der drei Potenzaxen durch diese Schnittpunkte und schneiden sich im Potenzzentrum; die dritte geht durch das Potenzzentrum und steht senkrecht auf der Geraden durch die Mittelpunkte der gegebenen Kreise.

§ 2. Die Ellipse

Alle Punkte der Ebene, für die die Summe ihrer Entfernungen von zwei festen Punkten, den Brennpunkten, konstant ist, liegen auf einer Ellipse. Die Verbindungen eines Punktes P mit den Brennpunkten F_1 und F_2 (F Anfangsbuchstabe von *Focus*) nennt man seine *Brennstrahlen:* $r_1 = \overline{F_1 P}$, und $r_2 = \overline{F_2 P}$. Die Entfernung $2c > 0$ der beiden Brennpunkte muß bekannt sein. Außerdem muß die konstante Summe $r_1 + r_2 = 2a > 0$ gegeben sein. Wenn eine Ellipse existieren soll, können a und c nicht beliebig angenommen werden. Denn ist P ein Punkt der Ellipse, so bildet $F_1 F_2 P$ ein Dreieck, in dem die Summe von zwei Seiten größer als die dritte sein muß:

$$\overline{F_1 F_2} < \overline{F_1 P} + \overline{F_2 P}, \text{ das heißt } 2c < 2a.$$

Man nennt $\varepsilon = c/a$ die *Exzentrizität* der Ellipse. Der Name kommt daher, daß für $\varepsilon = 0$ auch $c = 0$ ist. Die beiden Brennpunkte fallen zusammen und es ist: $r_1 = r_2 = a$; das heißt, die Punkte liegen auf einem Kreis vom Radius a. Man darf somit den Kreis als Ausartung der Ellipse auffassen, bei der die beiden Brenn-

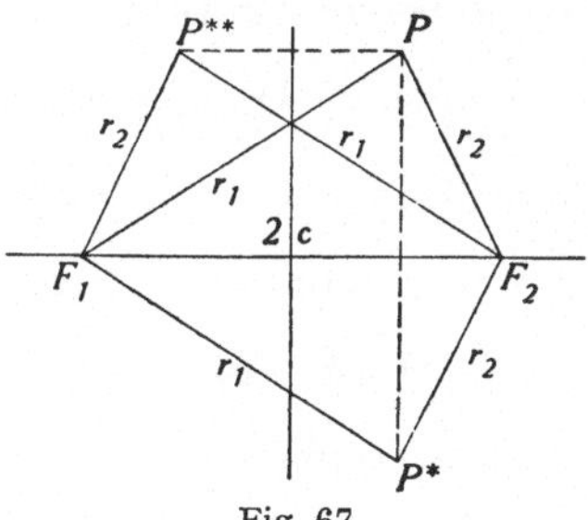

Fig. 67.

punkte zusammenfallen. ε gibt in diesem Sinne ein Maß für die Abweichung der Ellipse vom Kreis. Für die Ellipse ist stets:

$$0 < \varepsilon < 1.$$

Denn auch $\varepsilon = 1$ muß ausgeschlossen werden, da dann nur die Punkte der Strecke $F_1 F_2$ der Ellipsenbedingung genügen würden.

Wir fragen zuerst nach den *Symmetrieeigenschaften* der Ellipse. Ist P ein Punkt der Ellipse (Figur 67), und klappen wir die Ebene um die Gerade durch

F_1, F_2 um, so geht der Punkt in seinen *Spiegelpunkt P** über. Da dieser gleich lange Brennstrahlen wie P hat, muß er wieder ein Punkt der Ellipse sein. Unsere Gerade ist somit Symmetrieaxe. Bei der Umklappung bleiben die Brennpunkte unverändert. Errichten wir jetzt in der Mitte der Strecke $F_1 F_2$, der sogenannten *Brennweite*, ihre Senkrechte, so vertauschen sich bei Spiegelung um diese die beiden Brennpunkte und ebenso ihre Brennstrahlen. Geht P in den Spiegelpunkt P^{**} über, so muß dieser wieder ein Ellipsenpunkt sein. Auch diese zweite Gerade muß daher Symmetrieaxe sein.

33. Satz: *Die Ellipse besitzt zwei Symmetrieaxen; die erste geht durch die beiden Brennpunkte, die zweite steht senkrecht zur Brennweite in ihrem Mittelpunkt. Ihr Schnittpunkt ist Symmetriemittelpunkt.*

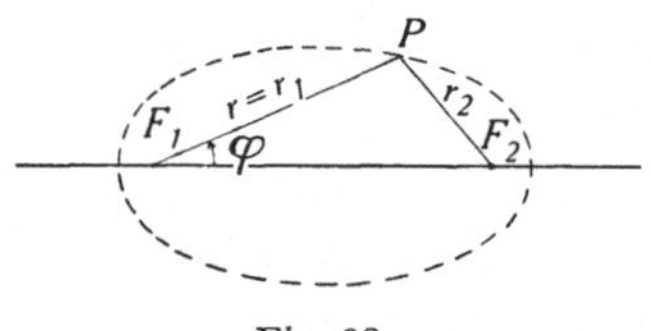

Fig. 68.

Um die «Gleichung» der Ellipse zu erhalten, müssen wir die geometrische Definition für die Koordinaten eines allgemeinen Punktes mittels den gegebenen Größen a, c ins Analytische übertragen. Am einfachsten nimmt man Polarkoordinaten r, φ, bei denen der Pol in einem Brennpunkt, etwa F_1, liegt, und die Anfangsrichtung in die Symmetrierichtung $F_1 \to F_2$ fällt. $r_1 = r$, φ seien die Polarkoordinaten des allgemeinen Ellipsenpunktes P (Figur 68). Im Dreieck $F_1 F_2 P$ ist jede Seite bezeichnet. Außerdem ist der Winkel bei F_1 entweder φ oder $2\pi - \varphi$. Nach dem Kosinussatz der Trigonometrie muß:

$$r_2^2 = (2c)^2 + r^2 - 2(2c)\, r \cos \varphi$$

sein. Ist P ein Ellipsenpunkt, so ist $r_1 + r_2 = 2a$ oder $r_2 = 2a - r$, woraus:

$$r^2 - 4ar + (2a)^2 = 4c^2 + r^2 - 4cr \cos \varphi$$

folgt. Hier hebt sich r^2 weg, und es kann durch 4 gekürzt werden:

$$a^2 - ar = c^2 - cr \cos \varphi.$$

Diese Gleichung nach r aufgelöst ergibt:

$$r = \frac{p}{1 - \varepsilon \cos \varphi},$$

wo

$$\varepsilon = \frac{c}{a}, \quad p = \frac{a^2 - c^2}{a}$$

ist. Wegen $a > c$ ist $a^2 - c^2$ und somit p positiv. Der Nenner kann niemals null werden, sondern ist wegen $1 - \varepsilon \cos \varphi \geq 1 - \varepsilon > 0$ stets positiv ($0 < \varepsilon < 1$). Zu jedem φ, wo $0 \leq \varphi < 2\pi$ sein muß, gehört ein und nur ein positives r, also ein und nur ein Ellipsenpunkt. Die Ellipse ist daher eine geschlossene, endliche

Kurve um F_1, und daher auch um F_2 (wegen der Symmetrieeigenschaft). Die gefundene Gleichung ist dann und nur dann erfüllt, wenn $(2a-r_1)^2=r_2^2$, das heißt, auch $r_1+r_2=2a$ ist, da die Brennstrahlen stets positiv sind, und $r_1 < 2a$ ist. Dann ist aber P ein Ellipsenpunkt. r hat den größten Wert für $\varphi=0$, den kleinsten für $\varphi=\pi$.

34. Satz: *Die Gleichung der Ellipse in Polarkoordinaten lautet:*

$$r = \frac{p}{1-\varepsilon\cos\varphi}, \quad p, \ \varepsilon \ \text{positive Konstanten,} \ 0 < \varepsilon < 1,$$

wo der Pol in einem Brennpunkt liegt, und die Anfangsrichtung von diesem Brennpunkt zum andern geht.

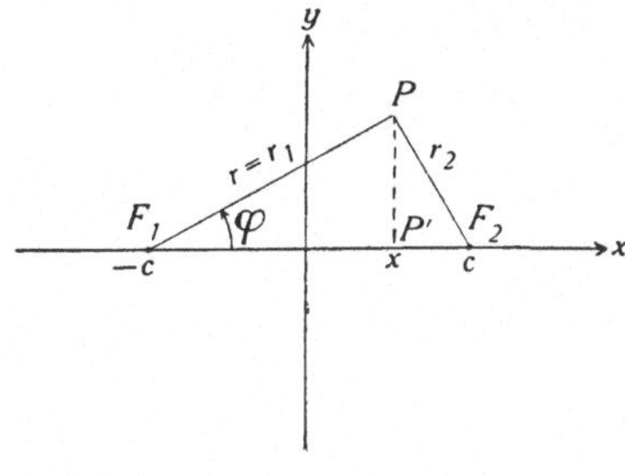

Fig. 69.

Will man statt der Polarkoordinaten rechtwinklige einführen, so wählt man zweckmäßig Symmetrieaxen als Koordinatenaxen. Denn wäre die Gleichung der Ellipse von der Form:

$$A x^2 + 2Bxy + Cx^2 + 2Dx + 2Ey + F = 0,$$

und O *Symmetriemittelpunkt*, so muß der Spiegelpunkt des allgemeinen Punktes P bezüglich O, nämlich der diametral gegenüberliegende Punkt P^* mit den Koordinaten $-x, -y$ wieder ein Ellipsenpunkt sein. Daher müssen auch $-x, -y$ die Gleichung befriedigen, was für alle Ellipsenpunkte nur möglich ist, wenn $D=0$, $E=0$ ist. Die Gleichung enthält keine linearen Glieder, ist also vereinfacht. Ist die x-Axe *Symmetrieaxe*, so darf sich die Gleichung bei Vertauschung von y mit $-y$ nicht ändern, und es muß $B=0$, $E=0$ sein. Ist die y-Axe Symmetrieaxe, so ist $B=0$, $D=0$. Sind daher wie oben die x- und y-Axe Symmetrieaxen, so erhält man die einfache Gleichung:

$$A x^2 + Cy^2 + F = 0.$$

Dies gilt für alle Kurven mit quadratischer Gleichung und zwei Symmetrieaxen als Koordinatenaxen.

Aus diesen Gründen wählen wir als x-Axe die Gerade durch F_1, F_2, positiv gerichtet von F_1 gegen F_2. Die y-Axe ist die zweite Symmetrieaxe (Figur 69). F_1 und F_2 haben die Abszissen $-c$ und $+c$, und es muß für den allgemeinen Ellipsenpunkt P:

$$r \cos \varphi = c + x$$

sein. Setzt man dies in der oben gefundenen Gleichung:

$$a^2 - a\,r = c^2 - c\,r \cos\varphi$$

ein, so folgt für $r = r_1$:

$$a\,r_1 = a^2 + c\,x,$$

und für $r_2 = 2\,a - r_1$:

$$a\,r_2 = a^2 - c\,x.$$

Man kann somit die beiden Brennstrahlen allein aus der Abszisse des Ellipsenpunktes berechnen. Nach dem Pythagoräischen Lehrsatz wird ferner:

$$r_1^2 = (c + x)^2 + y^2,$$

also wegen des Wertes von $a\,r_1$:

$$(a\,r_1)^2 = a^2(c + x)^2 + a^2 y^2 = (a^2 + c\,x)^2.$$

Dies ist die *Gleichung der Ellipse*, da sie nur noch x, y enthält. Ausgerechnet kann man sie so schreiben:

$$(a^2 - c^2)\,x^2 + a^2 y^2 - a^2(a^2 - c^2) = 0;$$

sie ist wirklich quadratisch und hat die oben vorausgesagte einfache Gestalt. Wir kürzen den immer positiven Ausdruck $a^2 - c^2$ mit b^2 ab, wo b die positive Wurzel aus $a^2 - c^2$ ist. Dann lautet die Gleichung:

$$b^2 x^2 + a^2 y^2 - a^2 b^2 = 0 \quad \text{oder} \quad \frac{x^2}{a^2} + \frac{y^2}{b^2} - 1 = 0.$$

Statt a, c treten jetzt die Konstanten a, b auf. Man kann b aus a, c und umgekehrt c aus a, b leicht konstruieren (Figur 70), indem man um F_1 oder F_2 mit dem Radius a den Kreis schlägt, der die Punkte b und $-b$ auf der y-Axe ausschneidet; oder indem man umgekehrt aus dem Punkt b der y-Axe den Kreis mit dem Radius a schlägt, der auf der x-Axe die Brennpunkte ausschneidet.

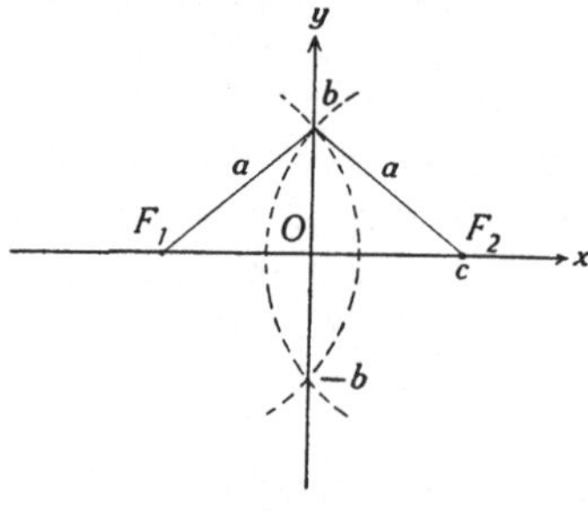

Fig. 70.

Denn b ist Kathete eines rechtwinkligen Dreiecks mit der Hypothenuse a und der andern Kathete c. Als solche ist b kleiner als a. Die geometrische Bedeutung von a und b findet man, wenn man die Schnittpunkte der Ellipse mit den Koordinatenaxen berechnet. Für die x-Axe ist $y = 0$, also genügt die Abszisse des Schnittpunktes der Ellipse mit der x-Axe der Bedingung $b^2x^2 - a^2b^2 = 0$, woraus $x = \pm a$ folgt. Entsprechend ist für den Schnittpunkt mit der y-Axe $x = 0$, $a^2y^2 - a^2b^2 = 0$ oder $y = \pm b$. Somit sind $\pm a$, $\pm b$ die Axenabschnitte der Ellipse. Man nennt $2a$ die *große*, $2b$ die *kleine Axe* und a die *große*, b die *kleine Halbaxe* der Ellipse.

Zu jedem x kann man das zugehörige y ausrechnen. Man findet zwei Werte

$$y = \pm \frac{b}{a}\sqrt{a^2 - x^2},$$

was der Symmetrieeigenschaft der x-Axe entspricht. Damit y reell wird, muß x zwischen $-a$ und $+a$ liegen. Man kann das positive y konstruieren (Figur 71), indem man um O die Kreise mit den Radien a und b schlägt. Die zu x gehörende

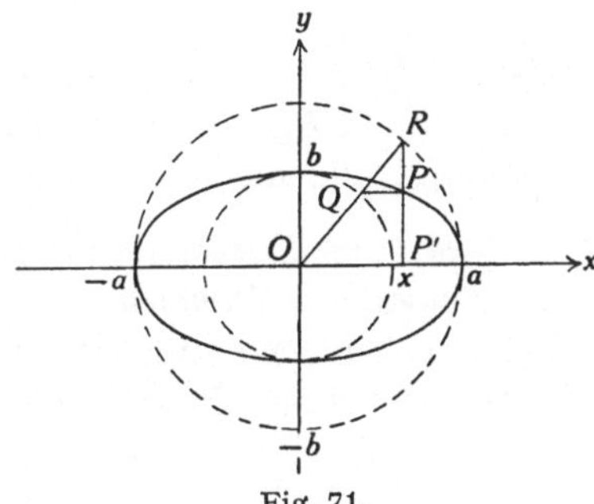

Fig. 71.

Ordinate $P'R$ des Kreises mit dem Radius a ist $\sqrt[+]{a^2 - x^2}$. Diese verkürzt man im Verhältnis $b:a$, indem man den Schnittpunkt Q von OR mit dem Kreise vom Radius b parallel zur x-Axe verschiebt, bis er in die Ordinate von x fällt.

Die Behandlung des Grundproblemes: Gerade und Ellipse beginnen wir mit dem Fall der zur y-Axe parallelen Geraden. Ist $x = q$ deren Gleichung, so wird, wie wir eben sahen,

$$y = \pm \frac{b}{a}\sqrt{a^2 - q^2}$$

die Ordinaten der beiden Schnittpunkte ergeben, die reell sind, wenn $-a < q < +a$, zusammenfallend, wenn $q = \pm a$, und konjugiert komplex, wenn $q > +a$ oder $< -a$ ist. Im mittleren Falle heißt die Gerade *Tangente*. Sie berührt die Ellipse in den Punkten $\pm a$ und steht senkrecht auf der x-Axe. Wir beschränken uns von jetzt an auf den Fall, daß die Gerade *nicht* parallel zur y-Axe ist; wir können dann die explizite Form der Gleichung der Geraden:

$$y = nx + p$$

für sie benutzen. Um die gemeinsamen Punkte der Ellipse mit dieser Geraden zu finden, setzen wir $y = nx + p$ in der Ellipsengleichung ein:

$$b^2x^2 + a^2(nx + p)^2 - a^2b^2 = 0,$$

oder aufgelöst und geordnet:

$$(b^2+n^2a^2)\, x^2 + 2\, n p\, a^2 x + a^2(p^2 - b^2) = 0.$$

Diese Gleichung ist stets quadratisch, da $b^2+n^2a^2 \geqq b^2 > 0$ ist. Darum darf man die Sätze a) und b) auf sie anwenden (Seite 99). Die Diskriminante D der Gleichung wird:

$$D = 4\big(n^2 p^2 a^4 - (b^2+n^2a^2)\, a^2(p^2-b^2)\big) = 4\, a^2 b^2 (b^2+n^2a^2-p^2).$$

Die Gleichung hat zwei Wurzeln x_1, x_2, die reell und verschieden, reell und gleich oder konjugiert imaginär sind, je nachdem $D \gtreqless 0$ ist. Für die zugehörigen Ordinaten wird:

$$y_1 = n\, x_1 + p, \quad y_2 = n\, x_2 + p.$$

Daher entsprechen den Fällen $D \gtreqless 0$ zwei reelle, zwei zusammenfallende oder zwei imaginäre Schnittpunkte P_1 und P_2. Nimmt man den Fall der zur y-Axe parallelen Geraden hinzu, so folgt allgemein:

35. Satz: *Eine Gerade schneidet eine Ellipse stets in zwei reellen, in zwei zusammenfallenden oder in zwei imaginären Punkten.*

Im Falle $D = 0$ heißt die Gerade *Tangente* und der Schnittpunkt *Berührungspunkt*. Sie schneidet nicht, sondern *berührt*. *Eine Gerade* $y = nx + p$ *ist also stets Tangente, wenn* $b^2+n^2a^2-p^2=0$ *ist*. Hat ihr Berührungspunkt $P_1 = P_2$ die Gleichungen:

$$P_1 \left\{ \begin{array}{l} x = x_1, \\ y = y_1, \end{array} \right.$$

so hat x_1 als Doppelwurzel der quadratischen Gleichung den Wert:

$$x_1 = - \frac{n p a^2}{b^2 + n^2 a^2},$$

oder wegen $b^2 + n^2 a^2 = p^2$:

$$x_1 = - \frac{n a^2}{p}.$$

Also wird:

$$y_1 = n\, x_1 + p = \frac{p^2 - n^2 a^2}{p} = \frac{b^2}{p}.$$

Die Relation $b^2+n^2a^2-p^2=0$ hat keine einfache geometrische Bedeutung. Man führt daher besser statt n, p, die Koordinaten x_1, y_1 des Berührungspunktes ein, von denen man weiß, daß sie der Ellipsengleichung

$$\frac{x_1^2}{a^2} + \frac{y_1^2}{b^2} - 1 = 0$$

genügen müssen. Man kann nämlich umgekehrt aus den Ausdrücken für x_1, y_1 leicht n, p berechnen. Es wird:

$$p = \frac{b^2}{y_1}, \text{ also: } n = - \frac{p x_1}{a^2} = - \frac{b^2 x_1}{a^2 y_1}.$$

Die Tangentenbedingung lautet jetzt in x_1, y_1 so:

$$b^2 + n^2 a^2 - p^2 = b^2 + \frac{b^4 x_1^2}{a^4 y_1^2} a^2 - \frac{b^4}{y_1^2} = \frac{b^4}{y_1^2}\left(\frac{x_1^2}{a^2} + \frac{y_1^2}{b^2} - 1\right) = 0,$$

ist also in der Tat die Ellipsengleichung für P_1. Ersetzt man n und p in der Tangentengleichung $y = nx + p$ durch die erhaltenen Werte in x_1, y_1, so folgt:

$$y = -\frac{b^2 x_1}{a^2 y_1} x + \frac{b^2}{y_1},$$

oder mit y_1/b^2 erweitert und alles nach links genommen:

$$\frac{x_1 x}{a^2} + \frac{y_1 y}{b^2} - 1 = 0.$$

Nach Definition ist dies stets eine Tangente mit dem Berührungspunkt P_1, falls

$$\frac{x_1^2}{a^2} + \frac{y_1^2}{b^2} - 1 = 0$$

ist.

36. Satz: *Ist P_1 mit den Koordinaten x_1, y_1 ein Ellipsenpunkt, so ist:*

$$\frac{x_1 x}{a^2} + \frac{y_1 y}{b^2} - 1 = 0$$

die Gleichung der Tangente im Berührungspunkte P_1.

Dieser Satz gilt auch für die beiden zur y-Axe parallelen Tangenten $x = \pm a$, mit den Berührungspunkten $x_1 = \pm a, y_1 = 0$.

Im Falle $D > 0$ haben wir zwei reelle Schnittpunkte P_1 und P_2, deren Abszissen die beiden Wurzeln x_1, x_2 der quadratischen Gleichung sind und deren Ordinaten $y_1 = nx_1 + p, y_2 = nx_2 + p$ sind. Nach Satz a) (Seite 99) ist:

$$x_1 + x_2 = -\frac{2np a^2}{b^2 + n^2 a^2}.$$

Für die Koordinaten ξ, η der Mitte M der Sehne $P_1 P_2$ erhält man somit nach Satz 10:

$$\xi = \frac{x_1 + x_2}{2} = -\frac{np a^2}{b^2 + n^2 a^2},$$

$$\eta = n\xi + p = -\frac{n^2 p a^2}{b^2 + n^2 a^2} + p = \frac{p b^2}{b^2 + n^2 a^2}.$$

Daraus folgt, daß *das Verhältnis:*

$$\frac{\eta}{\xi} = -\frac{b^2}{n a^2}$$

von p unabhängig ist. Halten wir aber n fest und geben p alle möglichen Werte, so verschieben wir die Gerade parallel; für alle diese Geraden wird das Verhältnis $\eta : \xi$ dasselbe sein. Alle Punkte, deren Koordinaten ξ, η dasselbe Verhältnis $\eta : \xi$ besitzen, liegen auf einer Geraden durch O mit diesem Verhältnis als Richtungskoeffizient (Figur 72). Derjenige Teil einer Geraden durch O, der im Innern der Ellipse liegt, heißt ein *Durchmesser*, die Strecke $P_1 P_2$ eine *Sehne* der Ellipse. Man darf daher sagen, daß die Mitten paralleler Sehnen auf einem Durchmesser liegen müssen. Dieser Durchmesser hat den Richtungskoeffizient:

$$n^* = - \frac{b^2}{n\, a^2} \cdot$$

37. Satz: *Die Mitten paralleler Sehnen einer Ellipse liegen auf einem Durchmesser.*

Man nennt die durch den Durchmesser festgelegte Richtung zu derjenigen der Geraden $y = nx + p$ *konjugiert*. Gehen wir von einer Geraden mit der kon-

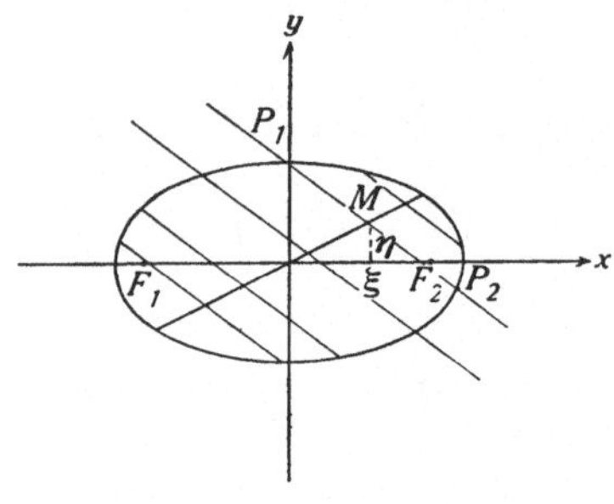

Fig. 72.

jugierten Richtung, also mit dem Richtungskoeffizienten n^* aus, so ist ihre konjugierte Richtung:

$$n^{**} = - \frac{b^2}{n^* a^2} = n,$$

also wieder die ursprüngliche Richtung; das heißt: die Mitten paralleler Sehnen mit dem Richtungskoeffizienten n^* liegen auf einem Durchmesser mit dem Richtungskoeffizienten n. Zu jedem Durchmesser gehört also ein zweiter mit der konjugierten Richtung, und er selbst hat die konjugierte Richtung zum zweiten. Ein Paar solcher Durchmesser heißt *konjugiert*. Nach dem bewiesenen Satz folgt:

38. Satz: *Sind zwei Durchmesser konjugiert, so halbiert jeder die zum andern parallelen Sehnen.*

Aus der Symmetriebetrachtung folgt, daß die große und kleine Axe ebenfalls konjugierte Durchmesser sind. Für sie ist etwa $n = 0$, $n^* = \infty$. Sie sind die einzigen konjugierten Durchmesser, die aufeinander senkrecht stehen. Denn aus $nn^* = -1$ (Satz 12) folgt $- \frac{b^2}{a^2} = -1$ oder $a = b$, was nur für $c = 0$, das heißt den Kreis, möglich ist.

Die Tangente im Ellipsenpunkte P_1 hat die Gleichung:

$$\frac{x_1 x}{a^2} + \frac{y_1 y}{b^2} - 1 = 0,$$

also den Richtungskoeffizienten $(y_1 \neq 0)$:

$$n = - \frac{b^2 x_1}{a^2 y_1}.$$

Anderseits hat der Durchmesser durch P_1 den Richtungskoeffizienten:

$$n^* = \frac{y_1}{x_1}.$$

Daher ist:

$$nn^* = - \frac{b^2}{a^2}, \text{ oder } n^* = - \frac{b^2}{n a^2}.$$

Somit haben Tangente und Durchmesser konjugierte Richtung.

39. Satz: *Die Tangente im Endpunkte eines Durchmessers hat die zum Durchmesser konjugierte Richtung.*

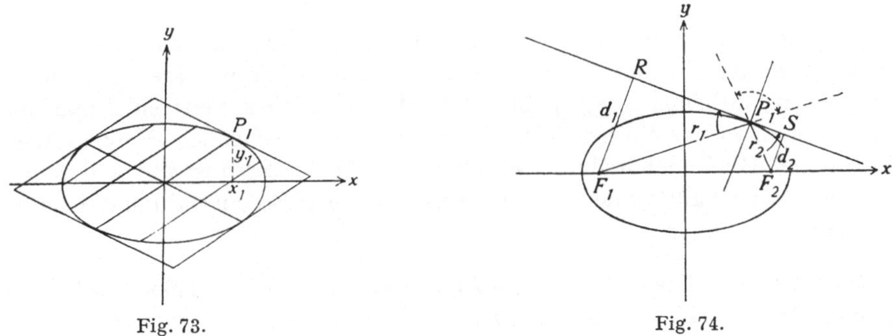

Fig. 73.   Fig. 74.

Die Tangenten in den Endpunkten von zwei konjugierten Durchmessern bilden ein Parallelogramm, dessen Seiten die Ellipse berühren und zu den konjugierten Durchmessern parallel sind (Figur 73). Man konstruiert zu einem gegebenen Durchmesser seinen konjugierten, indem man eine parallele Sehne zieht und dieselbe halbiert. Der konjugierte Durchmesser geht dann durch diese Mitte.

Wir wollen jetzt noch eine Eigenschaft der Tangente im Ellipsenpunkt P_1 mit den Koordinaten x_1, y_1 herleiten, die uns erklären wird, warum F_1 und F_2 Brennpunkte heißen. Wir bringen die Gleichung der Tangente in P_1:

$$\frac{x_1 x}{a^2} + \frac{y_1 y}{b^2} - 1 = 0$$

auf die HESSEsche Normalform, indem wir sie durch

$$w = \sqrt[+]{\frac{x_1^2}{a^4} + \frac{y_1^2}{b^4}}$$

dividieren:

$$\frac{x_1 x}{w a^2} + \frac{y_1 y}{w b^2} - \frac{1}{w} = 0,$$

und berechnen nach Satz 8 die *positiven* Normalabstände d_1 und d_2 der Brennpunkte F_1 und F_2 von ihr (Figur 74). Wegen der Koordinaten $x = \pm c, v = 0$

der beiden Brennpunkte wird, da der Nullpunkt auf derselben Seite der Tangente wie die Brennpunkte liegt:

$$F_1: \qquad -d_1 = -\frac{x_1 c}{w a^2} - \frac{1}{w}, \text{ oder } d_1 = \frac{c x_1 + a^2}{w a^2},$$

$$F_2: \qquad -d_2 = \frac{x_1 c}{w a^2} - \frac{1}{w}, \text{ oder } d_2 = \frac{-c x_1 + a^2}{w a^2}.$$

Nun hatten wir aber für die beiden Brennstrahlen r_1 und r_2 von P_1 gefunden:

$$a r_1 = c x_1 + a^2, \quad a r_2 = -c x_1 + a^2.$$

Daher folgt aus den beiden Gleichungen für d_1 und d_2 die Proportion:

$$d_1 : d_2 = r_1 : r_2.$$

Sind R und S die Fußpunkte der Lote von F_1 und F_2 auf die Tangente, so sind die Dreiecke $F_1 R P_1$ und $F_2 S P_1$ rechtwinklig bei R, respektive S. r_1 und r_2 sind ihre Hypothenusen, d_1, d_2 Katheten. Wegen der hergeleiteten Proportion müssen die Dreiecke ähnlich sein, also in allen entsprechenden Winkeln übereinstimmen. Die Tangente bildet somit mit den beiden Brennstrahlen dieselben Winkel oder sie halbiert den Winkel zwischen jedem Brennstrahl und der Verlängerung des andern.

40. Satz: *Die Tangente in einem Punkt der Ellipse halbiert den Winkel, den der eine Brennstrahl des Punktes mit der Verlängerung des andern bildet.*

Die Senkrechte im Berührungspunkt P_1 der Tangente heißt die *Normale der Ellipse in P_1*. Wegen Satz 40 halbiert sie den Winkel der Brennstrahlen von P_1. Daraus folgt eine einfache Konstruktion von Tangente oder Normalen.

41. Satz: *Die Normale in einem Ellipsenpunkte halbiert den Winkel der beiden Brennstrahlen des Punktes.*

Denkt man sich in einem der Brennpunkte eine Wärme- oder Lichtquelle, die nach allen Seiten Wärme- oder Lichtstrahlen geradlinig aussendet, und werden diese Strahlen in den Punkten der Ellipse vollkommen, das heißt nach dem physikalischen Gesetz reflektiert, so daß Einfall- und Ausfallwinkel gleich sind, so müssen sie sich gemäß Satz 41 im andern Brennpunkt wieder sammeln, da die Einfall- und Ausfallwinkel gerade bezüglich der Normalen gemessen werden. Dies gab Anlaß zur Wahl des Namens «Brennpunkt».

Wir wollen jetzt noch das Problem lösen, von einem gegebenen Punkte P_0:

$$P_0 \begin{cases} x = x_0, \\ y = y_0, \end{cases}$$

die Tangenten an die Ellipse zu ziehen. Nehmen wir die Existenz einer solchen an; ihre Gleichung sei:

$$\frac{x_1 x}{a^2} + \frac{y_1 y}{b^2} - 1 = 0,$$

wo P_1 mit den Koordinaten x_1, y_1 ihr Berührungspunkt ist. Da sie durch P_0 gehen soll, gilt:

$$\frac{x_1 x_0}{a^2} + \frac{y_1 y_0}{b^2} - 1 = 0.$$

Außerdem genügt x_1, y_1 der Ellipsengleichung:

$$\frac{x_1^2}{a^2} + \frac{y_1^2}{b^2} - 1 = 0.$$

Alle Wertepaare x_1, y_1 sind Lösungen der beiden Gleichungen:

$$\frac{x_0 x}{a^2} + \frac{y_0 y}{b^2} - 1 = 0,$$

$$\frac{x^2}{a^2} + \frac{y^2}{b^2} - 1 = 0,$$

und umgekehrt müssen alle Lösungen Berührungspunkte von Tangenten aus P_0 an die Ellipse ergeben (Satz 36). Die erste Gleichung ist linear und somit die

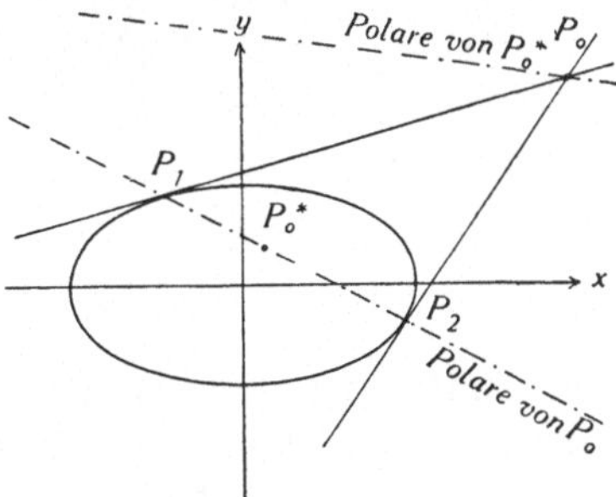

Fig. 75.

Gleichung einer Geraden, wenn $P_0 \neq O$ ist. Man nennt sie die *Polare des Punktes* P_0, und P_0 den *Pol* der betreffenden Geraden. Jeder Punkt der Ebene mit Ausnahme von O ist Pol einer Polare. Ist P_0 auf der Ellipse, so ist seine Polare die Tangente in P_0. Ist P_0 nicht auf der Ellipse, so schneidet sie die Ellipse in den beiden (reellen oder komplexen) Berührungspunkten der Tangenten von P_0 an die Ellipse (Figur 75). Das Problem ist damit wieder auf das Problem Ellipse und Gerade zurückgeführt. Für Punkte im Äußern der Ellipse wird die Polare die Ellipse in zwei reellen, für Punkte im Innern der Ellipse in zwei imaginären Punkten schneiden. Im ersten Falle gibt es zwei Tangenten, im zweiten keine reelle Tangente an die Ellipse. Die Polare ist aber auch im zweiten Fall eine reelle Gerade. Um sie zu bestimmen, nehmen wir auf der Polaren einen beliebigen Punkt P_0^* an:

$$P_0^* \begin{cases} x = x_0^*, \\ y = y_0^*, \end{cases}$$

für den somit die Bedingung erfüllt sein muß:

$$\frac{x_0 x_0^*}{a^2} + \frac{y_0 y_0^*}{b^2} - 1 = 0.$$

Die Polare von P_0^* hat die Gleichung:

$$\frac{x_0^* x}{a^2} + \frac{y_0^* y}{b^2} - 1 = 0;$$

sie muß durch P_0 gehen, weil die Bedingung dafür identisch ist mit der eben hergeleiteten Bedingung für die Annahme, daß P_0^* auf der ersten Polaren liegt. Daraus folgt, da jede Gerade, die nicht durch O geht, Polare eines Pols ist:

42. Satz: *Bewegt sich ein Punkt auf einer nicht durch den Nullpunkt gehenden Geraden, so dreht sich seine Polare um den Pol der Geraden.*

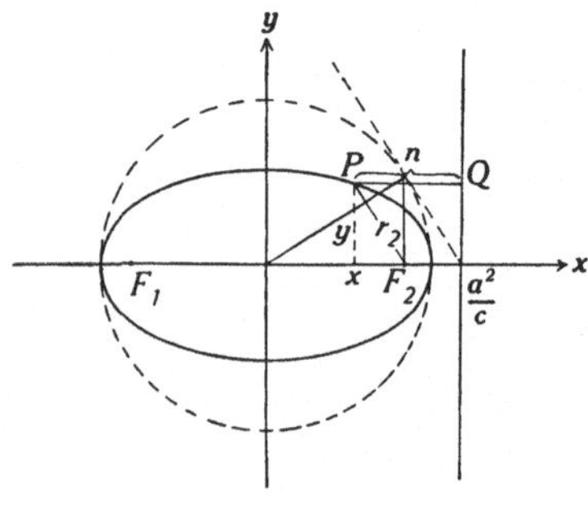

Fig. 76.

Um also die Polare zu einem Punkt $P_0 \neq O$ im Innern der Ellipse zu zeichnen, zieht man durch ihn zwei Sehnen und konstruiert in deren Endpunkten die Tangenten, die sich in den Polen der betreffenden Sehne schneiden. Die Polare geht dann durch die beiden Pole. In der *höhern Geometrie* hat auch O eine Polare, nämlich die unendlich ferne Gerade der Ebene, und jede Gerade durch O einen Pol, nämlich einen Punkt der unendlich fernen Geraden.

Die Polaren der Brennpunkte nennt man *Leitlinien oder Directrix der Ellipse*. Für die Brennpunkte ist $x_0 = \pm c$, $y_0 = 0$ zu setzen; somit erhält man für ihre Polaren die Gleichungen:

$$\pm \frac{cx}{a^2} - 1 = 0, \text{ oder } x = \pm \frac{a^2}{c}.$$

Um etwa die Leitlinie von F_2 zu konstruieren (Figur 76), schlägt man um O den Kreis mit dem Radius a und errichtet in F_2 die Ordinate bis zum Kreis. Die Tangente an den Kreis in diesem Punkte schneidet auf der x-Axe den Punkt $x = a^2/c$ aus. Der Normalabstand n eines allgemeinen Ellipsenpunktes P von dieser Leitlinie ist:

$$n = \frac{a^2}{c} - x = \frac{-cx + a^2}{c}.$$

Anderseits fanden wir für seinen Brennstrahl r_2:

$$ar_2 = -cx + a^2.$$

Daher ist die Proportion erfüllt:

$$r_2 : n = c : a = \varepsilon : 1, \; 0 < \varepsilon < 1.$$

Das Verhältnis $r_2 : n$ ist also für jeden Ellipsenpunkt dasselbe, nämlich gleich der *Exzentrizität der Ellipse.*

43. Satz: *Das Verhältnis der Entfernungen aller Ellipsenpunkte von einem festen Punkt, dem Brennpunkt, und einer festen Geraden, der Leitlinie, ist konstant und kleiner als eins.*

Man kann beweisen, daß durch diese Eigenschaft die Ellipse umgekehrt definiert werden kann.

Zum Schlusse machen wir noch auf das affine Verhältnis zwischen Kreis und Ellipse aufmerksam. Nimmt man die x-Axe als Affinitätsaxe, und wählt man als Affinitätsverhältnis die Größe b/a, so geht bei der normal-affinen Abbildung jeder Punkt x, y in den Punkt:

$$P' \begin{vmatrix} x' = x, \\ y' = \dfrac{b}{a}\, y \end{vmatrix}$$

über. Nur die Punkte der x-Axe gehen hierbei in sich über. Dagegen gehen Gerade wieder in Gerade, Kurven in Kurven und Tangenten an eine Kurve wieder in Tangenten an die Bildkurve über, wobei die Berührungspunkte sich entsprechen. Die Gleichung des Kreises um O mit dem Radius a geht über in:

$$x^2 + y^2 - a^2 = 0 \longrightarrow x'^2 + \frac{a^2}{b^2}\, y'^2 - a^2 = 0.$$

Dies ist aber die Ellipsengleichung mit den Halbaxen a, b.

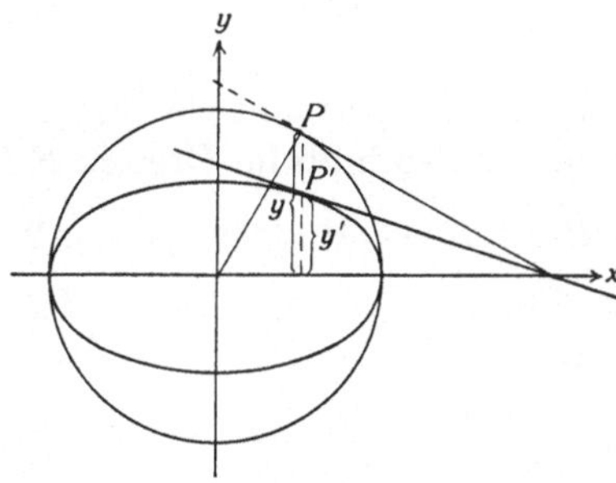

Fig. 77.

44. Satz: *Die Ellipse ist das affine Bild eines Kreises mit einem Durchmesser als Affinitätsaxe.*

Da wir an den Kreis in jedem Punkt mit Zirkel und Lineal die Tangente konstruieren können, läßt sie sich auch im Bildpunkt P' der Ellipse ziehen, da beide durch denselben Punkt der x-Axe gehen müssen (Figur 77).

Bei der affinen Abbildung ändern sich Flächeninhalte im Affinitätsverhältnis. Da der Kreis mit dem Radius a den Inhalt πa^2 hat, muß die Ellipse den Flächeninhalt $\dfrac{b}{a}\pi a^2 = \pi a b$ besitzen.

§ 3. Die Hyperbel

Alle Punkte der Ebene, für die die Differenz ihrer Entfernungen von zwei festen Punkten, den Brennpunkten, konstant ist, liegen auf einer Hyperbel. Die Verbindungen eines Punktes P mit den Brennpunkten F_1 und F_2 nennt man wieder seine *Brennstrahlen* $r_1 = \overline{F_1 P}$, $r_2 = \overline{F_2 P}$. Die Entfernung $\overline{F_1 F_2} = 2c > 0$ heißt die *Brennweite*, und die konstante Differenz der Brennstrahlen sei $2a > 0$, so daß für Hyperbelpunkte

$$r_1 - r_2 = \pm 2a$$

sein muß, wo das obere oder untere Vorzeichen gilt, je nachdem $r_1 \gtrless r_2$ ist. Errichtet man in der Mitte der Brennweite die Senkrechte, so liegen auf derjenigen Seite von ihr, auf der F_2 liegt, die Hyperbelpunkte mit $r_1 > r_2$, auf der Seite von F_1 diejenigen mit $r_2 > r_1$. Man erkennt daraus, daß die Hyperbel-

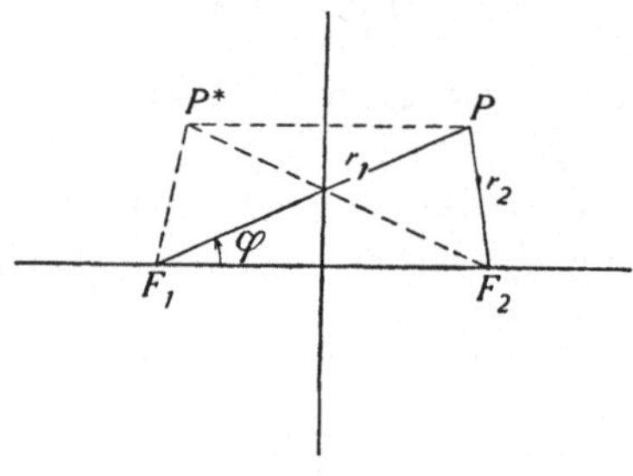

Fig. 78.

punkte durch die Mittelsenkrechte getrennt werden. Ist P ein Hyperbelpunkt auf der Seite von F_2 (Figur 78), so muß im Dreieck $F_1 F_2 P$:

$$\overline{F_1 P} < \overline{F_1 F_2} + \overline{F_2 P}, \quad \text{oder} \quad r_1 < r_2 + 2c$$

sein. Da aber für unsere Punkte $r_1 - r_2 = +2a$ ist, folgt $a < c$. Entsprechend ist für die Punkte der Seite von F_1:

$$\overline{F_2 P} < \overline{F_1 F_2} + \overline{F_1 P} \quad \text{oder} \quad r_2 < r_1 + 2c,$$

und da jetzt $r_2 - r_1 = +2a$ ist, so gilt wieder $a < c$. Daher gibt es nur dann Punkte der Hyperbel beiderseits der Senkrechten, wenn *die Exzentrizität* $\varepsilon = c/a > 1$ ist.

Die Symmetrieverhältnisse der Hyperbel sind genau dieselben wie bei der Ellipse, was man genau wie im letzten Paragraphen zeigt:

45. Satz: *Die Hyperbel besitzt zwei Symmetrieaxen; die erste geht durch die beiden Brennpunkte, die zweite steht senkrecht zur Brennweite in ihrem Mittelpunkt. Ihr Schnittpunkt ist Symmetriemittelpunkt.*

Die Gleichung der Hyperbel ist der Ausdruck

$$r_1 - r_2 = \pm 2a,$$

falls man r_1 und r_2 durch die Koordinaten des allgemeinen Punktes darstellt. Wir legen den Pol eines Polarkoordinatensystems in den Brennpunkt F_1, die Anfangsrichtung in die Richtung $F_1 \to F_2$. $r = r_1$ und φ sind die Polarkoordinaten des allgemeinen Hyperbelpunktes P (Figur 78). Der Kosinussatz der Trigonometrie ergibt für das Dreieck $F_1 F_2 P$:

$$r_2^2 = (2c)^2 + r^2 - 2(2c)\, r \cos \varphi.$$

Nun ist $r - r_2 = \pm 2a$ oder $r_2 = r \mp 2a$ für jeden Hyperbelpunkt, was eingesetzt die Bedingung ergibt:

$$r^2 \mp 4\,ar + (2a)^2 = 4c^2 + r^2 - 4rc \cos \varphi,$$

in der sich r^2 weghebt. Durch 4 gekürzt folgt:

$$a^2 \mp ar = c^2 - cr \cos \varphi,$$

oder nach r aufgelöst:

$$r = \frac{\pm p}{1 \mp \varepsilon \cos \varphi},$$

wo $\varepsilon = \dfrac{c}{a}$, $p = \dfrac{a^2 - c^2}{a}$ ist.

Wegen der Symmetrieeigenschaften der Hyperbel (Satz 45) genügt es, wenn wir diese Gleichung für das *obere Vorzeichen* und sogar für die Punkte im ersten Quadranten diskutieren. Da $c > a$, $\varepsilon > 1$ ist, ist p stets negativ; der Nenner muß somit ebenfalls negativ sein, damit r gemäß seiner Definition positiv wird. Für $\varphi = 0$ ist $1 - \varepsilon \cos \varphi = 1 - \varepsilon$ negativ. Läßt man φ wachsen, so nimmt $\cos \varphi$ ab; der Nenner bleibt zunächst negativ und wird für den spitzen Winkel α, für den $\cos \alpha = \frac{1}{\varepsilon} = \frac{a}{c}$ ist, zu null. Man nennt die durch α festgelegte Richtung *asymptotisch* und sagt, daß alle zu ihr parallelen Geraden *asymptotische Richtung* haben. Wenn φ von 0 bis α wächst, so wächst r von $a + c$ bis ∞. Die Hyperbel hat somit im ersten Quadranten einen sich ins Unendliche erstreckenden Ast. Wächst φ noch weiter als α bis zu $\frac{\pi}{2}$, so wird der Nenner positiv, also r negativ; das heißt, es liegen keine Hyperbelpunkte auf den zugehörigen Strahlen. Wegen der Symmetrieverhältnisse gilt dasselbe für die andern Quadranten. Die Hyperbel muß daher aus zwei getrennten Zweigen bestehen, die sich viermal ins Unendliche erstrecken. Außer α legen auch $\pi - \alpha$, $\pi + \alpha$ und $2\pi - \alpha$ *asymptotische Richtungen* fest.

46. Satz: *Die Gleichung der Hyperbel in Polarkoordinaten lautet:*

$$r = \frac{\pm p}{1 \mp \varepsilon \cos \varphi},$$

wo der Pol in einem Brennpunkt liegt, und die Anfangsrichtung von diesem Brennpunkt zum andern geht; φ darf für das obere Vorzeichen die Werte zwischen 0 und α oder $2\pi - \alpha$ bis 2π, für das untere Vorzeichen die Werte zwischen 0 und $\pi - \alpha$ oder $\pi + \alpha$ und 2π durchlaufen, wo für den spitzen Winkel α die Beziehung: $\cos \alpha = \frac{a}{c}$ gilt.

Aus denselben Gründen wie bei der Ellipse wählen wir als rechtwinklige Koordinatenaxen die beiden Symmetrieaxen: durch F_1 und F_2 im Sinne

$F_1 \to F_2$ die x-Axe (Figur 79), durch die Mitte von F_1F_2 die y-Axe. Es folgt:

$$r \cos \varphi = c + x,$$

was in der Gleichung:

$$a^2 \mp ar = c^2 - cr \cos \varphi$$

eingesetzt, für $r = r_1$ die Gleichung:

$$\pm ar_1 = a^2 + cx,$$

und entsprechend wegen $r_1 = r_2 \pm 2a$ für r_2:

$$\pm ar_2 = -a^2 + cx$$

ergibt. Man kann die Brennstrahlen eines Hyperbelpunktes daher wieder aus

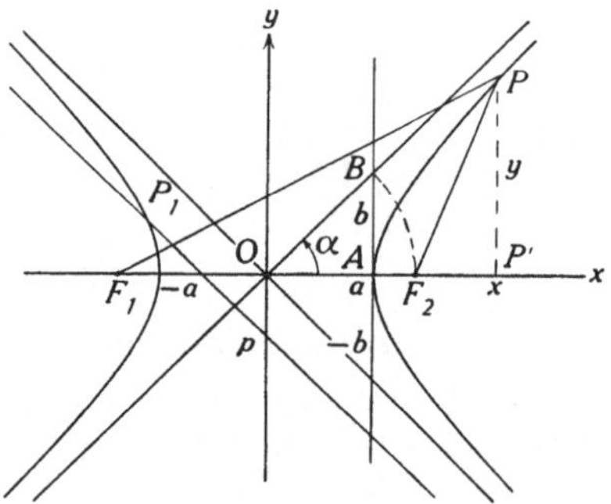

Fig. 79.

x allein berechnen. Aus dem Dreieck $F_1 P' P$ ergibt sich nach dem Pythagoräischen Satze:

$$r_1^2 = (c + x)^2 + y^2.$$

Setzt man dies in $a^2 r_1^2 = (a^2 + cx)^2$ ein, so erhält man wie früher bei der Ellipse:

$$(c^2 - a^2)\, x^2 - a^2 y^2 - a^2(c^2 - a^2) = 0.$$

Dies ist formal genau die mit -1 multiplizierte Ellipsengleichung. Wegen $c > a$ ist aber jetzt $c^2 - a^2$ positiv und gleich b^2 zu setzen, wo b die positive Wurzel sei. Dann lautet die Hyperbelgleichung:

$$b^2 x^2 - a^2 y^2 - a^2 b^2 = 0, \text{ oder } \frac{x^2}{a^2} - \frac{y^2}{b^2} - 1 = 0.$$

b ist die Kathete eines rechtwinkligen Dreiecks, dessen Hypothenuse c und dessen andere Kathete a ist. Es kann daher $b \gtrless a$ sein. Für $b = a$ nennt man die Hyperbel *gleichseitig*. Im Schnittpunkt der Hyperbel mit der x-Axe ist $y = 0$, also

$$b^2 x^2 - a^2 b^2 = 0 \text{ oder } x = \pm a.$$

Im Schnittpunkt mit der y-Axe ist $x = 0$,

$$-a^2 y^2 - a^2 b^2 = 0 \text{ oder } y = \pm ib, \; i \text{ die imaginäre Einheit.}$$

Man nennt daher 2 *a die reelle*, 2 *b die imaginäre A x e, a die reelle, b die imaginäre Halbaxe der Hyperbel.* Um b aus a und c zu konstruieren, errichtet man im Punkt A der x-Axe mit der Abszisse a die Senkrechte und schlägt um O im I. Quadranten den Kreisbogen mit dem Radius c bis zum Schnitt B mit dieser Senkrechten. Die Ordinate von B ist b. Das Dreieck OAB hat die Hypothenuse c, die Katheten a,b und bei O den Winkel α, der eine der asymptotischen Richtungen bestimmt; es wird:

$$\cos\alpha = \frac{a}{c}\ ,\ \sin\alpha = \frac{b}{c}\ ,\ \operatorname{tg}\alpha = \frac{b}{a}\ .$$

Im Grundproblem: Gerade und Hyperbel betrachten wir wieder zuerst die zur y-Axe parallelen Geraden $x=q$. Aus der Hyperbelgleichung ergibt sich für die Schnittpunkte:

$$y = \pm\,\frac{b}{a}\,\sqrt{q^2 - a^2}\ .$$

Die Schnittpunkte sind imaginär für $-a<q<+a$, zusammenfallend für $q=\pm a$, und reell für $q>a$ oder $<-a$. Im ganzen Ebenenteil zwischen den Geraden $x=\pm a$ liegen daher keine reellen Hyperbelpunkte. Die Geraden $x=\pm a$ sind *Tangenten* an die Hyperbel.

Ist dagegen die Gerade nicht parallel zur y-Axe, so besitzt sie die explizite Gleichung:

$$y = n\,x + p.$$

Um ihre Schnittpunkte mit der Hyperbel zu finden, setzen wir $y=nx+p$ in die Hyperbelgleichung ein:

$$b^2 x^2 - a^2 (nx+p)^2 - a^2 b^2 = 0,$$

oder ausgerechnet und geordnet:

$$(b^2 - n^2 a^2)\,x^2 - 2a^2 np\,x - a^2(b^2 + p^2) = 0.$$

Wir unterscheiden folgende Fälle:

1. $b^2 - n^2 a^2 = 0$. Die Gleichung reduziert sich auf eine solche ersten Grades. Es ist:

$$n = \pm\,\frac{b}{a}\,;$$

der Richtungswinkel der Geraden ist α oder $\pi-\alpha$, und die Gerade hat asymptotische Richtung. Die Gleichung ersten Grades für die Schnittpunkte lautet:

$$\mp 2abp\,x - a^2(b^2 + p^2) = 0,\ \text{ oder }\ \pm 2bp\,x + a(b^2 + p^2) = 0.$$

Ist $p=0$, so bleibt $ab^2 = 0$, was unmöglich ist. Also haben die beiden Geraden:

$$y = \pm\,\frac{b}{a}\,x$$

überhaupt keine Schnittpunkte mit der Hyperbel. Man nennt sie die beiden *Asymptoten der Hyperbel.* Sie gehen durch den Nullpunkt und haben eine der beiden asymptotischen Richtungen. Ist dagegen $p\neq0$, so haben die Geraden mit asymptotischer Richtung genau *einen* reellen Schnittpunkt P_1 mit der Hyperbel, dessen Abszisse die Wurzel der Gleichung für x ist (Figur 79); es sind:

$$P_1 \begin{cases} x = x_1 = \mp \dfrac{a\,(p^2+b^2)}{2\,b\,p}\,, \\[2mm] y = y_1 = \pm \dfrac{b}{a}\,x_1 + p = \dfrac{p^2-b^2}{2\,p}\,, \end{cases}$$

die Gleichungen von P_1. Sie zeigen, daß x_1, y_1 absolut um so größer werden, je kleiner p ist. Je näher somit die Gerade, und damit auch der Schnittpunkt mit der Hyperbel an eine der Asymptoten herankommt, um so weiter entfernt er sich von O. *Daraus erkennt man die Eigenschaft der Asymptoten, daß sich ihr die Hyperbeläste immer mehr nähern, ohne sie je zu erreichen.*

2. $b^2 - n^2 a^2 \neq 0$. Die Gerade hat *nicht* asymptotische Richtung, und die Gleichung für x ist quadratisch. Wir wenden daher die Sätze a) und b) an (Seite 99). Die Diskriminante D hat den Wert:

$$D = 4\big(n^2 p^2 a^4 + a^2 (b^2 - n^2 a^2)(b^2 + p^2)\big) = 4a^2 b^2 (b^2 - n^2 a^2 + p^2),$$

und die Gerade schneidet die Hyperbel in zwei voneinander verschiedenen reellen Punkten, berührt sie und ist Tangente, oder schneidet sie in zwei imaginären Punkten, je nachdem $D \gtreqless 0$ ist. Somit gilt, und zwar auch für den Fall der zur y-Axe parallelen Geraden der

47. Satz: *Eine Gerade hat keine Punkte mit einer Hyperbel gemein, wenn sie eine der beiden Asymptoten ist. Sie hat einen Schnittpunkt, wenn sie asymptotische Richtung hat, aber nicht durch den Nullpunkt geht. Hat sie nicht asymptotische Richtung, so schneidet sie die Hyperbel in zwei verschiedenen reellen Punkten, berührt sie, oder schneidet sie in zwei imaginären Punkten.*

In der höhern Geometrie, die die *uneigentlichen Elemente* einführt, berühren die Asymptoten die Hyperbel in je einem Punkte der unendlich fernen Geraden, und die Geraden mit asymptotischer Richtung schneiden die Hyperbel außer in dem endlichen Punkt noch in einem Punkte der unendlich fernen Geraden.

Für die Geraden, die nicht asymptotische Richtung haben, wollen wir den Fall der Tangente noch näher betrachten. Aus der quadratischen Gleichung erhält man für die Koordinaten des Berührungspunktes P_1, da $D=0$ oder $b^2 - n^2 a^2 + p^2 = 0$ ist:

$$P_1 \begin{cases} x = x_1 = \dfrac{a^2\,n\,p}{b^2 - a^2 n^2} = -\dfrac{a^2\,n}{p}\,, \\[2mm] y = y_1 = n\,x_1 + p = -\dfrac{a^2 n^2}{p} + p = -\dfrac{b^2}{p}\,. \end{cases}$$

Wie bei der Ellipse berechnen wir aus diesen beiden Gleichungen umgekehrt n, p:

$$p = -\frac{b^2}{y_1}\,, \quad n = -\frac{p\,x_1}{a^2} = \frac{b^2 x_1}{a^2 y_1}\,.$$

Die Bedingung für die Tangente lautet dann:

$$b^2 - n^2 a^2 + p^2 = - \frac{b^2}{a^2 y_1^2} \left(b^2 x_1^2 - a^2 y_1^2 - a^2 b^2 \right) = 0,$$

ist somit die Bedingung dafür, daß P_1 auf der Hyperbel liegt. Die Tangentengleichung hat jetzt, falls man für n, p die Werte in x_1, y_1 einsetzt, die Gestalt:

$$y = \frac{b^2 x_1}{a^2 y_1} x - \frac{b^2}{y_1},$$

oder, wenn man mit y_1/b^2 erweitert, alles nach rechts nimmt und die Seiten vertauscht:

$$\frac{x_1 x}{a^2} - \frac{y_1 y}{b^2} - 1 = 0.$$

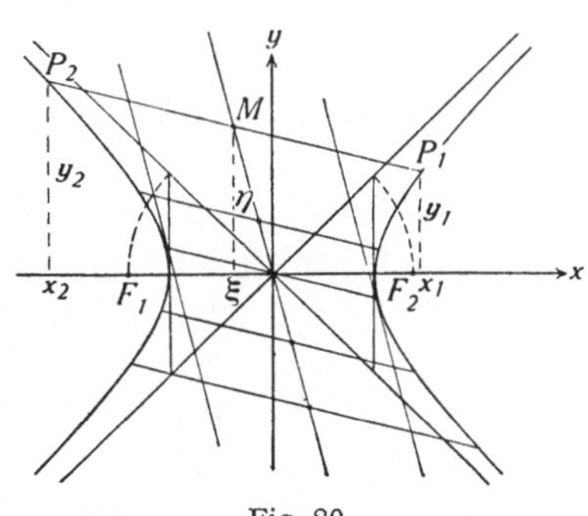

Fig. 80.

48. Satz: *Ist P_1 mit den Koordinaten x_1, y_1 ein Hyperbelpunkt, so ist:*

$$\frac{x_1 x}{a^2} - \frac{y_1 y}{b^2} - 1 = 0$$

die Gleichung der Tangente im Berührungspunkt P_1.

Dieser Satz gilt auch für die beiden zur y-Axe parallelen Tangenten $x = \pm a$.

Im Falle $D > 0$ haben wir bei Geraden ohne asymptotische Richtung zwei verschiedene Schnittpunkte P_1 und P_2, deren Abszissen x_1 und x_2 die Wurzeln der quadratischen Gleichung sind, und deren Ordinaten durch $y_1 = n x_1 + p$ und $y_2 = n x_2 + p$ gegeben sind. Nach Satz a) (Seite 99) ist:

$$x_1 + x_2 = \frac{2 a^2 n p}{b^2 - n^2 a^2}.$$

Die Koordinaten ξ, η des Mittelpunktes M der Sehne $P_1 P_2$ sind nach Satz 10:

$$\xi = \frac{x_1 + x_2}{2} = \frac{a^2 n p}{b^2 - n^2 a^2},$$

$$\eta = n \xi + p = \frac{a^2 n^2 p}{b^2 - n^2 a^2} + p = \frac{p b^2}{b^2 - n^2 a^2}.$$

Daraus folgt, daß *das Verhältnis:*

$$\frac{\eta}{\xi} = \frac{b^2}{n a^2}$$

von p unabhängig ist. Alle Punkte ξ, η, für die das Verhältnis η/ξ dasselbe ist, liegen auf einer Geraden durch O mit dem Richtungskoeffizient η/ξ (Figur 80). Eine solche heißt ein *Durchmesser der Hyperbel*, wobei wir zwischen *reellen* und *imaginären Durchmessern* unterscheiden. Die erstern liegen in denjenigen Ebenenteilen zwischen den Asymptoten, die die Brennpunkte enthalten, und schneiden die Hyperbel in zwei reellen Punkten. Der eigentliche reelle Durchmesser wird dann nur durch die Punkte zwischen den beiden Schnittpunkten gebildet. Die imaginären Durchmesser liegen in den beiden übrigen Ebenenteilen zwischen den Asymptoten und haben keine reellen Schnittpunkte mit der Hyperbel. Halten wir n fest, lassen aber p variieren, so wird die Gerade parallel verschoben. Ihre Mitte M bleibt aber immer auf dem Durchmesser mit dem Richtungskoeffizient:

$$n^* = \frac{b^2}{n\,a^2}\,.$$

49. Satz: *Die Mitten paralleler Sehnen der Hyperbel liegen auf einem Durchmesser.*

Man nennt die Richtung des Durchmessers *konjugiert zur Richtung der Geraden.* Gehen wir von einer Geraden mit der konjugierten Richtung aus, also mit dem Richtungskoeffizienten n^*, so hat ihre konjugierte Richtung den Koeffizienten:

$$n^{**} = \frac{b^2}{n^*\,a^2} = n.$$

Die konjugierte Richtung der konjugierten ist daher wieder die ursprüngliche Richtung, das heißt, die Mitten paralleler Sehnen mit dem Richtungskoeffizienten n^* liegen auf einem Durchmesser mit dem Richtungskoeffizienten n. Zu jedem Durchmesser gehört also ein zweiter mit der konjugierten Richtung, wobei er selbst zum zweiten konjugiert ist. Ein Paar solcher Durchmesser heißen *konjugiert.* Aus Satz 49 folgt:

50. Satz: *Sind zwei Durchmesser konjugiert, so halbiert jeder die zum andern parallelen Sehnen.*

Auch die beiden Symmetrieaxen sind konjugierte Durchmesser, und zwar die einzigen, die aufeinander senkrecht stehen, wie man sofort sieht. Von zwei konjugierten Durchmessern ist stets der eine reell, der andere imaginär. Die Asymptoten liegen also zwischen ihnen. Denn, ist derjenige mit dem Richtungskoeffizient n reell, so ist nach Definition:

$$-\frac{b}{a} < n < +\frac{b}{a}\,, \text{ oder } n^2 < \frac{b^2}{a^2}\,.$$

Dann muß aber:

$$n^{*2} = \frac{b^4}{n^2\,a^4} > \frac{b^2}{a^2}$$

sein, was die Bedingung für den imaginären Durchmesser ist.

Die Tangente im Hyperbelpunkt P_1 hat die Gleichung:

$$\frac{x_1\,x}{a^2} - \frac{y_1\,y}{b^2} - 1 = 0,$$

also den Richtungskoeffizienten:

$$n = \frac{b^2 x_1}{a^2 y_1}.$$

Anderseits hat der (reelle) Durchmesser durch P_1 den Richtungskoeffizienten:

$$n^* = \frac{y_1}{x_1}.$$

Somit ist:

$$nn^* = \frac{b^2}{a^2}, \text{ oder } n^* = \frac{b^2}{n a^2}.$$

Das heißt, die Tangente hat die konjugierte Richtung zum Durchmesser.

51. Satz: *Die Tangente im Endpunkt eines reellen Durchmessers hat die zum Durchmesser konjugierte Richtung.*

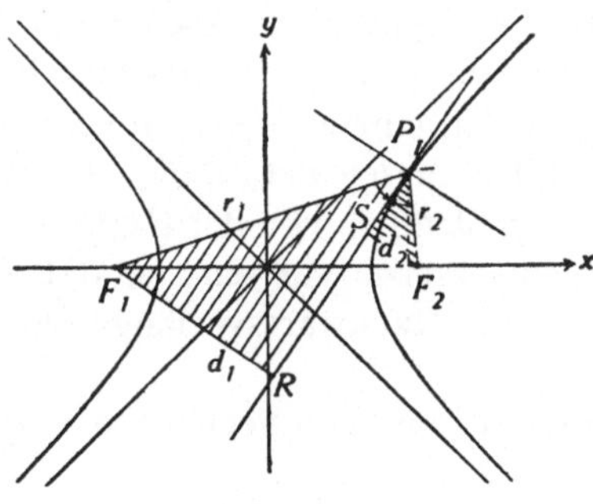

Fig. 81.

Um die Bedeutung des Namens «Brennpunkt» zu erläutern, wollen wir über die Tangente im Hyperbelpunkt P_1 mit den Koordinaten x_1, y_1 noch einen wichtigen Satz beweisen. Wir fällen von F_1 und F_2 die Lote mit den *positiven* Längen $\overline{F_1 R} = d_1$ und $\overline{F_2 S} = d_2$ auf die Tangente (Figur 81). Um diese nach Satz 8 zu berechnen, bringen wir die Gleichung der Tangente in P_1:

$$\frac{x_1 x}{a^2} - \frac{y_1 y}{b^2} - 1 = 0$$

durch Division mit

$$w = \sqrt[+]{\frac{x_1^2}{a^4} + \frac{y_1^2}{b^4}}$$

auf die Hessesche Normalform:

$$\frac{x_1 x}{w a^2} - \frac{y_1 y}{w b^2} - \frac{1}{w} = 0.$$

Da F_1 die Koordinaten $-c, 0$, F_2 die Koordinaten $c, 0$ hat, wird somit:

$$\mp d_1 = -\frac{x_1 c}{w a^2} - \frac{1}{w}, \text{ oder } \pm d_1 = \frac{a^2 + c x_1}{w a^2},$$

$$\pm d_2 = \frac{x_1 c}{w a^2} - \frac{1}{w}, \text{ oder } \pm d_2 = \frac{-a^2 + c x_1}{w a^2},$$

wobei das obere Zeichen zu nehmen ist, wenn P_1 auf der Seite von F_2, das untere, wenn P_1 auf der Seite von F_1 liegt. Anderseits fanden wir für die Brennstrahlen von P_1:

$$\pm a r_1 = \quad a^2 + c x_1 \,,$$
$$\pm a r_2 = -a^2 + c x_1 \,;$$

somit ergeben die Werte von d_1 und d_2 die Proportion:

$$d_1 : d_2 = r_1 : r_2 \,.$$

Man schließt daraus wie im Falle der Ellipse, daß die beiden Dreiecke $F_1 R P_1$ und $F_2 S P_1$ ähnlich sind. Die Winkel bei P_1 sind in beiden Dreiecken gleich, und die Tangente halbiert den Winkel der beiden Brennstrahlen von P_1.

52. Satz: *Die Tangente in einem Hyperbelpunkte halbiert den Winkel der beiden Brennstrahlen des Punktes.*

Daraus ergibt sich eine einfache Konstruktion der Tangente. Die *Normale* in P_1 halbiert den Winkel zwischen einem Brennstrahl und der Verlängerung des andern. Denkt man sich in einem Brennpunkt, etwa F_2, eine Licht- oder Wärmequelle, die nach allen Seiten geradlinige Licht- oder Wärmestrahlen aussendet, und werden diese Strahlen von der Hyperbel vollkommen, das heißt gemäß dem physikalischen Gesetz reflektiert, so daß Ein- und Ausfallwinkel gleich sind, so treffen sich die Rückwärtsverlängerungen der Strahlen im andern Brennpunkt F_1.

Um das Problem zu lösen, von dem gegebenen Punkt:

$$P_0 \begin{cases} x = x_0, \\ y = y_0, \end{cases}$$

die Tangenten an die Hyperbel zu legen, nehmen wir die Existenz einer solchen Tangente mit dem Berührungspunkt P_1 an. Ihre Gleichung ist:

$$\frac{x_1 x}{a^2} - \frac{y_1 y}{b^2} - 1 = 0.$$

Da sie durch P_0 geht, muß die Bedingung erfüllt sein:

$$\frac{x_1 x_0}{a^2} - \frac{y_1 y_0}{b^2} - 1 = 0.$$

Außerdem muß P_1 ein Hyperbelpunkt sein:

$$\frac{x_1^2}{a^2} - \frac{y_1^2}{b^2} - 1 = 0.$$

Alle Wertepaare x_1, y_1 sind gemeinsame Lösungen der beiden Gleichungen:

$$\frac{x_0 x}{a^2} - \frac{y_0 y}{b^2} - 1 = 0,$$
$$\frac{x^2}{a^2} - \frac{y^2}{b^2} - 1 = 0,$$

und umgekehrt müssen alle Lösungen dieser Gleichungen Koordinaten der Berührungspunkte von Tangenten an die Hyperbel von P_0 aus ergeben. Die erste Gleichung ist für $P_0 \neq O$ linear, also die Gleichung einer Geraden, die *die Polare zum Pol P_0* heißt. Jeder Punkt $P_0 \neq O$ besitzt eine Polare. In der *höhern Geometrie* sagt man, der Pol O hat als Polare die unendlich ferne Gerade. Ist P_0 auf der Hyperbel, so ist seine Polare die Tangente in P_0. Das Problem ist damit auf dasjenige des Schnittes der Polaren mit der Hyperbel zurückgeführt, das wir durch Satz 47 gelöst haben. Denn die Schnittpunkte müssen die Berührungspunkte der Tangenten von P_0 aus sein. Die Polare hat asymptotische Richtung, wenn ihr Richtungskoeffizient $= \pm \dfrac{b}{a}$ ist, das heißt, wenn:

$$\frac{b^2 x_0}{a^2 y_0} = \pm \frac{b}{a}, \text{ oder } \frac{y_0}{x_0} = \pm \frac{b}{a}$$

ist. Dann liegt aber P_0 auf einer der Asymptoten. In diesem und nur in diesem Falle haben wir nur einen einfachen Schnittpunkt der Polaren mit der Hyperbel. In allen andern Fällen haben wir zwei reelle, zwei zusammenfallende oder zwei

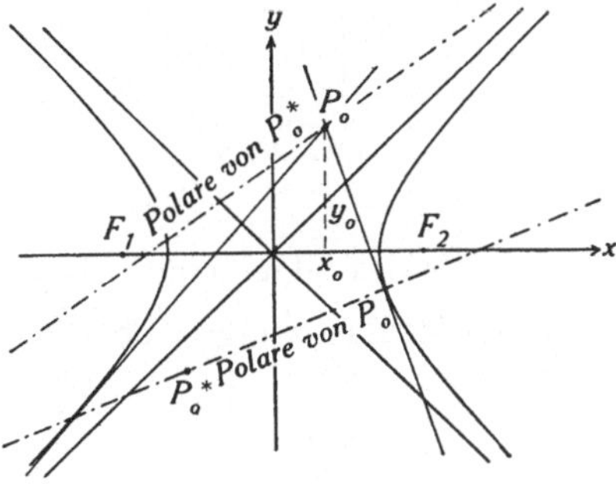

Fig. 82.

imaginäre Schnittpunkte (Figur 82). Im ersten Falle können wir zwei reelle Tangenten an die Hyperbel von P_0 aus legen, mit den Berührungspunkten P_1 und P_2. Ist P_0^* mit den Koordinaten x_0^*, y_0^* ein beliebiger Punkt der Polaren, also:

$$\frac{x_0 x_0^*}{a^2} - \frac{y_0 y_0^*}{b^2} - 1 = 0,$$

so geht offenbar die Polare von P_0^*:

$$\frac{x_0^* x}{a^2} - \frac{y_0^* y}{b^2} - 1 = 0,$$

durch den Pol P_0, da die Bedingungsgleichung identisch ist mit der vorigen. Daraus folgt, da jede Gerade, die kein Durchmesser ist, Polare eines Pols ist:

53. Satz: *Bewegt sich ein Punkt auf einer nicht durch den Nullpunkt gehenden Geraden, so dreht sich seine Polare um den Pol der Geraden.*

In der *höhern Geometrie* hat jeder Durchmesser als Pol einen Punkt der unendlich fernen Geraden.

Die Polaren der Brennpunkte heißen *die Leitlinien oder Directrix der Hyperbel*. Für die Brennpunkte ist $x_0 = \pm c$, $y_0 = 0$. Die Gleichungen der Leitlinien sind deshalb:

$$\pm \frac{cx}{a^2} - 1 = 0, \quad \text{oder} \quad x = \pm \frac{a^2}{c}.$$

Um sie zu konstruieren (Figur 83), schlägt man um O den Kreis mit dem Radius a, der die Asymptoten in den Punkten trifft, durch die die Leitlinien gehen.

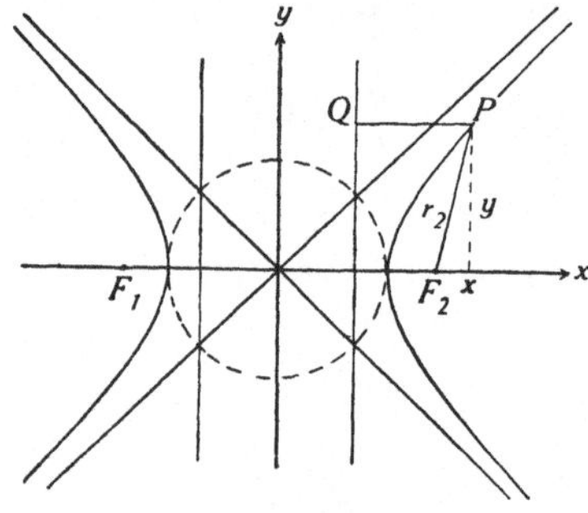

Fig. 83.

Der positive Normalabstand n eines allgemeinen Hyperbelpunktes von einer der Leitlinien, etwa derjenigen für das obere Zeichen $x = \dfrac{a^2}{c}$, ist

$$\pm n = x - \frac{a^2}{c} \; ;$$

anderseits fanden wir für den Brennstrahl r_2 von P:

$$\pm a\, r_2 = -a^2 + cx,$$

wo beidemal das obere Zeichen für Punkte P der Seite von F_2, das untere für diejenigen der Seite von F_1 zu wählen ist. Aus den gefundenen Ausdrücken folgt:

$$r_2 : n = c : a = \varepsilon : 1, \quad \varepsilon > 1.$$

Das Verhältnis ist somit für alle Hyperbelpunkte dasselbe, nämlich gleich der *Exzentrizität der Hyperbel.*

54. Satz: *Das Verhältnis der Entfernungen der Hyperbelpunkte von einem festen Punkt, dem Brennpunkt, und einer festen Geraden, der Leitlinie, ist konstant und größer als eins.*

Man kann beweisen, daß durch diese Eigenschaft die Hyperbel definiert werden kann.

Zum Schlusse fragen wir nach der Gleichung der Hyperbel, falls wir die Asymptoten als Koordinatenaxen wählen. Sie bilden ein im allgemeinen *schiefwinkliges* System. Wir wählen die Asymptote im IV. Quadranten als positive

x'-Axe, und diejenige im I. Quadranten als positive y'-Axe. Sie bilden den Winkel 2α miteinander, wo:

$$\cos\alpha = \frac{a}{c}, \quad \sin\alpha = \frac{b}{c}, \quad \operatorname{tg}\alpha = \frac{b}{a}, \quad \text{also } \sin 2\alpha = \frac{2\,a\,b}{c^2}$$

wird. Nur bei gleichseitigen Hyperbeln $a=b$ ist 2α ein rechter Winkel. Aus Figur 84 entnimmt man:

$$x = OQ + QP' = (y' + x')\cos\alpha = (y'+ x')\frac{a}{c},$$
$$y = RP - RP' = (y' - x')\sin\alpha = (y'- x')\frac{b}{c}.$$

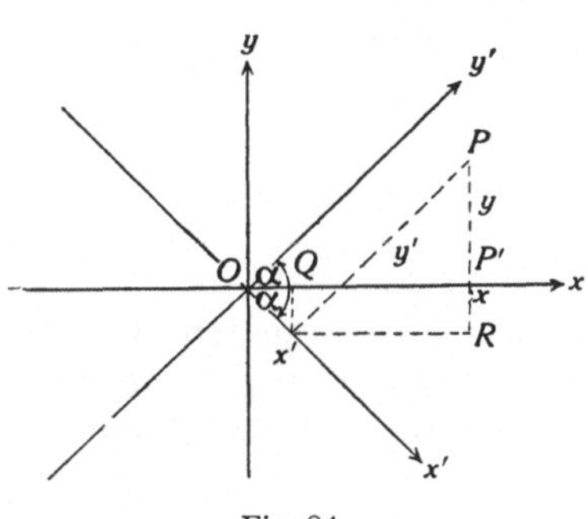

Fig. 84.

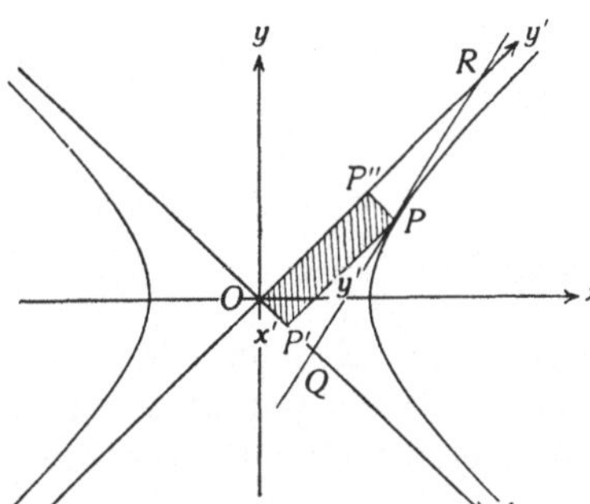

Fig. 85.

Man überzeugt sich, daß die Gleichungen allgemein gelten, und nicht nur für P im ersten Quadranten. Setzt man die Werte in der Hyperbelgleichung ein, so folgt:

$$b^2 (y' + x')^2 \frac{a^2}{c^2} - a^2 (y' - x')^2 \frac{b^2}{c^2} - a^2 b^2 = 0,$$

oder durch $4a^2b^2/c^2$ gekürzt und ausgerechnet:

$$x'y' = \frac{c^2}{4}.$$

Diese Gleichung läßt sich einfach geometrisch deuten (Figur 85). Der Flächeninhalt des Parallelogrammes $OP'PP''$ ist

$$x'y' \sin 2\alpha = \frac{2ab}{c^2}\, x'y'.$$

Da aber für die Hyperbelpunkte $x'y' = c^2/4$ ist, so muß der Flächeninhalt für jeden Hyperbelpunkt denselben Wert $\frac{1}{2}ab$ haben.

55. Satz: *Der Flächeninhalt des Parallelogrammes zwischen den Asymptoten und den Parallelen durch einen Hyperbelpunkt zu den Asymptoten hat für jeden Hyperbelpunkt denselben Wert.*

Um die Tangentengleichung in den neuen Koordinaten zu finden, nehmen wir einen Hyperbelpunkt P_1, dessen neue und alte Gleichungen:

$$P_1 \begin{cases} x = x_1, & x' = x_1', \\ y = y_1, & y' = y_1', \end{cases}$$

sind. Zwischen ihnen finden die Relationen statt:

$$x_1 = \frac{a}{c}\,(y_1' + x_1'),$$

$$y_1 = \frac{b}{c}\,(y_1' - x_1').$$

Ersetzt man die alten Koordinaten in der Tangentengleichung:

$$\frac{x_1 x}{a^2} - \frac{y_1 y}{b^2} - 1 = 0,$$

durch die neuen, so folgt:

$$\frac{1}{c^2}\big((y_1' + x_1')\,(y' + x') - (y_1' - x_1')\,(y' - x')\big) - 1 = 0,$$

oder:

$$y_1' x' + x_1' y' = \frac{c^2}{2},$$

wo $x_1' y_1' = \dfrac{c^2}{4}$ ist.

Dies ist die Gleichung der Tangente in den neuen Koordinaten. In ihren Schnittpunkten Q und R mit den Asymptoten ist $y' = 0$, respektive $x' = 0$. Daher erhält man für die Axenabschnitte auf den Asymptoten (Figur 85):

$$\overline{OQ} = \frac{c^2}{2\,y_1'},\ \overline{OR} = \frac{c^2}{2\,x_1'}.$$

Der Flächeninhalt J des Dreiecks OQR ist:

$$J = \frac{1}{2}\,\overline{OQ}\cdot\overline{OR}\,\sin 2\,\alpha = \frac{c^2 a\, b}{4\,x_1' y_1'}.$$

Berücksichtigt man hier die Bedingung für P_1 als Hyperbelpunkt, so wird:

$$J = a\,b.$$

56. Satz: *Der Flächeninhalt des Dreiecks, das die Tangente in einem Hyperbelpunkt mit den Asymptoten bildet, ist für jeden Hyperbelpunkt derselbe, nämlich gleich dem Produkt aus der reellen und imaginären Halbaxe der Hyperbel.*

In der Analysis nennt man deshalb die Hyperbel die Enveloppe aller Geraden, die mit zwei festen, sich schneidenden Geraden inhaltsgleiche Dreiecke bilden.

§ 4. Die Parabel

Wir haben in den bisherigen Paragraphen gesehen, daß die betrachteten Kurven eine gemeinsame Gleichung in Polarkoordinaten:

$$r = \frac{p}{1 - \varepsilon \cos \varphi}$$

besitzen. Sie stellt für $\varepsilon = 0$ einen Kreis, für $0 < \varepsilon < 1$ eine Ellipse und für $1 < \varepsilon$ einen Hyperbelast dar. Es fehlt der Fall $\varepsilon = 1$, und wir fragen, welches die Kurve ist, für die $\varepsilon = 1$ gilt? Um sie zu definieren, nehmen wir die in den Sätzen 43 und 54 erhaltenen Eigenschaften der Ellipse und Hyperbel zu Hilfe und übertragen sie auf den Fall $\varepsilon = 1$. Man definiert die neue Kurve, die *Parabel*, dann so: *Alle Punkte der Ebene, für die die Entfernungen von einem festen Punkt, dem Brennpunkt, und einer festen Geraden, der Leitlinie, gleich sind, liegen auf einer Parabel.* Die Verbindung eines Punktes P mit dem Brennpunkt heißt sein *Brennstrahl.* Wir werden sehen, daß die Parabel nur *eine Symmetrieaxe* besitzt. Denn es gibt nur eine einzige Umklappung der Ebene, die den Brennpunkt und die Leitlinie in sich überführt, nämlich diejenige um die Senkrechte auf der Leitlinie durch den Brennpunkt. In der Tat bleiben bei dieser die Längen der Brennstrahlen und der Normalabstände von der Leitlinie erhalten, die Parabel geht also in sich über.

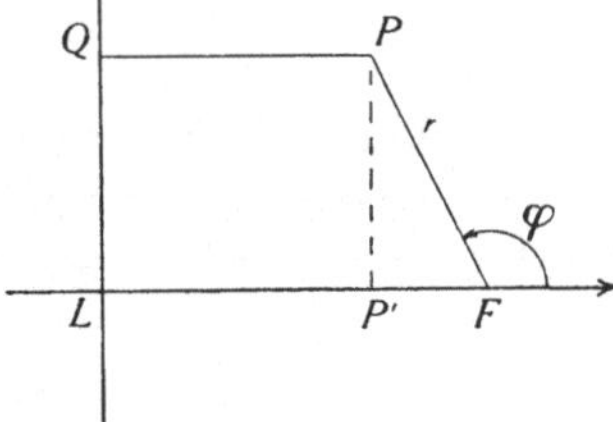

Fig. 86.

Um die Gleichung der Parabel zu finden, führen wir Polarkoordinaten r, φ ein (Figur 86), wobei wir den Pol in den Brennpunkt F und die Anfangsrichtung in die Symmetrieaxe, aber von der Leitlinie wegzeigend legen. Die Entfernung des Brennpunktes von der Leitlinie muß bekannt sein; wir bezeichnen sie mit $p > 0$. Dann ist für den allgemeinen Parabelpunkt P:

$$\overline{FP} = \overline{QP},$$

falls Q der Fußpunkt des Lotes von P auf die Leitlinie ist. $\overline{FP}$ ist der Radiusvektor r, und es ist $\overline{QP} = \overline{LP'} = p + \overrightarrow{FP'} = p + r\cos\varphi$ für jedes φ, das der Bedingung $0 < \varphi < 2\pi$ genügt. Daher folgt:

$$r = p + r\cos\varphi, \text{ oder } r = \frac{p}{1 - \cos\varphi}.$$

Damit ist die Gleichung der Parabel gefunden, die in der Tat die Form der Gleichung der Ellipse oder Hyperbel hat für $\varepsilon = 1$.

57. Satz: *Die Gleichung der Parabel in Polarkoordinaten lautet:*

$$r = \frac{p}{1 - \cos\varphi}, \quad p > 0,$$

wo der Pol im Brennpunkt liegt und die Anfangsrichtung in die entgegengesetzte Richtung des Lotes auf die Leitlinie fällt.

Der Nenner von r ist nur null für $\varphi = 0$, das heißt für die Anfangsrichtung. Für alle übrigen Winkel ist der Nenner stets positiv; daher gibt es, da auch p eine (positive) Länge ist, zu jedem $\varphi \neq 0$ ein bestimmtes r. Die Parabel muß somit eine um den Brennpunkt herumgehende Kurve sein, die nach der Anfangsrichtung hin offen ist, das heißt sich mit zwei Armen ins Unendliche erstreckt.

Ihre Konstruktion ist einfach, da auf jedem Kreis mit dem Radius $R > \dfrac{p}{2}$ um F zwei Parabelpunkte liegen, die auf ihm durch die Parallele zur Leitlinie im Abstand R herausgeschnitten werden. Kennt man von einer Parabel geometrisch die Leitlinie, die Symmetrieaxe und außerdem die Länge p, so gibt es je zwei Brennpunkte mit dem Normalabstand p von der Leitlinie, die bezüglich der letztern symmetrisch liegen. Geht für den Beschauer die Leitlinie von unten nach oben, so beschränken wir uns in der Zeichnung stets auf den Fall, daß der Brennpunkt *rechts* liegt. Die beiden Fälle kann man, außer durch Umklappung, auch durch *Bewegung* innerhalb der Ebene ineinander überführen.

Gehen wir jetzt zu rechtwinkligen Koordinaten über, so legen wir die x-Axe in die Symmetrieaxe, mit derselben Richtung wie die Anfangsrichtung des Polarkoordinatensystems. Damit werden in der allgemeinen Gleichung zweiten Grades:

$$A x^2 + 2Bxy + Cy^2 + 2Dx + 2Ey + F = 0$$

schon $B = 0$, $E = 0$. Dagegen kann jetzt allgemein nicht mehr D zu null gemacht werden. Um dafür $F = 0$ zu machen, legen wir den Nullpunkt nicht in den Fußpunkt L des Lotes von F auf die Leitlinie, sondern in die Mitte dieses Lotes. Da dieser Punkt gleichweit von F und der Leitlinie entfernt ist, ist er

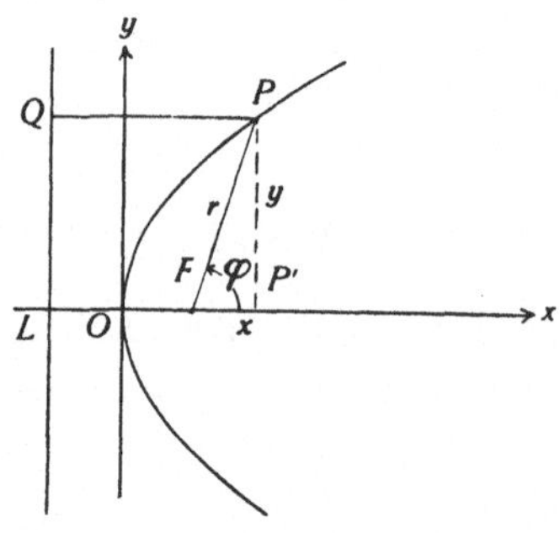

Fig. 87.

der Schnitt der Parabel mit der x-Axe. Da $x = 0$, $y = 0$ jetzt ein Punkt der Parabel ist, wird wirklich $F = 0$. Der gewählte Punkt O heißt *der Scheitel der Parabel*. Der Brennpunkt hat die Koordinaten $\dfrac{p}{2}, 0$. Für den allgemeinen Parabelpunkt P wird nach der Vektorrechnung $r \cos \varphi = x - \dfrac{p}{2}$ (Figur 87). Setzt man dies in $r = p + r \cos \varphi$ ein, so folgt:

$$r = \frac{p}{2} + x.$$

Den Brennstrahl können wir durch x allein berechnen. Jetzt muß noch r durch x, y ausgedrückt werden. Der Pythagoräische Lehrsatz ergibt für das Dreieck $FP'P$:

$$r^2 = \left(x - \frac{p}{2}\right)^2 + y^2,$$

also muß:

$$\left(x - \frac{p}{2}\right)^2 + y^2 = \left(\frac{p}{2} + x\right)^2,$$

oder ausgerechnet:

$$y^2 = 2\,p\,x$$

sein, womit die Gleichung in rechtwinkligen Koordinaten gefunden ist. Man sieht, daß in der allgemeinen Gleichung zweiten Grades nicht nur B, E, F, sondern auch A null ist.

Die Durchführung des Grundproblemes: Gerade und Parabel beginnen wir wieder mit den Parallelen zur y-Axe: $x = q$. Für ihre Schnittpunkte mit der Parabel muß:

$$y = \pm \sqrt{2\,p\,q}$$

sein. Wir erhalten zwei reelle verschiedene Schnittpunkte für $q > 0$, die Tangente in O für $q = 0$ und zwei imaginäre Schnittpunkte für $q < 0$.

Ist die Gerade nicht parallel zur y-Axe, so darf man ihre Gleichung in der expliziten Form:

$$y = n\,x + q$$

annehmen, wo jetzt der Axenabschnitt auf der y-Axe mit q bezeichnet wird, da über p schon verfügt ist. Für die Schnittpunkte P mit der Parabel gilt die Bedingungsgleichung:

$$(n\,x + q)^2 = 2\,p\,x, \quad \text{oder} \quad n^2 x^2 - 2\,(p - n\,q)\,x + q^2 = 0.$$

Wir unterscheiden die Fälle:

1. $n = 0$. Die Gerade ist parallel zur x-Axe, das heißt zur Symmetrieaxe; die Bedingungsgleichung lautet:

$$2\,p\,x - q^2 = 0,$$

woraus sich, da $p \neq 0$ ist, eine und nur eine Wurzel $x = x_1 = \dfrac{q^2}{2\,p}$ ergibt. Man sagt, alle Geraden mit dem Richtungskoeffizient $n = 0$ haben *asymptotische Richtung*. Sie besitzen einen einzigen Schnittpunkt P_1:

$$P_1 \begin{cases} x = \dfrac{q^2}{2\,p}, \\ y = q, \end{cases}$$

mit der Parabel.

2. $n \neq 0$. Die Gerade hat *nicht* asymptotische Richtung, und die Bedingungsgleichung für x ist quadratisch. Ihre Diskriminante D hat den Wert:

$$D = 4\left((p - n\,q)^2 - n^2\,q^2\right) = 4\,p\,(p - 2\,n\,q).$$

Im Falle $D > 0$ haben wir zwei reelle Schnittpunkte P_1 und P_2. Für $D = 0$ ist die Gerade Tangente an die Parabel, und ihr Schnittpunkt heißt der Berührungspunkt P_1. Eine Gerade ist also stets Tangente, wenn $p - 2nq = 0$ ist. Im Falle $D < 0$ sind beide Schnittpunkte imaginär. Somit gilt, und zwar auch im Falle der zur y-Axe parallelen Geraden, der:

58. Satz: *Eine Gerade schneidet die Parabel in einem Punkte, wenn sie asymptotische Richtung hat. Hat sie nicht asymptotische Richtung, so schneidet sie die Parabel in zwei verschiedenen reellen Punkten, berührt sie oder schneidet sie in zwei imaginären Punkten.*

In der *höhern Geometrie*, die die *uneigentlichen Elemente* einführt, sagt man, daß die Geraden mit asymptotischer Richtung die Parabel noch in ihrem Schnittpunkt mit der unendlich fernen Geraden schneiden.

Ist die Gerade Tangente, also $p = 2nq$, und P_1 mit den Koordinaten x_1, y_1 ihr Berührungspunkt, so ergibt die quadratische Gleichung für x_1 die Doppelwurzel:

$$x_1 = \frac{p - nq}{n^2} = \frac{q}{n},$$

somit:

$$y_1 = nx_1 + q = 2q.$$

Wie früher berechnen wir umgekehrt n, q aus x_1, y_1:

$$q = \frac{y_1}{2},$$

$$n = \frac{q}{x_1} = \frac{y_1}{2\,x_1}.$$

Die Bedingung $p = 2nq$ lautet jetzt:

$$p = \frac{y_1^2}{2\,x_1} \quad \text{oder} \quad y_1^2 = 2p\,x_1,$$

ist also die Parabelgleichung für P_1. Die Gleichung der Tangente wird:

$$y = \frac{y_1}{2\,x_1}\,x + \frac{y_1}{2},$$

oder mit y_1 erweitert und $2p x_1$ für y_1^2 gesetzt:

$$y_1 y = p\,(x + x_1).$$

59. Satz: *Ist P_1 mit den Koordinaten x_1, y_1 ein Parabelpunkt, so ist:*

$$y_1 y = p\,(x + x_1)$$

die Gleichung der Tangente im Berührungspunkt P_1.

Dieser Satz gilt auch für die zur y-Axe parallele Tangente $x = 0$ im Scheitel als Berührungspunkt. Man kann die Tangente leicht konstruieren; denn ihr Axenabschnitt auf der x-Axe ist: $x = -x_1$ (für $y = 0$). Spiegelt man somit x_1

an O, so erhält man den Schnittpunkt der x-Axe mit der Tangente in P_1 (Figur 88). Der Axenabschnitt auf der y-Axe ist $q=\frac{y_1}{2}$, kann also ebenfalls sofort konstruiert werden.

Im Falle $D>0$, $n\neq0$, haben wir die beiden verschiedenen reellen Schnittpunkte:

$$P_1 \begin{cases} x=x_1, \\ y=y_1, \end{cases} \qquad P_2 \begin{cases} x=x_2, \\ y=y_2, \end{cases}$$

und x_1, x_2 sind die Wurzeln der quadratischen Gleichung:

$$n^2 x^2 - 2(p-nq)x + q^2 = 0, \quad n\neq0;$$

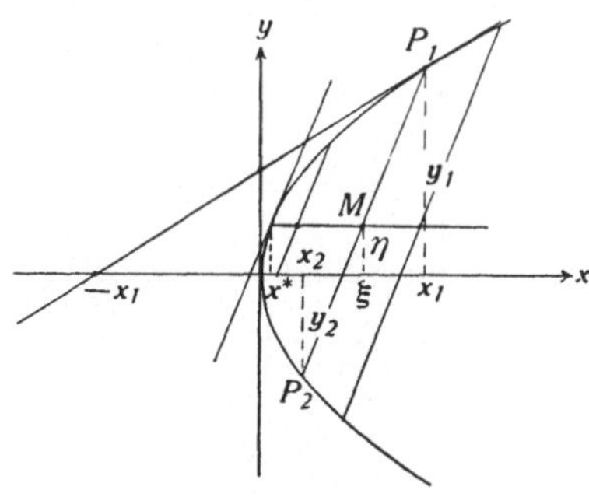

Fig. 88.

daher muß nach Satz a) (Seite 99):

$$x_1 + x_2 = \frac{2(p-nq)}{n^2}$$

sein. Sind ξ, η die Koordinaten des Mittelpunktes M der Sehne $P_1 P_2$, so ist nach Satz 10:

$$\xi = \frac{x_1+x_2}{2} = \frac{p-nq}{n^2},$$
$$\eta = n\xi + q = \frac{p-nq}{n} + q = \frac{p}{n}.$$

η ist von q unabhängig. Verschiebt man somit die Gerade parallel, so bleibt n und daher auch η unverändert. M kann sich nur auf einer Parallelen zur x-Axe bewegen. Wir wollen den Teil dieser Geraden von ihrem Schnittpunkt mit der Parabel nach rechts (das heißt nach der Richtung der x-Axe) einen *Durchmesser* der Parabel nennen. Ein Durchmesser hat somit stets asymptotische Richtung. Dies gilt auch für $\eta=0$, $n=\infty$, das heißt für die Parallelen zur y-Axe:

60. Satz: *Die Mitten paralleler Sehnen einer Parabel liegen auf einem Durchmesser.*

Ist umgekehrt $y=\eta=\frac{p}{n}\neq0$ die Gleichung eines Durchmessers, dessen (einziger) Schnittpunkt mit der Parabel die Abszisse x^* hat, so ist:

$$\eta y = p(x+x^*), \quad \eta\neq0,$$

die Gleichung der Tangente an die Parabel in diesem Punkte. Ihr Richtungs-koeffizient ist $\frac{p}{\eta} = n$, somit der gleiche wie derjenige der Sehnen, die von dem Durchmesser halbiert werden. Die Tangente ist also parallel zu diesen Sehnen.

61. Satz: *Die Tangente im Endpunkt eines Durchmessers ist parallel zu den Sehnen, die er halbiert.*

Auch dieser Satz gilt im Falle $\eta = 0$.

Da man die Tangente in dem Endpunkte eines Durchmessers konstruieren kann, kann man auch zu jedem gegebenen Durchmesser die Sehnen konstruieren, die er halbiert.

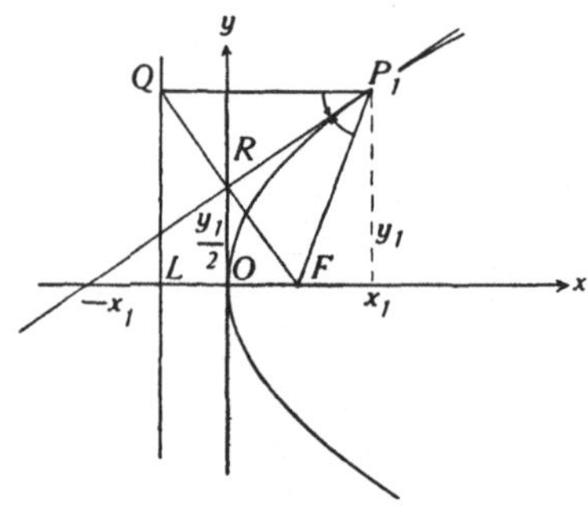

Fig. 89.

Ohne Rechnung, allein aus Figur 89, läßt sich über die Tangente ein wichtiger Satz beweisen. Ist P_1 mit den Koordinaten x_1, y_1 ein allgemeiner Parabelpunkt, so ist nach Definition $r = FP_1 = QP_1$, das Dreieck FP_1Q also gleichschenklig. Seine Basis FQ trifft die y-Axe im Punkte R mit der Ordinate $y_1/2$, da $OR : LQ = OF : LF = 1 : 2$ ist. Ebenso ist $RF : QF = 1 : 2$; daher ist R die Mitte von FQ. Da die Tangente in P_1 ebenfalls durch den Punkt R mit der Ordinate $y_1/2$ gehen muß, fällt RP_1 mit ihr zusammen. Nun ist RP_1 im gleichschenkligen Dreieck FP_1Q die Verbindungsstrecke der Mitte der Basis mit der Spitze, steht somit senkrecht auf der Basis FQ und halbiert den Winkel an der Spitze P_1. Letzteres gibt den

62. Satz: *Die Tangente in einem Parabelpunkte P_1 halbiert den Winkel, den der Brennstrahl von P_1 mit dessen Normalabstand von der Leitlinie bildet.*

Die *Normale* in P_1 halbiert daher den Winkel, den der Brennstrahl von P_1 mit dem Durchmesser in P_1 bildet. Liegt somit in F eine Licht- oder Wärmequelle, die nach allen Seiten geradlinige Strahlen aussendet, und ist die Parabel vollkommen, das heißt nach den physikalischen Gesetzen reflektierend, so daß Ein- und Ausfallwinkel gleich sind, so werden sämtliche Strahlen durch die Parabel in parallele Strahlen reflektiert. Umgekehrt, wenn zur Symmetrieaxe parallele einfallende Licht- oder Wärmestrahlen durch die Parabel vollkommen reflektiert werden, so sammeln sie sich im Brennpunkt.

Ist ein beliebiger Punkt P_0:

$$P_0 \begin{cases} x = x_0, \\ y = y_0, \end{cases}$$

gegeben, und sucht man alle Tangenten, die man von P_0 an die Parabel legen kann, so nehmen wir an, es existiere eine solche mit dem Berührungspunkt:

$$P_1 \begin{cases} x = x_1, \\ y = y_1. \end{cases}$$

Die Gleichung der Tangente ist:

$$y_1 y = p(x + x_1),$$

und da sie durch P_0 geht, muß:

$$y_1 y_0 = p(x_0 + x_1)$$

erfüllt sein. Außerdem liegt P_1 auf der Parabel, woraus:

$$y_1^2 = 2 p x_1$$

folgt. Die Koordinaten x_1, y_1 sind daher eine gemeinsame Lösung der beiden Gleichungen:

$$y_0 y = p(x + x_0),$$
$$y^2 = 2 p x.$$

Umgekehrt ergibt jedes Lösungspaar der beiden Bedingungsgleichungen die Koordinaten des Berührungspunktes einer Tangente von P_0 aus. Die erste Bedingungsgleichung ist linear, also die Gleichung einer Geraden, die man *die Polare zum Pol P_0 nennt*. Auf ihr liegen alle Berührungspunkte (Figur 90).

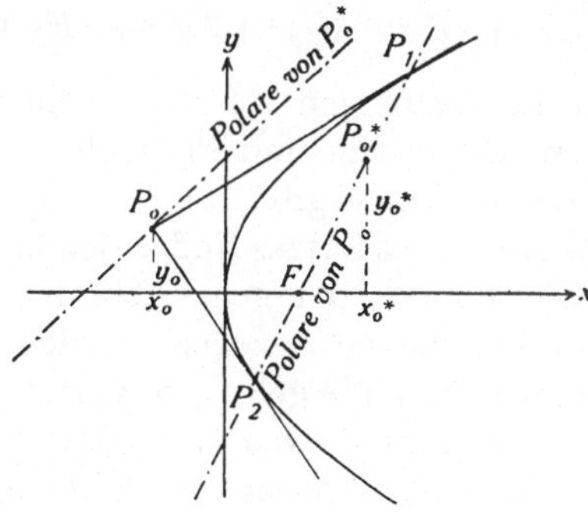

Fig. 90.

Damit ist das Problem auf das schon gelöste zurückgeführt, den Schnitt der Polaren mit der Parabel zu bestimmen. Ist P_0 ein Parabelpunkt, so ist seine Polare die Tangente in P_0. Die Polare hat für keinen Punkt asymptotische

Richtung. Also schneidet sie die Parabel stets in zwei verschiedenen reellen Punkten, berührt sie, oder schneidet sie in zwei imaginären Punkten. Man überzeugt sich leicht, daß der erste Fall eintritt, wenn P_0 im Äußern der Parabel liegt, das heißt in dem Ebenenteil, der F nicht enthält; der letzte tritt für die Punkte im Innern der Parabel ein, das heißt in dem Ebenenteil, der F enthält. Ist P_0^* ein Punkt der Polaren von P_0, also:

$$y_0 y_0^* = p\,(x_0^* + x_0),$$

wo $x_0^*,\ y_0^*$ die Koordinaten von P_0^* sind, so ist:

$$y_0^*\, y = p\,(x + x_0^*)$$

die Gleichung der Polaren von P_0^*. Diese geht aber durch P_0, da die Bedingung hierfür identisch ist mit der Bedingung, daß P_0^* auf der Polaren von P_0 liegt. Daraus folgt:

63. Satz: *Durchläuft ein Punkt eine zur Symmetrieaxe der Parabel nicht parallele Gerade, so dreht sich seine Polare um den Pol der Geraden.*

In der Tat sieht man sofort, daß jede nicht zur x-Axe parallele Gerade Polare eines bestimmten Punktes als Pol ist. In der *höhern Geometrie* haben die zur x-Axe parallelen Geraden einen Punkt der unendlich fernen Geraden als Pol.

§ 5. Die allgemeine Gleichung zweiten Grades

Wir können jetzt das Hauptproblem dieses Kapitels lösen: *Welches sind alle Kurven, die durch die allgemeine Gleichung:*

$$f(x, y) \equiv A x^2 + 2B\,xy + C y^2 + 2Dx + 2Ey + F = 0$$

dargestellt werden? Nach den bisherigen Resultaten müssen sich unter ihnen jedenfalls Kreise, Ellipsen, Hyperbeln und Parabeln finden. Das Ziel ist, zu beweisen, daß es keine weiteren mehr gibt.

Die Methode zum Beweise dieses Satzes findet sich in der Berücksichtigung der Tatsache, daß die Gleichungen der genannten Kurven bisher stets auf Symmetrieaxen als Koordinatenaxen bezogen wurden. Hätten wir ein beliebiges Koordinatensystem zu Grunde gelegt, so wären die Gleichungen auch viel komplizierter ausgefallen. Irgend zwei Koordinatensysteme hängen miteinander durch die *Koordinatentransformationsgleichungen* zusammen. Falls unser Satz richtig ist, müssen wir daher umgekehrt aus der allgemeinen Gleichung durch Anwendung von Transformationsgleichungen rückwärts die einfachern Gleichungen, die auf Symmetrieaxen bezogen sind, finden können. Dies haben wir im einzelnen durchzuführen.

Wir haben früher gesehen, daß der Nullpunkt dann und nur dann *Symmetriemittelpunkt* ist, wenn bei Vertauschung von x, y mit $-x, -y$ die Gleichung der Kurve ungeändert bleibt, wenn also $D = E = 0$ ist. Wir versuchen daher, ob wir nicht durch eine passende Translation:

$$x' = x - a, \qquad \text{respektive} \qquad x = x' + a,$$
$$y' = y - b, \qquad\qquad\qquad\qquad y = y' + b,$$

wobei a, b, die Koordinaten des neuen Nullpunktes O', noch zu wählen sind, erreichen können, daß die Koeffizienten von x', y' in der neuen Gleichung null sind. Nun wird:

$$f(x,y) \equiv f(x'+a, y'+b) \equiv A(x'+a)^2 + 2B(x'+a)(y'+b) + C(y'+b)^2 + $$
$$+ 2D(x'+a) + 2E(y'+b) + F = 0,$$

oder geordnet:

$$f(x,y) \equiv Ax'^2 + 2Bx'y' + Cy'^2 + 2(Aa+Bb+D)x' + 2(Ba+Cb+E)y' + $$
$$+ f(a,b) = 0.$$

Soll somit O' Symmetriemittelpunkt sein, so muß:

$$Aa + Bb + D = 0,$$
$$Ba + Cb + E = 0,$$

werden. Wir müssen die beiden Fälle unterscheiden:

I. $AC - B^2 \neq 0$. Die Größe $AC - B^2$ ist algebraisch *die Determinante* Δ:

$$\Delta = \begin{vmatrix} A & B \\ B & C \end{vmatrix} = AC - B^2$$

des Systems der beiden linearen Gleichungen mit zwei Unbekannten a, b. Eliminiert man b respektive a aus den Gleichungen, so folgt:

$$\Delta a = EB - DC,$$
$$\Delta b = -EA + DB.$$

Wir erhalten somit im Falle $\Delta \neq 0$ eine und nur eine Lösung a, b, für die die Gleichung der Kurve im neuen Koordinatensystem lautet:

$$Ax'^2 + 2Bx'y' + Cy'^2 = L, \quad L = -f(a,b).$$

Wir nennen sie *die Mittelpunktsgleichung der Kurve*, da O' jetzt ihr Symmetriemittelpunkt ist. Im Falle I besitzt die Kurve somit stets einen solchen. Ist $B = 0$, so sind auch die x'- und y'-Axe Symmetrieaxen. Ist $B \neq 0$, so versuchen wir, ob durch *Drehung* des Koordinatensystems um den Winkel φ, wo $0 < \varphi < 2\pi$ sein muß, nicht erreicht werden kann, daß in der Gleichung bezüglich des gedrehten Systems $B = 0$ wird. Sind x'', y'' die neuen Axen, so lauten die Transformationsgleichungen der Drehung um φ (Figur 91):

$$x'' = x' \cos\varphi + y' \sin\varphi, \qquad \text{respektive} \qquad x' = x'' \cos\varphi - y'' \sin\varphi,$$
$$y'' = -x' \sin\varphi + y' \cos\varphi, \qquad\qquad\qquad\qquad y' = x'' \sin\varphi + y'' \cos\varphi.$$

Die Mittelpunktsgleichung hat für x'', y'' die Gestalt:

$$A' x''^2 + 2 B' x'' y'' + C' y''^2 = L,$$

wo:

$$A' = A \cos^2 \varphi + 2 B \cos \varphi \, \sin \varphi + C \sin^2 \varphi,$$
$$B' = -A \cos \varphi \sin \varphi + B (\cos^2 \varphi - \sin^2 \varphi) + C \cos \varphi \sin \varphi,$$
$$C' = A \sin^2 \varphi - 2 B \cos \varphi \sin \varphi + C \cos^2 \varphi$$

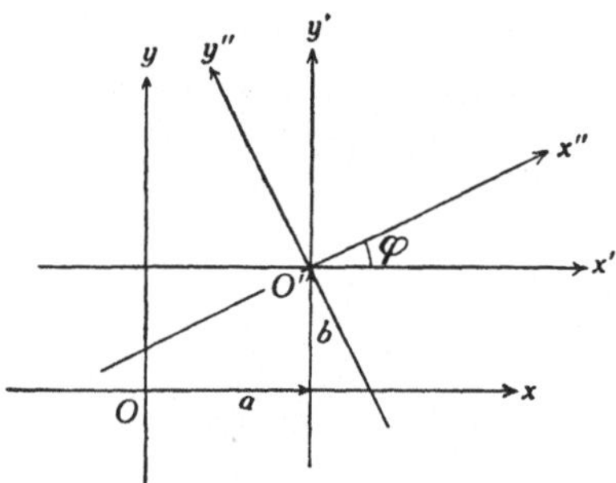

Fig. 91.

ist. Damit $B' = 0$ wird, muß daher φ so gewählt werden, daß:

$$-(A - C) \cos \varphi \sin \varphi + B (\cos^2 \varphi - \sin^2 \varphi) = 0$$

wird. Um φ hieraus zu berechnen, erweitern wir mit 2 und führen den doppelten Winkel 2φ ein:

$$-(A - C) \sin 2\varphi + 2 B \cos 2\varphi = 0,$$

woraus:

$$\operatorname{tg} 2 \varphi = \frac{2 B}{A - C}$$

folgt. Diese Formel gilt auch für $A = C$, da dann $\cos 2\varphi = 0$ sein muß. In jedem Fall ist, da $B \neq 0$ ist, 2φ zwischen 0 und π, also φ zwischen 0 und $\frac{\pi}{2}$ bestimmt. Die Gleichung der Kurve, bezogen auf das $x'' y''$-Koordinatensystem, lautet jetzt:

$$A' x''^2 + C' y''^2 = L.$$

Nun gilt, wie eine elementare Ausrechnung zeigt, für einen beliebigen Winkel φ die Identität:

$$A' C' - B'^2 \equiv AC - B^2.$$

Speziell wird für den Winkel φ, der $B' = 0$ bewirkt:

$$A' C' = AC - B^2 \neq 0.$$

Daher sind A' und C' nicht null für den betreffenden Winkel φ. Dieses Resultat ergibt für die Diskussion nur folgende Unterfälle:

1. $L=0$. Die Gleichung der Kurve lautet:

$$A'x''^2 + C'y''^2 = 0,$$

woraus sich zwei Lösungen:

$$y'' = \pm \sqrt{-\frac{A'}{C'}x''},$$

ergeben, die die Gleichungen von zwei durch O' gehenden Geraden sind. Sie sind dann und nur dann reell, wenn $A'C'<0$ ist (Figur 92). *Unsere Kurve besteht somit aus zwei sich schneidenden Geraden, die im Falle $A'C'<0$ reell, im Falle $A'C'>0$ konjugiert imaginär sind.* In letzterm Falle gibt es nur den einen reellen Punkt $x''=0$, $y''=0$, der die Kurvengleichung befriedigt.

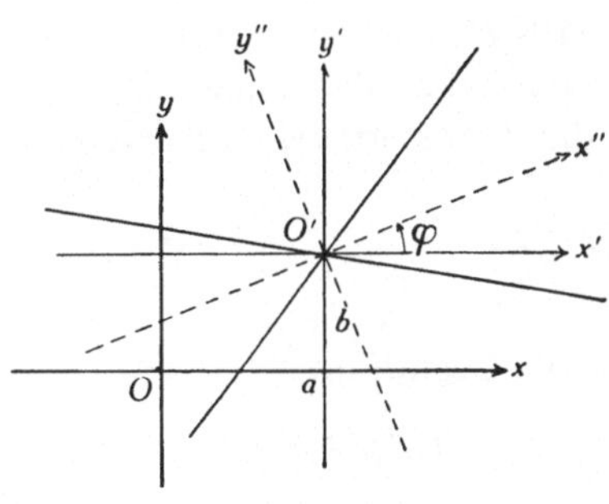

Fig. 92.

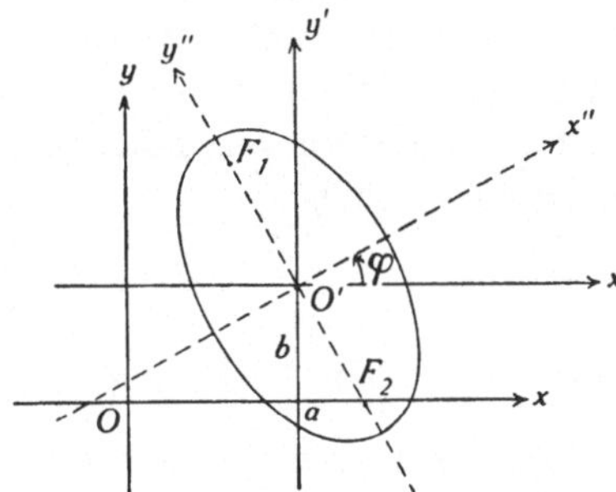

Fig. 93.

2. $L \neq 0$. Man schreibt die Gleichung in der Form:

$$\frac{A'x''^2}{L} + \frac{C'y''^2}{L} - 1 = 0.$$

Ist:

a) $A'C'>0$, so besitzen A' und C' gleiches Vorzeichen. Haben beide das entgegengesetzte Vorzeichen von L, so gibt es keine reellen Punkte, die der Gleichung genügen. Haben aber beide das Vorzeichen von L, so erhält man eine *Ellipsengleichung*, deren Halbaxen a,b durch:

$$\frac{A'}{L} = \frac{1}{a^2}, \quad \frac{C'}{L} = \frac{1}{b^2}$$

gegeben sind (Figur 93). Im speziellen kann die Gleichung, wenn $a=b$ ist, eine *Kreisgleichung* sein. Faßt man die erste Möglichkeit als eine imaginäre Ellipse oder einen imaginären Kreis auf, so kann man sagen, daß im Falle $A'C'>0$ die Kurve stets eine Ellipse (inklusive Kreis) ist. Ist aber

b) $A'C'<0$, so besitzen A' und C' verschiedenes Vorzeichen. Man setzt:

$$\frac{A'}{L} = \pm \frac{1}{a^2}, \quad \frac{C'}{L} = \mp \frac{1}{b^2},$$

wobei das obere Zeichen zu nehmen ist, wenn A' und L gleiches Vorzeichen haben, das untere, wenn sie verschiedenes Vorzeichen haben. Dann lautet die Gleichung der Kurve:

$$\pm\,\frac{x''^2}{a^2}\mp\frac{y''^2}{b^2}-1=0.$$

Sie stellt uns stets eine *Hyperbel* dar mit den Halbaxen a,b. a ist die reelle Halbaxe bei dem obern, und die imaginäre Halbaxe bei dem untern Vorzeichen.

Damit sind alle Möglichkeiten erschöpft, und wir sehen zusammenfassend, daß *im Fall I für $A'C'=AC-B^2>0$ als reelle Kurven eine Ellipse (inklusive Kreis), für $A'C'=AC-B^2<0$ eine Hyperbel (inklusive zwei sich schneidende Geraden) erhalten werden.*

II. $AC-B^2=0$. In diesem Falle lassen sich a,b nicht eindeutig aus den beiden Gleichungen berechnen. Die Kurve hat keinen oder unendlich viele Symmetriemittelpunkte. Wir versuchen jetzt, falls $B\neq0$ ist, statt durch Translation, durch Drehung des xy-Koordinatensystems die allgemeine Gleichung zweiten Grades zu vereinfachen. Setzen wir die Transformationsgleichungen der Drehung um φ:

$$x=x'\cos\varphi-y'\sin\varphi,$$
$$y=x'\sin\varphi+y'\cos\varphi,$$

in der allgemeinen Gleichung ein, so nimmt sie die Gestalt an:

$$f(x,y)\equiv A'x'^2+2B'x'y'+C'y'^2+2D'x'+2E'y'+F=0,$$

wo A',B',C' genau die Abkürzungen des Falles I (Seite 138) und:

$$D'=\quad D\cos\varphi+E\sin\varphi,$$
$$E'=-D\sin\varphi+E\cos\varphi,$$

sind. Wir fragen, ob wir φ nicht so wählen können, daß $B'=0$ wird? Dies hat den Vorteil, daß wegen unserer frühern Identität:

$$A'C'-B'^2\equiv AC-B^2$$

auch $A'C'-B'^2$, also A' oder C' null sein müssen, so daß unsere allgemeine Gleichung bedeutend vereinfacht wird. Die Gleichung $B'=0$ oder:

$$-(A-C)\cos\varphi\sin\varphi+B(\cos^2\varphi-\sin^2\varphi)=0$$

dividieren wir durch $\cos^2\varphi$ und erhalten:

$$-(A-C)\operatorname{tg}\varphi+B(1-\operatorname{tg}^2\varphi)=0,\quad\text{oder}\quad B\operatorname{tg}^2\varphi+(A-C)\operatorname{tg}\varphi-B=0.$$

Die Diskriminante $\varDelta$ der quadratischen Gleichung in $\operatorname{tg}\varphi$ ist, da $AC=B^2$ sein muß:

$$\varDelta=(A-C)^2+4B^2=(A-C)^2+4AC=(A+C)^2.$$

Somit erhalten wir die beiden Wurzeln:

$$\operatorname{tg}\varphi=\frac{-(A-C)\pm(A+C)}{2B},$$

das heisst:

$$\operatorname{tg}\varphi = -\frac{A}{B} \text{ und } \operatorname{tg}\varphi = \frac{C}{B},\ B \neq 0.$$

Nehmen wir etwa die erste Wurzel, setzen also:

$$\operatorname{tg}\varphi = -\frac{A}{B},\ B \neq 0,$$

so ist damit ein fester Winkel φ gegeben, der den Bedingungen $0 < \varphi < \pi$ und $\varphi \neq \frac{\pi}{2}$ genügt. Für denselben wird auch $A' = 0$, da wegen $AC = B^2$:

$$A' = A\cos^2\varphi + 2B\cos\varphi\sin\varphi + C\sin^2\varphi = \cos^2\varphi\,(A + 2B\operatorname{tg}\varphi + C\operatorname{tg}^2\varphi)$$

$$= \cos^2\varphi\left(A - 2B\frac{A}{B} + C\frac{A^2}{B^2}\right) = 0$$

wird. Die allgemeine Gleichung in bezug auf das gedrehte $x'y'$-System lautet jetzt:

$$C'y'^2 + 2D'x' + 2E'y' + F = 0.$$

Ist schon $B = 0$, so ist A oder C null. Im ersten Fall hat die Gleichung dasselbe Aussehen in bezug auf das xy-Koordinatensystem. Im zweiten Fall muß die Rolle von x und y vertauscht werden. Wir dürfen daher in jedem Falle die Gleichung in der erhaltenen Form annehmen. Die Diskussion ergibt die Unterfälle:

1. $C' = 0$. Die Gleichung ist linear und stellt eine Gerade dar. Wir schließen diesen Fall aus.

2. $C' \neq 0$. Wir dividieren die Gleichung durch C' und schreiben:

$$y'^2 + 2dx' + 2ey' + f = 0.$$

Dies ergibt folgende Unterfälle:

a) $d = 0$. Die Gleichung enthält x' nicht und ergibt für y' zwei Wurzeln:

$$y' = -e \pm \sqrt{e^2 - f}.$$

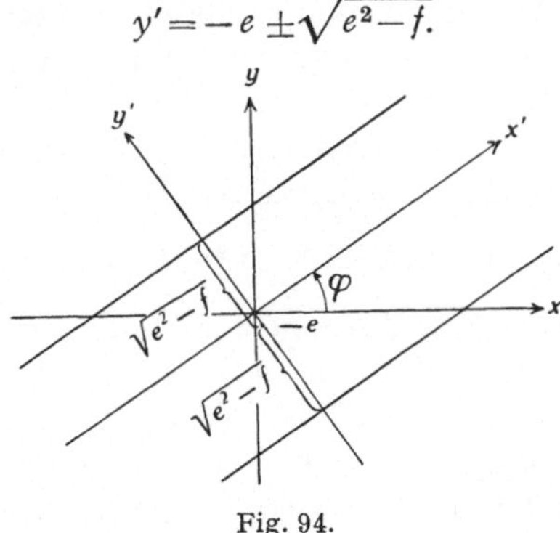

Fig. 94.

Sind beide reell und verschieden, so stellen uns die beiden Gleichungen zwei zur x'-Axe parallele Geraden dar (Figur 94). Sind die Wurzeln gleich, also $e^2 = f$, so erhalten wir eine zur x'-Axe parallele und doppelt zu zählende Gerade.

Sind die beiden Wurzeln konjugiert komplex, so erhalten wir zwei konjugiert imaginäre Geraden.

b) $d \neq 0$. Wir machen die Translation (Figur 95):

$$x'' = x' - \frac{e^2 - f}{2d}, \quad x' = x'' + \frac{e^2 - f}{2d},$$
$$y'' = y' + e, \quad\quad y' = y'' - e.$$

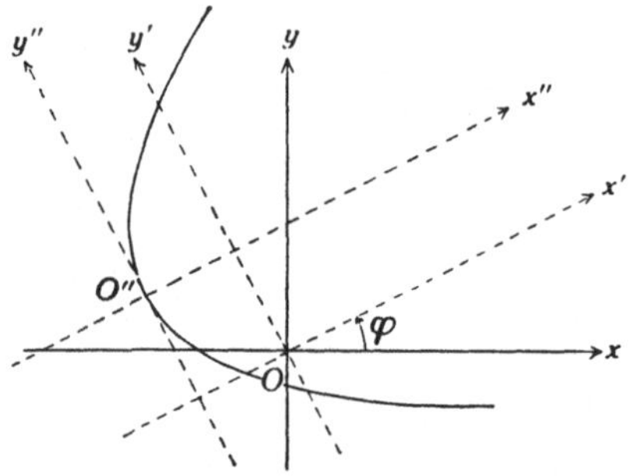

Fig. 95.

Der neue Koordinatenanfangspunkt O' hat die Gleichungen:

$$O' \begin{cases} x' = \dfrac{e^2 - f}{2d}, \\ y' = - e, \end{cases}$$

und die Gleichung der Kurve in bezug auf das $x''y''$-Axensystem lautet:

$$y''^2 = -2dx'', \quad d \neq 0.$$

Dies ist eine Parabel mit dem Parameter $p = -d$. Je nachdem d negativ oder positiv ist, liegt die Parabel auf der Seite der positiven oder negativen x''-Axe.

Damit sind alle Möglichkeiten erschöpft, und wir erhalten im Falle II stets eine Parabel oder zwei parallele (oder zusammenfallende) Geraden. Letztere besitzen unendlich viele Symmetriemittelpunkte, nämlich alle Punkte, die entgegengesetzt gleichen Abstand von den beiden Geraden haben und somit selbst auf einer Geraden liegen.

Wir fassen die beiden Fälle durch den Hauptsatz zusammen:

VI. Hauptsatz: *Die allgemeine quadratische Gleichung:*

$$f(x, y) \equiv Ax^2 + 2Bxy + Cy^2 + 2Dx + 2Ey + F = 0$$

stellt eine Ellipse (inklusive Kreis) dar, falls $AC - B^2 > 0$ ist; eine Parabel, wenn $AC - B^2 = 0$ ist, und eine Hyperbel, wenn $AC - B^2 < 0$ ist. Dabei kann die Parabel in zwei parallele oder zusammenfallende Geraden, die Hyperbel in zwei sich schneidende reelle oder konjugiert imaginäre Geraden ausarten, und außerdem sind imaginäre Ellipsen oder Kreise und imaginäre parallele Geraden möglich.

Bekanntlich bezeichnet man die im VI. Hauptsatz genannten Kurven als *Kegelschnitte und ihre Ausartungen.* Zwischen diesen und den Gleichungen zweiten Grades besteht daher eine umkehrbar eindeutige Beziehung. Damit ist das Ziel dieses Kapitels erreicht.

Kapitel IV.

DIE RAUMFLÄCHEN ZWEITEN GRADES

Die Fragestellung, die wir im III. Kapitel in der Ebene behandelt haben, wollen wir in diesem Kapitel auf den Raum übertragen. Im II. Kapitel sahen wir, daß zwischen den linearen Gleichungen von drei Variablen und den Ebenen im Raum eine umkehrbar eindeutige Beziehung besteht. Welches sind alle Raumflächen, die durch die nächst kompliziertere Gleichung, nämlich die quadratische Gleichung von drei Variablen:

$$f(x,y,z) \equiv A x^2 + B y^2 + C z^2 + 2 D x y + 2 E x z + 2 F y z + 2 G x + 2 H y + 2 J z + K = 0$$

dargestellt werden? In den nächsten Paragraphen werden wir Typen von solchen Flächen besprechen, die eine quadratische Gleichung besitzen. Das Ziel ist, zu beweisen, daß damit alle Flächen zweiten Grades erhalten sind. Wir werden diese Umkehrung allerdings wegen der vielen auftretenden Unterfälle nicht mehr beweisen, sondern nur noch aussprechen. Man führt den Beweis mit denselben Methoden wie im ebenen Falle, indem man durch Koordinatentransformation die allgemeine Gleichung auf diejenigen einfachen Fälle zurückführt, bei denen Koordinatenebenen zu Symmetrieebenen werden.

§ 1. Die Zylinderfläche zweiten Grades

Wir stellen die Zylinderflächen an die Spitze, weil wir über sie einen Satz beweisen werden, den wir in den folgenden Paragraphen ständig benutzen müssen. Wir nehmen an, in der allgemeinen quadratischen Gleichung von drei Variablen fehle die eine Variable, etwa z. Sie hat somit die gleiche Gestalt wie die im letzten Paragraphen des III. Kapitels betrachtete Gleichung:

$$f(x,y) \equiv A x^2 + 2 B x y + C y^2 + 2 D x + 2 E y + F = 0,$$

und stellt nach Hauptsatz VI. in der xy-Koordinatenebene unseres Raumkoordinatensystems einen *Kegelschnitt* oder dessen *Ausartungen* dar (Figur 96). Errichten wir in jedem seiner Punkte die Gerade parallel zur z-Axe oder senkrecht auf der xy-Ebene, so besitzen alle Punkte dieser Senkrechten einen Punkt des Kegelschnittes als Normalprojektion auf die xy-Ebene. Darum befriedigen die Koordinaten dieser Punkte die Gleichung $f(x, y) = 0$. Andere Punkte des Raumes können dagegen die Gleichung nicht befriedigen; denn ihre Projektionen auf die xy-Ebene würden nicht in den Kegelschnitt fallen. Daraus erkennen wir, daß sich die Zylinderfläche aus einer unendlichen Schar von Geraden zusammensetzt, die alle parallel sind und auf einer zu ihnen senkrechten Ebene einen Kegelschnitt (oder die Ausartung eines solchen) ausschneiden. Man sagt, die Fläche entsteht durch Parallelverschiebung einer Geraden. Sie ist eine *Regelfläche*, und zwar eine spezielle Regelfläche, weil die Bewegung nicht allgemein ist, sondern die Gerade stets parallel zu der vorhergehenden Lage bleibt. Jede durch Parallelverschiebung einer Geraden erhaltene Regelfläche heißt eine *Zylinderfläche*. Wegen der zweiten Eigenschaft, daß die Geraden auf einer zu den Geraden senkrechten Ebene einen Kegelschnitt herausstechen, nennt man unsere Zylinderfläche vom *zweiten Grade*.

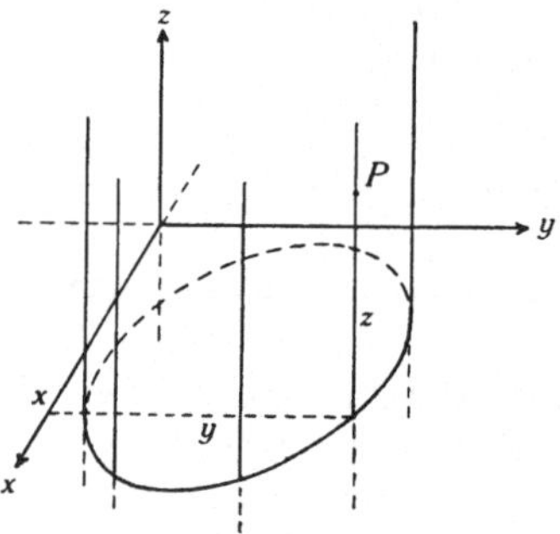

Fig. 96.

Die Geraden der Zylinderfläche heißen *die Erzeugenden des Zylinders*. Jede zu den Erzeugenden senkrechte Ebene ist Symmetrieebene des Zylinders. Neben diesen unendlich vielen Symmetrieebenen besitzt die Zylinderfläche noch Symmetrieebenen, die durch die Symmetrien des Kegelschnittes bedingt sind. Zum Beispiel nennt man die Fläche:

$$x^2 + y^2 - R^2 = 0$$

einen *Kreiszylinder*, und alle durch die z-Axe gehenden Ebenen sind hier Symmetrieebenen.

Um allgemein Flächen zu studieren, werden wir sie mit Ebenen schneiden, die parallel zu einer Koordinatenebene sind, und hierauf die Schnittkurven diskutieren. Aus letztern kann man die Fläche wieder zusammensetzen. Bei den Zylinderflächen kommen in erster Linie die Schnitte parallel zur xy-Ebene in Frage. Alle diese Schnittkurven müssen mit dem Kegelschnitt in der xy-Ebene kongruent sein; sie sind nur parallel verschoben. Wir haben daher den

64. Satz: *Die Zylinderflächen zweiten Grades werden von allen auf ihren Erzeugenden senkrechten Ebenen in kongruenten Kegelschnitten geschnitten.*

Die ebenen Schnitte parallel zur yz-Ebene werden durch $x=a$ gegeben, wo a eine feste Zahl ist. Wir erhalten den zu $x=a$ gehörenden Schnitt, indem wir denjenigen der *Geraden* $x=a$ mit dem Kegelschnitt $f(x,y)=0$ in der xy-Ebene bestimmen. Dieses Problem ist im letzten Kapitel völlig gelöst worden. Nehmen wir an, es existiere ein reeller Schnittpunkt:

$$P \begin{cases} x=a, \\ y=b, \end{cases} f(a,b)=0,$$

so liegen auch alle Punkte der Erzeugenden in P sowohl auf der Ebene $x=a$ wie auf dem Zylinder. Daher schneidet jede Ebene $x=a$ die Zylinderfläche entweder in keinen reellen Punkten oder in Erzeugenden. Ist die Gerade $x=a$ Tangente an den Kegelschnitt, so heißt die Ebene $x=a$ *Tangentialebene*. Sie *berührt* die Zylinderfläche längs der ganzen Erzeugenden durch P.

Von besonderer Bedeutung ist der oben definierte Kreiszylinder. Denn die Gerade, deren Bewegung parallel zur z-Axe den Kreiszylinder erzeugt, behält ihren Normalabstand zur z-Axe. Man kann den Kreiszylinder somit durch *Rotation* einer Geraden um eine zu ihr parallele zweite Gerade erhalten denken. Eine Fläche, die durch Rotation einer ebenen Kurve um eine Gerade in ihrer Ebene erzeugt wird, heißt eine *Rotationsfläche*. Der Kreiszylinder ist daher ein *Rotationszylinder*, und zwar der einzige seiner Art.

§ 2. Die Kugel

Die Kugel ist die einzige Fläche zweiten Grades, die wir *geometrisch* und nicht analytisch definieren wollen: *Alle Punkte des Raumes, die von einem festen Punkt, dem Mittelpunkt oder Zentrum, gleichen Abstand haben, liegen auf einer Kugel.* Der feste Abstand heißt *der Radius $R>0$* der Kugel. Aus der Definition ergibt sich, daß der Mittelpunkt Symmetriemittelpunkt, und daß alle Ebenen durch ihn Symmetrieebenen sein müssen. Letztere schneiden die Kugel in einem Kreis mit dem Radius R, weil auf ihr die Definition der Kreispunkte vom ersten Paragraphen des letzten Kapitels mit der Definition der Kugelpunkte übereinstimmt. Da durch jeden Raumpunkt $P \neq O$ ein Vektor $\mathbf{r}=\overrightarrow{OP}$ gegeben ist, wo O das Zentrum der Kugel sei, so hat für alle Kugelpunkte der Vektor $\mathbf{r}$ dieselbe Länge $|\mathbf{r}|=R$; für die Punkte des *Äußern* der Kugel ist $|\mathbf{r}|>R$, für diejenigen des Innern $|\mathbf{r}|<R$. Man kann daher sagen, daß ein allgemeiner Punkt P außerhalb, auf oder innerhalb der Kugel liegt, je nachdem:

$$|\mathbf{r}| \gtreqless R$$

ist, wo $\mathbf{r}=\overrightarrow{OP}$ bedeutet. Legt man in O ein rechtwinkliges Koordinatensystem, so ist aber:

$$|\mathbf{r}|^2 = x^2+y^2+z^2.$$

Daraus folgt:

65. Satz: *Ein Punkt P mit den Koordinaten x, y, z liegt außerhalb, auf oder innerhalb einer Kugel um den Nullpunkt des Koordinatensystems, je nachdem*:

$$x^2+y^2+z^2-R^2 \gtreqless 0$$

ist, wo R der Radius der Kugel ist.

Die Größe $d=x^2+y^2+z^2-R^2$ heißt die *Potenz des Punktes P in bezug auf die Kugel.* Aus Satz 65 folgt, daß $d=0$ oder:

$$x^2+y^2+z^2-R^2=0$$

die Gleichung der Kugel ist. Sie ist wirklich vom *zweiten* Grade in x, y, z.

Da $z=c$ die Gleichung einer Ebene parallel zur xy-Ebene ist, erhalten wir die Bedingung für die ebenen Schnitte parallel zur xy-Ebene, wenn wir $z=c$ in die Gleichung der Kugel einsetzen:

$$x^2+y^2-(R^2-c^2)=0.$$

Dies ist die Gleichung der Normalprojektion des Schnittes auf die xy-Ebene.

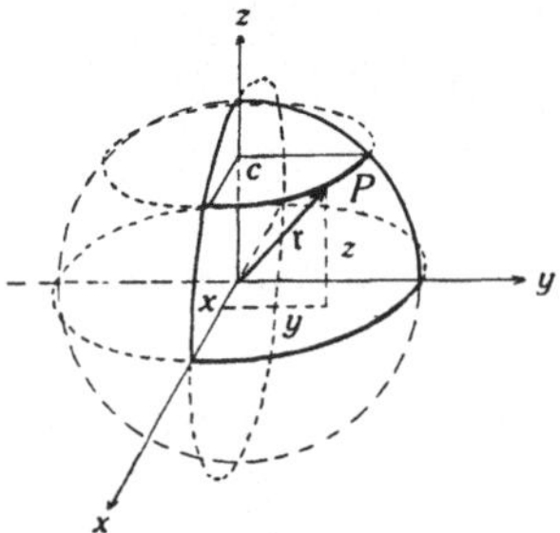

Fig. 97.

Da aber alle Projizierenden einen Zylinder, dessen Erzeugenden parallel zur z-Axe sind, bilden, muß diese Projektion kongruent sein mit dem Schnitt selbst (Satz 64). *Wir dürfen daher sagen, daß $x^2+y^2-(R^2-c^2)=0$ die Gleichung des Schnittes selbst ist.* Wir unterscheiden die drei Fälle (Figur 97):

1. $-R<c<R$, oder $c^2<R^2$. Dann ist $R^*=\overset{+}{\sqrt{R^2-c^2}}$ reell und:

$$x^2+y^2-R^{*2}=0$$

die Gleichung eines Kreises mit dem Radius R^*. Für $c=0$ ist $R^*=R$, für $c\neq0$ ist $0<R^*<R$. Man nennt Kreise auf der Kugel mit dem Radius R *Großkreise*. Alle Ebenen schneiden somit die Kugel in Kreisen, die nur im Falle, daß die Ebenen durch den Mittelpunkt gehen, Großkreise sind.

2. $c=\pm R$ oder $c^2=R^2$. Die Gleichung lautet:

$$x^2+y^2=0$$

und besitzt nur einen reellen Lösungspunkt $x=0$, $y=0$. Man nennt die beiden Ebenen *Tangentialebenen* an die Kugel, die die Kugel in $x=0$, $y=0$, $z=\pm R$ *berühren*; der Radius des Berührungspunktes heißt *Berührungsradius*. Da derselbe in die z-Axe fällt, steht jede der Ebenen auf ihm senkrecht.

3. $c>R$ oder $c<-R$, das heißt $c^2>R^2$. Jetzt ist $R^*=\sqrt[+]{c^2-R^2}$ reell und

$$x^2+y^2+R^{*2}=0$$

die Gleichung des Schnittes. Sie hat keine reellen Lösungen, da $R^*>0$ ist. Die Ebene verläuft ganz außerhalb der Kugel.

Zusammenfassend können wir sagen, eine Ebene schneidet eine Kugel in einem Kreise, berührt sie in einem Punkte oder verläuft ganz außerhalb von ihr, je nachdem das Quadrat ihres Normalabstandes $|c|$ vom Mittelpunkt $\lessgtr R^2$ ist. Diese Resultate haben wir nur für die zur xy-Ebene parallelen Schnitte bewiesen; wir können sie aber sofort auf eine beliebige Ebene ausdehnen. Denn sind ξ_3, η_3, ζ_3 die Richtungskosinusse der Normalen z' der Ebene gemäß ihrer HESSEschen Normalform, so können wir in der durch O gehenden Parallelebene ein rechtwinkliges $x'y'$-Koordinatenkreuz so wählen, daß x', y', z' ein Dreibein bilden. Sind ξ_1, η_1, ζ_1 die Richtungskosinusse der neuen x'-Axe, ξ_2, η_2, ζ_2 diejenigen der neuen y'-Axe, so lauten nach den Formeln von Seite 71 die Transformationsformeln so:

$$x=\xi_1 x'+\xi_2 y'+\xi_3 z',$$
$$y=\eta_1 x'+\eta_2 y'+\eta_3 z',$$
$$z=\zeta_1 x'+\zeta_2 y'+\zeta_3 z',$$

und die Gleichung der Kugel behält wegen der zwischen den ξ, η, ζ bestehenden Beziehungen (S. 70) die Form:

$$x'^2+y'^2+z'^2-R^2=0.$$

Jetzt können wir wie oben die Parallelschnitte zur $x'y'$-Ebene untersuchen und finden für jede Ebene den Satz:

66. Satz: *Eine Ebene schneidet eine Kugel vom Radius R in einem Kreis, berührt sie in einem Punkte oder verläuft außerhalb von ihr, je nachdem ihr Normalabstand von dem Zentrum der Kugel $\lessgtr R$ ist.*

Im mittlern Falle heißt die Ebene *Tangentialebene*. Für sie gilt der

67. Satz: *Die Tangentialebene in einem Punkt der Kugel steht senkrecht auf dem Berührungsradius.*

Mit Hilfe dieses Satzes kann man leicht die Gleichung der Tangentialebene im Kugelpunkt:

$$P_1 \begin{cases} x=x_1, \\ y=y_1, \\ z=z_1 \end{cases}$$

als Berührungspunkt herleiten. Denn der Vektor $\overrightarrow{OP_1}$ hat die Länge R und die Richtungskosinusse:

$$\xi=\frac{x_1}{R}, \qquad \eta=\frac{y_1}{R}, \qquad \zeta=\frac{z_1}{R}.$$

Wegen Satz 67 ist er der Normalvektor auf der Tangentialebene in P_1. Die HESSEsche Normalform der letztern muß somit:

$$\frac{x_1}{R}\,x + \frac{y_1}{R}\,y + \frac{z_1}{R}\,z - R = 0$$

sein. Erweitert man sie mit R, so ergibt:

$$x_1 x + y_1 y + z_1 z - R^2 = 0,$$

wo:

$$x_1^2 + y_1^2 + z_1^2 - R^2 = 0$$

sein muß, *die Gleichung der Tangentialebene in P_1*.

   Ist:

$$P_0 \begin{cases} x = x_0, \\ y = y_0, \\ z = z_0 \end{cases}$$

ein beliebiger von O verschiedener Punkt, so kann man nach allen Tangentialebenen fragen, die man durch ihn an die Kugel legen kann. Existiert eine solche mit dem Berührungspunkt:

$$P_1 \begin{cases} x = x_1, \\ y = y_1, \\ z = z_1, \end{cases}$$

so ist:

$$x_1 x + y_1 y + z_1 z - R^2 = 0$$

die Gleichung der Tangentialebene, und da sie durch P_0 gehen soll, muß:

$$x_1 x_0 + y_1 y_0 + z_1 z_0 - R^2 = 0$$

sein. Da außerdem x_1, y_1, z_1 der Kugelgleichung genügen, so müssen diese Koordinaten gemeinsame Lösungen der beiden Gleichungen:

$$x_0 x + y_0 y + z_0 z - R^2 = 0,$$
$$x^2 + y^2 + z^2 - R^2 = 0$$

sein. Umgekehrt ergibt jede gemeinsame Lösung den Berührungspunkt einer Tangentialebene durch P_0 an die Kugel. Die erste Gleichung ist linear, also wegen $P_0 \neq O$ die Gleichung einer Ebene, die *die Polarebene zum Pol P_0* heißt. Das Problem ist zurückgeführt auf dasjenige des Schnittes der Polarebene mit der Kugel, das in Satz 66 gelöst wurde. Um die Lage der Polarebene festzulegen, bringen wir ihre Gleichung auf die HESSEsche Normalform, indem wir sie durch $r_0 = \overset{+}{\sqrt{x_0^2 + y_0^2 + z_0^2}}$ dividieren:

$$\frac{x_0}{r_0}\,x + \frac{y_0}{r_0}\,y + \frac{z_0}{r_0}\,z - \frac{R}{r_0}\,R = 0.$$

r_0 ist die Länge des Vektors $\mathbf{r}_0 = \overrightarrow{OP_0}$; seine Richtungskosinusse sind:

$$\xi_0 = \frac{x_0}{r_0},\ \ \eta_0 = \frac{y_0}{r_0},\ \ \zeta_0 = \frac{z_0}{r_0}.$$

Dies sind die ersten drei Koeffizienten der HESSEschen Normalform der Ebene; daher muß $\mathfrak{r}_0$ auf der Ebene senkrecht stehen, und die Polarebene muß den Normalabstand $\dfrac{R}{r_0}R$ vom Nullpunkt haben. Ist P_0 außerhalb der Kugel, also $r_0 > R$, so ist $\dfrac{R}{r_0}R < R$; ist $r_0 = R$, so ist $\dfrac{R}{r_0}R = R$, und ist P_0 innerhalb der Kugel, also $r_0 < R$, so ist $\dfrac{R}{r_0}R > R$. Somit ergibt Satz 66 den

68. Satz: *Die Polarebene steht senkrecht auf dem Radiusvektor des Poles. Sie schneidet die Kugel in einem Kreis, berührt sie oder liegt ganz außerhalb der Kugel, je nachdem der Pol außerhalb, auf oder innerhalb der Kugel liegt.*

Liegt P_0 außerhalb der Kugel, so erhalten wir einen reellen Schnittkreis mit der Kugel. Jeder Punkt desselben ist Berührungspunkt einer Tangentialebene durch P_0 an die Kugel. Verbinden wir alle seine Punkte mit P_0, so erhalten wir einen aufrechten Kreiskegel (Figur 98), da der Schnittpunkt von $\mathfrak{r}_0$ mit der Polarebene den Mittelpunkt des Kreises ergibt. Dieser Kreiskegel ist die Enveloppe aller Tangentialebenen durch P_0 an die Kugel. Die Erzeugenden des Kreiskegels sind Tangenten an die Kugel.

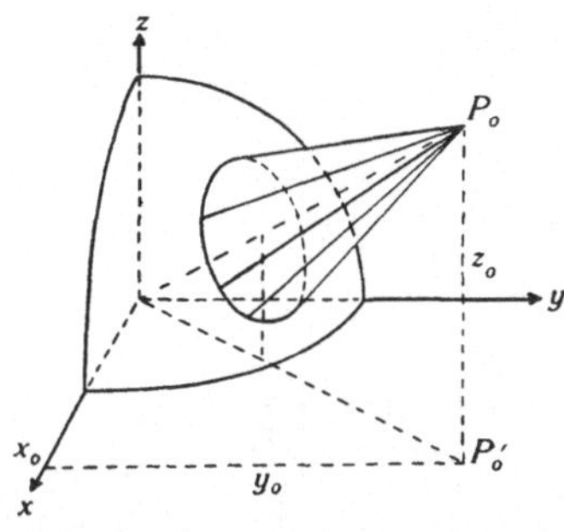

Fig. 98.

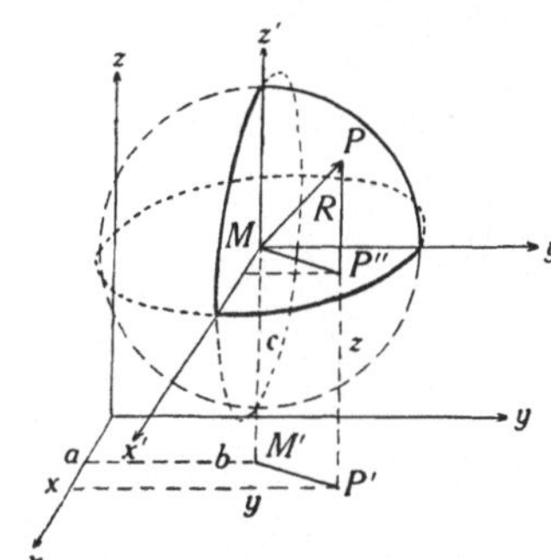

Fig. 99.

Betrachtet man mehrere nicht konzentrische Kugeln, so kann der Nullpunkt nicht in jedem Mittelpunkt liegen. Wir müssen deshalb auch die *allgemeine Gleichung der Kugel* herleiten, deren Mittelpunkt ein beliebiger Punkt (Figur 99):

$$M \begin{cases} x = a, \\ y = b, \\ z = c \end{cases}$$

ist. Dieser Fall wird zurückgeführt auf den frühern, indem man die Translation:

$$\begin{aligned} x' &= x - a, & x &= x' + a, \\ y' &= y - b, \quad \text{oder} \quad y &= y' + b, \\ z' &= z - c, & z &= z' + c \end{aligned}$$

mit dem neuen Koordinatenanfangspunkt M und den neuen Axen x', y', z' ausführt. Im neuen System lautet die Kugelgleichung:

$$x'^2 + y'^2 + z'^2 - R^2 = 0,$$

oder, wenn man hier die alten Koordinaten wieder einführt:

$$(x-a)^2 + (y-b)^2 + (z-c)^2 - R^2 = 0,$$

welches die *allgemeine Kugelgleichung* ist. Löst man die Quadrate auf, ordnet und erweitert mit $\lambda \neq 0$, so kommt:

$$\lambda(x^2 + y^2 + z^2) + Ax + By + Cz + D = 0, \quad \lambda \neq 0,$$

wo:

$$A = -2\lambda a, \quad B = -2\lambda b, \quad C = -2\lambda c, \quad D = \lambda(a^2 + b^2 + c^2 - R^2)$$

gesetzt ist. Algebraisch ist sie vom zweiten Grade in x, y, z, wobei die Quadrate der drei Variablen denselben Koeffizienten haben, und die Glieder xy, xz, yz nicht auftreten. Umgekehrt stellt eine Gleichung mit diesen algebraischen Eigenschaften stets eine Kugel dar, was wieder mittels der *Methode der quadratischen Ergänzung* bewiesen wird. Denn dividiert man die Gleichung durch $\lambda \neq 0$ und addiert und subtrahiert die Größe:

$$\frac{A^2}{(2\lambda)^2} + \frac{B^2}{(2\lambda)^2} + \frac{C^2}{(2\lambda)^2},$$

so folgt:

$$(x-a)^2 + (y-b)^2 + (z-c)^2 - R^2 = 0,$$

falls man:

$$a = -\frac{A}{2\lambda}, \quad b = -\frac{B}{2\lambda}, \quad c = -\frac{C}{2\lambda}, \quad R = \overset{+}{\underset{}{\sqrt{}}} \left(\frac{A}{2\lambda}\right)^2 + \left(\frac{B}{2\lambda}\right)^2 + \left(\frac{C}{2\lambda}\right)^2 - \frac{D}{\lambda}$$

setzt. Dies ist aber eine Kugelgleichung mit den Koordinaten a, b, c des Mittelpunktes und dem Radius R. Damit die Umkehrung allgemein gültig ist, muß man imaginäre Kugeln zulassen, deren Radius null oder imaginär sein kann.

Sind zwei nicht konzentrische Kugeln K_1 und K_2 mit den Gleichungen:

$$(K_1) \equiv (x-a_1)^2 + (y-b_1)^2 + (z-c_1)^2 - R_1^2 = 0,$$
$$(K_2) \equiv (x-a_2)^2 + (y-b_2)^2 + (z-c_2)^2 - R_2^2 = 0$$

gegeben, und fragt man nach ihrem Schnitt, das heißt ihren gemeinsamen Punkten, so müssen diese auch die beiden Gleichungen:

$$(K_1) = 0, \quad (K_1) - (K_2) = 0$$

befriedigen, und umgekehrt sind alle Lösungen der letztern auch solche der erstern. Die Gleichung:

$$(K_1) - (K_2) \equiv 2(a_2 - a_1)x + 2(b_2 - b_1)y + 2(c_2 - c_1)z + a_1^2 - a_2^2 + b_1^2 - b_2^2 + c_1^2 - c_2^2 -$$
$$- R_1^2 + R_2^2 = 0$$

ist, da die Kugeln nicht konzentrisch sind, die Gleichung einer Ebene, der *Potenzebene der beiden Kugeln*. Alle ihre Punkte haben gleiche Potenz in bezug auf beide Kugeln. Das Problem ist damit auf das Problem zurückgeführt, den Schnitt der Potenzebene mit der Kugel zu bestimmen; dieses ist durch Satz 66 völlig gelöst, und man erhält den

69. Satz: *Zwei nicht konzentrische Kugeln schneiden sich in einem Kreis, berühren sich oder haben keine reellen Punkte gemein.*

Wie im Falle des Kreises kann man beweisen, daß die Potenzebenen von drei nicht konzentrischen Kugeln, die nicht gleiche Richtung haben, demselben Ebenenbüschel angehören.

§ 3. Die Kegel zweiten Grades

Alle durch eine Gleichung der Form:

$$f(x,y,z) \equiv Ax^2 + By^2 + Cz^2 + 2Dxy + 2Exz + 2Fyz = 0$$

gegebenen Flächen heißen Kegel zweiten Grades. In der Gleichung fehlen die linearen Glieder und das konstante Glied. Algebraisch nennt man eine solche Funktion $f(x,y,z)$ *eine quadratische Form.* Sie ist ganz und rational in x,y,z, und jedes Glied der Summe hat in den Variablen dieselbe Dimension 2. Dies bedeutet, daß man bei Ersetzung von x,y,z durch tx,ty,tz, wo t ein beliebiger Parameter ist, in jedem Glied den Faktor t^2 herausheben kann. Es ist also identisch in t:

$$f(tx,ty,tz) \equiv t^2 f(x,y,z).$$

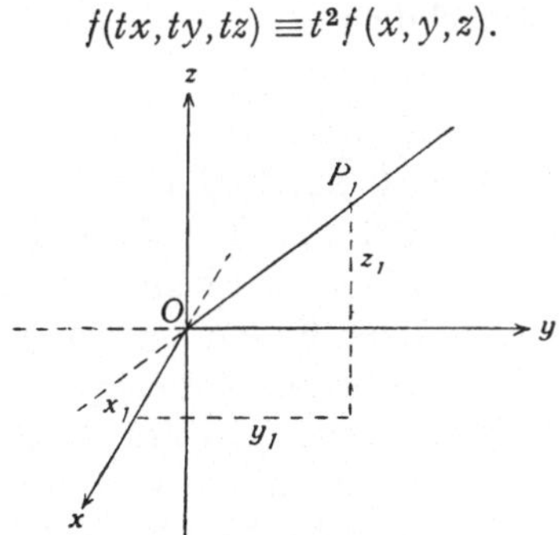

Fig. 100.

Da man drei Variable hat, spricht man von einer *ternären quadratischen Form.* Was sagen diese *algebraischen* Eigenschaften *geometrisch* aus? Da das konstante Glied null ist, ist sicherlich der Nullpunkt ein Punkt des Kegels. Nehmen wir an, es gebe noch einen zweiten von O verschiedenen Punkt P_1 des Kegels (Figur 100):

$$P_1 \begin{cases} x = x_1, \\ y = y_1, \\ z = z_1; \end{cases}$$

dann muß:

$$f(x_1, y_1, z_1) = 0$$

sein. Durch O und $P_1 \neq O$ ist eine Gerade gegeben, deren Gleichungen wir in der uniformisierten Form:

$$x = t\, x_1,$$
$$y = t\, y_1,$$
$$z = t\, z_1$$

annehmen dürfen, wo t alle reellen Zahlen durchläuft. Für einen beliebigen Punkt dieser Geraden wird:

$$f(x, y, z) = f(t\, x_1, t\, y_1, t\, z_1) = t^2 f(x_1, y_1, z_1) = 0,$$

das heißt *alle* Punkte der Geraden liegen auf dem Kegel. Man nennt sie eine *Erzeugende des Kegels;* sie geht durch den Nullpunkt, der *die Spitze des Kegels* heißt. Jeder Punkt des Kegels liegt auf einer Erzeugenden, und der Kegel ist wieder eine *Regelfläche*, deren Erzeugenden alle durch die Spitze gehen. Wir untersuchen zuerst die ebenen Schnitte des Kegels parallel zur xy-Ebene, also mit den Ebenen $z = c$. Die Gleichung:

$$f(x, y, c) = 0$$

ist die Gleichung der Projektion auf die xy-Ebene, also auch des Schnittes selbst (Satz 64). Sie ist eine allgemeine Gleichung zweiten Grades in x, y, die nach dem VI. Hauptsatze des letzten Kapitels einen Kegelschnitt oder dessen Ausartungen darstellt, und zwar haben wir eine Ellipse (inklusive Kreise), eine Parabel oder Hyperbel, je nachdem:

$$AB - D^2 \gtreqless 0$$

ist. Legt man umgekehrt für $c \neq 0$ durch O und jeden Punkt dieses Kegelschnittes die Erzeugenden, so erhält man den Kegel. Die Ausartungen ergeben zwei verschiedene oder zusammenfallende Ebenen durch O, können also außer acht gelassen werden. In den übrigen Fällen kann man durch die Methode der Transformation des Koordinatensystems beweisen, daß der Kegel zwei aufeinander senkrechte Symmetrieebenen besitzen muß, die man als xz- und yz-Ebene wählen kann. Da dann sowohl die Vertauschung von x in $-x$, als diejenige von y in $-y$ die Gleichung des Kegels nicht ändert, so müssen in ihr D, E, F null sein. Die Gleichung hat dann die Gestalt:

$$A x^2 + B y^2 + C z^2 = 0.$$

Es ist somit auch die xy-Ebene Symmetrieebene. Da wir die Ausartungen ausgeschlossen haben, können A, B, C nicht null sein. Sie können auch nicht alle drei dasselbe Vorzeichen besitzen, da wir sonst keine reellen Punkte außer der Spitze erhalten würden. Wir setzen voraus, daß etwa

$$A > 0, \quad B > 0, \quad C < 0$$

sei. Dividieren wir die Gleichung durch $-C$ und setzen:

$$a = \sqrt[+]{-\frac{C}{A}}\,,\ b = \sqrt[+]{-\frac{C}{B}}\,,$$

so erhält die Gleichung die Gestalt:

$$\frac{x^2}{a^2} + \frac{y^2}{b^2} - z^2 = 0.$$

a,b sind reell und positiv. Die Schnittkurven mit den Ebenen $z=c$ haben die Gleichungen (Satz 64):

$$\frac{x^2}{(c\,a)^2} + \frac{y^2}{(c\,b)^2} - 1 = 0,$$

sind somit *Ellipsen* mit den Halbaxen $|c|\,a$ und $|c|\,b$, oder *Kreise*, falls $a=b$ ist. Das Verhältnis der beiden Halbaxen ist stets gleich $a:b$, also für alle Ellipsen, respektive Kreise gleich. Man nennt Kegelschnitte, für die das Verhältnis der Axen dasselbe ist, *ähnlich*. Kreise sind stets zueinander ähnlich. Wir haben daher den

70. Satz: *Die zur* $x\,y$*-Ebene parallelen Ebenen schneiden den Kegel:*

$$\frac{x^2}{a^2} + \frac{y^2}{b^2} - z^2 = 0$$

für $a \neq b$ *in ähnlichen Ellipsen, und für* $a=b$ *in Kreisen.*

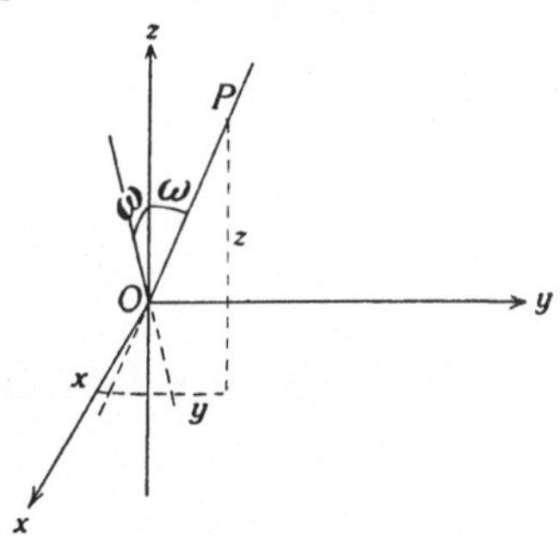

Fig. 101.

Im Falle $a=b$ nennt man den Kegel einen *Rotationskegel oder Kreiskegel.* Man kann ihn dann durch Rotation einer durch O gehenden Geraden der $x z$-Ebene um die z-Axe als Rotationsaxe entstanden denken. Ist ω der Winkel, den die Gerade in der $x z$-Ebene durch O mit der z-Axe bildet, wo $0 < \omega < \frac{\pi}{2}$ sei, und ist P der allgemeine Punkt der Rotationsfläche, so bildet auch $\overrightarrow{OP}$ mit der $\pm\, z$-Axe den Winkel ω (Figur 101). Es muß dann:

$$\cos\omega = \frac{z}{|\overrightarrow{OP}|} = \frac{z}{\sqrt[+]{x^2+y^2+z^2}}$$

sein, also:

$$\operatorname{cotg}^2\omega = \frac{z^2}{x^2+y^2}\,,$$

und daraus folgt die Gleichung:

$$\operatorname{cotg}^2\omega\,(x^2+y^2)-z^2=0,$$

also wirklich die Gleichung des Kegels mit $a=b=\operatorname{tg}\omega$.

Wir betrachten jetzt die ebenen Parallelschnitte zur yz-Ebene, setzen somit $x=c$; dann wird für $c\neq0$:

$$\frac{y^2}{b^{*2}}-\frac{z^2}{c^{*2}}+1=0,\quad b^*=\frac{b\,|c|}{a},\quad c^*=\frac{|c|}{a},$$

die Gleichung der Schnittkurve (Satz 64). Dies sind lauter Hyperbeln mit den reellen Halbaxen c^* und den imaginären Halbaxen b^*. Da $b^*:c^*=b:1$ von c unabhängig ist, müssen alle Hyperbeln *ähnlich* sein, somit auch dieselben Asymptoten besitzen, da ja die letztern durch das Verhältnis der Halbaxen bestimmt sind. Für $c=0$, das heißt für die yz-Ebene selbst, artet die Hyperbel in diese Asymptoten aus und wird zu zwei Erzeugenden des Kegels.

Von dem Grundproblem: Ebene und Kegel, wollen wir nur den Fall ausführen, daß die Ebene durch die Spitze des Kegels, aber nicht durch die z-Axe geht. Ihre Gleichung hat dann die explizite Form:

$$z=rx+sy,$$

und der Schnitt mit dem Kegel wird durch:

$$\frac{x^2}{a^2}+\frac{y^2}{b^2}-(rx+sy)^2=0,\quad\text{oder}\quad\left(r^2-\frac{1}{a^2}\right)x^2+2rsxy+\left(s^2-\frac{1}{b^2}\right)y^2=0$$

analytisch festgelegt. Diese Bedingung ist die Gleichung der Projektion des Schnittes in die xy-Ebene. Wir unterscheiden die Fälle:

1. $s^2-\dfrac{1}{b^2}\neq0$. Die Gleichung ist in dem Verhältnis $\lambda=y:x$ quadratisch;

ihre Diskriminante ist:

$$D=4\left(r^2s^2-\left(r^2-\frac{1}{a^2}\right)\left(s^2-\frac{1}{b^2}\right)\right)=4\left(\frac{r^2}{b^2}+\frac{s^2}{a^2}-\frac{1}{a^2b^2}\right).$$

Ist $D>0$, so erhält man zwei verschiedene reelle Wurzeln λ_1,λ_2, und die Projektion der Schnittkurve sind zwei Gerade $y=\lambda_1x$, $y=\lambda_2x$. Da die Schnittkurve in der gegebenen, nicht projizierenden Ebene liegt, muß sie selbst aus zwei Geraden bestehen. Ist $D<0$, so sind außer O keine reellen Schnittpunkte vorhanden. Ist $D=0$, so heißt die Ebene *Tangentialebene*. Sie *berührt* den Kegel längs einer Erzeugenden, deren Projektion in die xy-Ebene die Gleichung $y=\lambda x$ besitzt, wo λ die Doppelwurzel der quadratischen Gleichung ist, also wegen $D=0$ den Wert:

$$\lambda=-\frac{rs}{s^2-\frac{1}{b^2}}=\frac{b^2s}{a^2r}$$

besitzt. Wählen wir auf dieser Erzeugenden einen beliebigen Punkt $P_1 \neq O$ mit den Gleichungen:

$$P_1 \begin{cases} x = x_1, \\ y = y_1, \\ z = z_1, \end{cases}$$

so müssen seine Koordinaten die Kegelgleichung, die Ebenengleichung und die Bedingungsgleichung $y_1 = \lambda x_1$ erfüllen, das heißt, es muß:

$$\frac{x_1^2}{a^2} + \frac{y_1}{b^2} - z_1^2 = 0,$$
$$z_1 = r x_1 + s y_1,$$
$$a^2 r y_1 = b^2 s x_1$$

sein. Aus ihnen rechnen wir umgekehrt r, s aus. Die zweite und dritte Gleichung ergeben unter Berücksichtigung der ersten mittels der Eliminationsmethode:

$$s = \frac{y_1}{b^2 z_1}, \; r = \frac{x_1}{a^2 z_1}.$$

Setzt man diese Werte in die Gleichung der Ebene ein und erweitert sie mit z_1, so wird:

$$\frac{x_1 x}{a^2} + \frac{y_1 y}{b^2} - z_1 z = 0.$$

Die Bedingung $D = 0$ lautet, wenn man in ihr ebenfalls r, s durch die gefundenen Werte ersetzt:

$$D = 4\left(\frac{r^2}{b^2} + \frac{s^2}{a^2} - \frac{1}{a^2 b^2}\right) = \frac{4}{a^2 b^2 z_1^2}\left(\frac{x_1^2}{a^2} + \frac{y_1^2}{b^2} - z_1^2\right) = 0,$$

ist also die Kegelgleichung für P_1. Letztere ist daher die notwendige und hinreichende Bedingung dafür, daß die Gleichung:

$$\frac{x_1 x}{a^2} + \frac{y_1 y}{b^2} - z_1 z = 0$$

eine Tangentialebene ist.

2. $s^2 - \dfrac{1}{b^2} = 0$, $s = \pm \dfrac{1}{b}$. Die quadratische Gleichung hat stets zwei reelle Lösungen:

$$x = 0, \; \text{und} \; 2 r s y = -\left(r^2 - \frac{1}{a^2}\right) x,$$

die nur dann zusammenfallen, wenn $r = 0$ ist. Im allgemeinen Fall haben wir somit wie unter 1. zwei reelle Erzeugende als Schnittkurve; für $r = 0$ ist jede der beiden Ebenen $z = s y = \pm \dfrac{1}{b} y$ *Tangentialebene* an den Kegel und berührt ihn in einer der Erzeugenden $x = 0, z = \pm \dfrac{1}{b} y$. Ist $P_1 \neq O$ wieder ein beliebiger Punkt dieser Erzeugenden, so ist $x_1 = 0, z_1 = \pm \dfrac{1}{b} y_1$; also wird $z_1 z = \dfrac{y_1 y}{b^2}$ erfüllt sein. Die vorhin gefundene Gleichung der Tangentialebene gilt daher auch im Falle 2.

§ 4. Das Ellipsoid

Alle Punkte des Raumes, deren Koordinaten die Gleichung erfüllen:

$$\frac{x^2}{a^2} + \frac{y^2}{b^2} + \frac{z^2}{c^2} - 1 = 0,$$

liegen auf einem Ellipsoid. Da die Gleichung bei der Vertauschung von x mit $-x$, und entsprechend bei derjenigen von y mit $-y$ oder z mit $-z$ ungeändert bleibt, sind alle Koordinatenebenen Symmetrieebenen des Ellipsoides, und daher die Koordinatenaxen Symmetrieaxen und der Nullpunkt Symmetriemittelpunkt. Die positiven Zahlen a, b, c heißen die Halbaxen des Ellipsoides. Sind alle drei voneinander verschieden, wobei sie etwa so angeordnet seien, daß $a > b > c$ ist, so heißt das Ellipsoid *dreiaxig*. Sind alle Halbaxen gleich, so ist das Ellipsoid eine Kugel mit dem Radius $a = b = c$. Man erhält das Ellipsoid durch eine dreimalige normale affine Abbildung aus der Einheitskugel:

$$x^2 + y^2 + z^2 - 1 = 0,$$

wenn man die Koordinatenebenen als Affinitätsebenen nimmt. Ist zuerst die yz-Ebene die Affinitätsebene, und setzt man:

$$x' = ax,$$

läßt also y, z gleich und verändert nur die x-Koordinate im Verhältnis $a : 1$, so geht die Einheitskugel in die Fläche:

$$\frac{x'^2}{a^2} + y^2 + z^2 - 1 = 0$$

über. Nimmt man entsprechend die xz-Ebene als Affinitätsebene, setzt

$$y' = by$$

und läßt x', z ungeändert, so geht die letztere Fläche in:

$$\frac{x'^2}{a^2} + \frac{y'^2}{b^2} + z^2 - 1 = 0$$

über; schließlich erhält man durch Wahl der xy-Ebene als Affinitätsebene und

$$z' = cz$$

das Ellipsoid:

$$\frac{x'^2}{a^2} + \frac{y'^2}{b^2} + \frac{z'^2}{c^2} - 1 = 0.$$

Daraus schließt man, daß das Ellipsoid eine geschlossene, ganz im Endlichen gelegene Fläche ist, die topologisch der Kugel homomorph ist. Bei der dreifachen affinen Abbildung gehen Ebenen in Ebenen und Tangentialebenen wieder in solche an die neue Fläche über, wobei die Berührungspunkte sich entsprechen. Ist:

$$P_1 \begin{cases} x = x_1, \\ y = y_1, \\ z = z_1 \end{cases}$$

ein allgemeiner Punkt der Einheitskugel, und geht er durch die drei affinen Abbildungen in P_1' über, so hat P_1' die Gleichungen:

$$P_1' \left\{ \begin{array}{l} x' = x_1' = a\,x_1\,, \\ y' = y_1' = b\,y_1\,, \\ z' = z_1' = c\,z_1\,. \end{array} \right.$$

Die Gleichung der Tangentialebene an die Einheitskugel in P_1 ist nach Seite 148:

$$x_1\,x + y_1\,y + z_1\,z - 1 = 0.$$

Führt man in ihr mittels der Gleichungen:

$$x = \frac{x'}{a}\,, \qquad x_1 = \frac{x_1'}{a}\,,$$

$$y = \frac{y'}{b}\,, \qquad y_1 = \frac{y_1'}{b}\,,$$

$$z = \frac{z'}{c}\,, \qquad z_1 = \frac{z_1'}{c}$$

die neuen Koordinaten ein, so erhält man die Gleichung der Tangentialebene:

$$\frac{x_1'\,x'}{a^2} + \frac{y_1'\,y'}{b^2} + \frac{z_1'\,z'}{c^2} - 1 = 0$$

im Punkte P_1' an das Ellipsoid. Da P_1' ein Punkt des Ellipsoides sein muß, befriedigen seine Koordinaten die Gleichung des letztern. Wir lassen die Striche in der Bezeichnung wieder weg und erhalten den

71. Satz: *Die Tangentialebene im Punkte P_1 mit den Koordinaten x_1, y_1, z_1 an das Ellipsoid:*

$$\frac{x^2}{a^2} + \frac{y^2}{b^2} + \frac{z^2}{c^2} - 1 = 0$$

hat die Gleichung:

$$\frac{x_1\,x}{a^2} + \frac{y_1\,y}{b^2} + \frac{z_1\,z}{c^2} - 1 = 0,$$

falls P_1 ein Punkt des Ellipsoides ist, also:

$$\frac{x_1^2}{a^2} + \frac{y_1^2}{b^2} + \frac{z_1^2}{c^2} - 1 = 0$$

erfüllt ist.

Von dem Grundproblem: Ebene und Ellipsoid betrachten wir wieder nur die ebenen Parallelschnitte parallel zu den Koordinatenebenen. Die zur xy-Ebene parallelen Ebenen:

$$z = C$$

ergeben als Gleichung des Schnittes (Satz 64):

$$\frac{x^2}{a^2} + \frac{y^2}{b^2} = 1 - \frac{C^2}{c^2}\,.$$

Wir unterscheiden:

1. $-c < C < +c$ oder $C^2 < c^2$. Es ist $1 - \dfrac{C^2}{c^2} > 0$, somit

$$\lambda = \sqrt[+]{1 - \frac{C^2}{c^2}}$$

eine reelle positive Größe $\leqq 1$, und wir können die Gleichung des Schnittes so schreiben:

$$\frac{x^2}{a^{*2}} + \frac{y^2}{b^{*2}} - 1 = 0,$$

wo $a^* = \lambda a$, $b^* = \lambda b$ ist. Sie ergibt wegen $a^* : b^* = a : b$ lauter *ähnliche Ellipsen*, mit den Halbaxen a^*, b^*. Da $\lambda \leqq 1$ sein muß, sind a, b die größten Halbaxen; sie werden immer kleiner, wenn C^2 gegen c^2 wächst. Ist $a = b$, so ist auch $a^* = b^*$, und wir erhalten lauter *Kreise*.

2. $C = +c$ oder $C = -c$, das heißt $C^2 = c^2$. Die Gleichung des Schnittes

lautet: $$\frac{x^2}{a^2} + \frac{y^2}{b^2} = 0;$$

sie hat nur die eine reelle Lösung $x = 0$, $y = 0$. Die Ebene ist in jedem der beiden Punkte $x = 0$, $y = 0$, $z = \pm c$ *Tangentialebene*, wie aus Satz 71 hervorgeht.

3. $C > c$ oder $C < -c$, das heißt $C^2 > c^2$. Wegen $\dfrac{C^2}{c^2} - 1 > 0$ ist:

$$\lambda = \sqrt[+]{\frac{C^2}{c^2} - 1} > 0$$

reell und positiv, und die Gleichung der Schnittkurve:

$$\frac{x^2}{a^2} + \frac{y^2}{b^2} + \lambda^2 = 0$$

hat keine reellen Lösungen. Die Ebene verläuft ganz außerhalb des Ellipsoides.

Im Falle $a = b$ ($\neq c$) erhalten wir für $C^2 < c^2$ lauter Kreise als Schnittkurven. Man nennt das Ellipsoid dann ein *Rotationsellipsoid*. Der Schnitt des Ellipsoides mit der xz-Ebene ist die Ellipse:

$$\frac{x^2}{a^2} + \frac{z^2}{c^2} - 1 = 0.$$

Läßt man sie um die z-Axe rotieren, so beschreibt jeder Punkt einen Kreis, der in einer zur z-Axe senkrechten Ebene liegt. Die Fläche ist somit das betrachtete Ellipsoid mit $a = b$. Ist $a > c$, so ist a die große, c die kleine Halbaxe der Ellipse. Sie rotiert daher um die kleine Axe. Man nennt dieses Ellipsoid speziell *ein abgeplattetes Rotationsellipsoid*. Ist $a = c$, so ist das Ellipsoid eine *Kugel*. Ist $a < c$, so ist c die große, a die kleine Halbaxe, und die Rotation findet um die große Axe statt. Man nennt dieses Ellipsoid *ein verlängertes Rotationsellipsoid*.

Die Parallelschnitte zu den übrigen beiden Koordinatenebenen ergeben das entsprechende Resultat, da x, y, z in der Gleichung gleich auftreten. Wir übergehen daher diese Ausführungen.

§ 5. Das einschalige Hyperboloid

In diesem und dem nächsten Paragraphen werden wir die weiteren möglichen Flächen zweiten Grades betrachten, für die die Koordinatenebenen Symmetrieebenen sind. Wir nehmen in der Gleichung einen der Koeffizienten, etwa denjenigen von z^2 als negativ an: *Alle Punkte des Raumes, deren Koordinaten der Gleichung:*

$$\frac{x^2}{a^2} + \frac{y^2}{b^2} - \frac{z^2}{c^2} - 1 = 0$$

genügen, liegen auf einem einschaligen Hyperboloid. Seine Symmetrieverhältnisse sind dieselben wie beim Ellipsoid. Um seine Gestalt zu untersuchen, diskutieren wir zuerst die ebenen Parallelschnitte zur xy-Ebene. Ist $z = C$ eine solche Ebene, so ist:

$$\frac{x^2}{a^2} + \frac{y^2}{b^2} - \left(\frac{C^2}{c^2} + 1\right) = 0$$

die Gleichung des Schnittes mit dem Hyperboloid (Satz 64). Setzt man:

$$\lambda = \sqrt[+]{\frac{C^2}{c^2} + 1},$$

so ist $\lambda \geq 1$ und nimmt den kleinsten Wert nur für $C = 0$, das heißt für die xy-Ebene selbst an. Wir schreiben die Gleichung des Schnittes so:

$$\frac{x^2}{a^{*2}} + \frac{y^2}{b^{*2}} - 1 = 0,$$

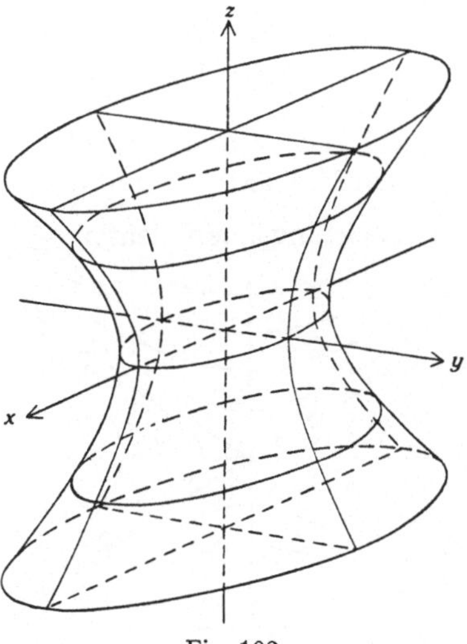

Fig. 102.

wo $a^* = \lambda a$, $b^* = \lambda b$ ist, und sehen, daß wir wegen $a^* : b^* = a : b$ lauter *ähnliche Ellipsen* erhalten, deren kleinste die Halbaxen a, b besitzt. Je größer C^2 wird, um so größer werden a^* und b^*. Die Fläche muß daher nach beiden Richtungen der z-Axe ins Unendliche gehen (Figur 102). Aus den Schnittellipsen kann man anschaulich die Fläche zusammensetzen.

Ist $a = b$, also auch $a^* = b^*$, so sind alle Ellipsen *Kreise*, und man erhält *das einschalige Rotationshyperboloid*. Es entsteht, wenn man den Schnitt des Hyperboloides mit der xz-Ebene, das heißt die Hyperbel:

$$\frac{x^2}{a^2} - \frac{z^2}{c^2} - 1 = 0$$

um die z-Axe rotieren läßt. Letztere ist die imaginäre Axe der Hyperbel. *Das einschalige Rotationshyperboloid entsteht somit durch Rotation einer Hyperbel um ihre imaginäre Axe.*

Die ebenen Parallelschnitte zu einer der beiden übrigen Koordinatenebenen müssen etwas Neues ergeben, da die z-Axe durch das negative Vorzeichen des Koeffizienten von z^2 in der Gleichung des Hyperboloides ausgezeichnet ist. Betrachten wir die Ebenen $x = A$, die parallel zur yz-Ebene sind, so lautet die Gleichung ihrer Schnitte (Satz 64):

$$\frac{y^2}{b^2} - \frac{z^2}{c^2} - \left(1 - \frac{A^2}{a^2}\right) = 0.$$

Wir unterscheiden:

1. $-a < A < +a$ oder $A^2 < a^2$. Da $1 - \dfrac{A^2}{a^2} > 0$ ist, wird:

$$\lambda = \sqrt[+]{1 - \frac{A^2}{a^2}}$$

eine reelle positive Größe ≤ 1 sein, und die Gleichung des Schnittes kann in der Form:

$$\frac{y^2}{b^{*2}} - \frac{z^2}{c^{*2}} - 1 = 0,$$

wo $b^* = \lambda b$, $c^* = \lambda c$ ist, geschrieben werden. Sie stellt wegen $b^* : c^* = b : c$ *ähnliche Hyperbeln* mit den reellen Halbaxen b^* und den imaginären Halbaxen c^* dar, deren Asymptoten die Richtungskoeffizienten $\pm \dfrac{c}{b}$ haben. b, c sind die

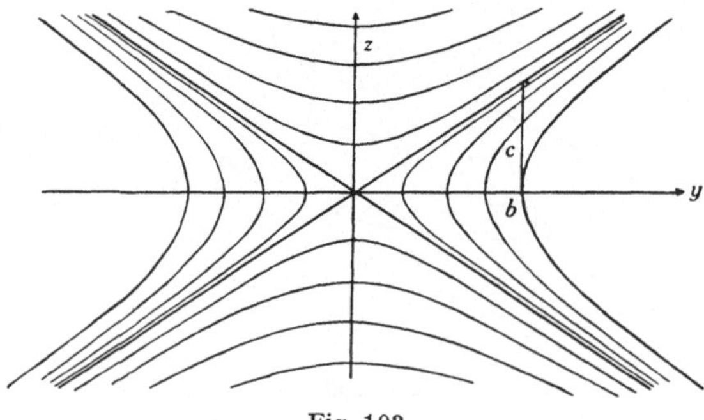

Fig. 103.

größten Werte der Halbaxen; sie entsprechen $A = 0$, das heißt der yz-Ebene als Schnittebene. Mit wachsendem A^2 wird b^* und c^* immer kleiner und beide nähern sich der Null. Figur 103 gibt die Projektion aller Hyperbeln auf die yz-Ebene.

2. $A = +a$ oder $A = -a$, das heißt $A^2 = a^2$. Die Gleichung des Schnittes lautet:

$$\frac{y^2}{b^2} - \frac{z^2}{c^2} = 0, \text{ oder } z = \pm \frac{c}{b}\, y.$$

Dies sind die Gleichungen der beiden Asymptoten der Schnitthyperbeln unter 1. Man nennt die Ebenen $x = \pm a$, die das Hyperboloid in je zwei Geraden schneiden, *Tangentialebenen an das Hyperboloid in den Berührungspunkten* $x = \pm a$, $y = 0$, $z = 0$. Letztere sind die Schnittpunkte der betreffenden beiden Geraden.

3. $A > +a$ oder $A < -a$, das heißt $A^2 > a^2$. Wegen $\frac{A^2}{a^2} - 1 > 0$ ist:

$$\lambda = \sqrt[+]{\frac{A^2}{a^2} - 1}$$

eine reelle positive Zahl, und die Gleichung des Schnittes hat die Form:

$$- \frac{y^2}{b^{*2}} + \frac{z^2}{c^{*2}} - 1 = 0,$$

wo $b^* = \lambda b$, $c^* = \lambda c$ ist. Sie stellt wegen $b^* : c^* = b : c$ *ähnliche Hyperbeln* mit den reellen Halbaxen c^* und den imaginären Halbaxen b^* dar, deren Asymptoten wieder die Richtungskoeffizienten $\pm \frac{c}{b}$ besitzen. Die Brennpunkte liegen jetzt nicht auf der y-, sondern auf der z-Axe. b^* und c^* wachsen mit A^2 ins Unendliche. Figur 103 zeigt die Projektion dieser Hyperbeln in die yz-Ebene ebenfalls.

Alle Parallelschnitte zur yz-Ebene schneiden somit das Hyperboloid in Hyperbeln, mit Ausnahme der beiden Tangentialebenen, die dasselbe in zwei Geraden schneiden. Für die Schnitte parallel zur xz-Ebene findet man die entsprechenden Resultate.

Die Tatsache, daß es Ebenen gibt, die das Hyperboloid in zwei Geraden schneiden, kann sehr weitgehend verallgemeinert werden. Um dies einzusehen, schreiben wir die Gleichung des Hyperboloides so:

$$\frac{y^2}{b^2} - \frac{z^2}{c^2} = 1 - \frac{x^2}{a^2}, \text{ oder: } \left(\frac{y}{b} + \frac{z}{c}\right)\left(\frac{y}{b} - \frac{z}{c}\right) = \left(1 + \frac{x}{a}\right)\left(1 - \frac{x}{a}\right),$$

und ersetzen sie mit Hilfe eines Parameters t_1 durch die beiden Gleichungen:

$$\begin{aligned}
\frac{y}{b} + \frac{z}{c} &= t_1\left(1 + \frac{x}{a}\right), \\
\frac{y}{b} - \frac{z}{c} &= t_1^{-1}\left(1 - \frac{x}{a}\right).
\end{aligned} \qquad \text{(I)}$$

Für jede reelle Zahl t_1 ergeben die Lösungen x, y, z der beiden Gleichungen Punkte des Hyperboloides. Umgekehrt bestimmt jeder Punkt x, y, z des Hyperboloides ein t_1, so daß die beiden Gleichungen bei Wahl dieses t_1 durch die Koordinaten des betreffenden Punktes erfüllt sind. Denn setzen wir die betreffenden Koordinaten ein, so wird die eine der beiden Gleichungen t_1 eindeutig festlegen, und die andere muß dann wegen der Gleichung des einschaligen Hyperboloides von selbst erfüllt sein. Auch die Werte $t_1 = 0$ und $t_1 = \infty$ sind miteingeschlossen, da für $t_1 = 0$ die erste Gleichung $z = -\frac{c}{b}\,y$, das heißt eine der beiden Asymptoten, die wir oben betrachteten, ergibt. Die zweite ist dann $x = a$. Ebenso ist für $t_1 = \infty$ wegen der zweiten Gleichung $z = +\frac{c}{b}\,y$, und wegen der ersten $x = -a$.

Wenn aber t_1 festgehalten wird, so stellt jede der beiden Gleichungen (I) eine *Ebene*, beide zusammen daher eine *Gerade* dar. Alle diese Geraden müssen auf dem einschaligen Hyperboloid liegen. Da t_1 alle reellen Zahlen durchläuft, *erhalten wir eine einfach unendliche Schar von Geraden, die alle auf dem einschaligen Hyperboloid liegen; durch jeden Punkt desselben geht eine Gerade der Schar.*

Hätten wir durch Einführung eines Parameters t_2 die Zerlegung vorgenommen:

$$\frac{y}{b} + \frac{z}{c} = t_2\left(1 - \frac{x}{a}\right),$$
$$\frac{y}{b} - \frac{z}{c} = t_2^{-1}\left(1 + \frac{x}{a}\right), \qquad \text{(II)}$$

so hätten wir durch genau dieselbe Überlegung eine *zweite einfach unendliche Schar von Geraden gefunden, die auf dem einschaligen Hyperboloide liegt, wobei durch jeden Punkt des letztern eine Gerade der Schar geht.*

Daher ist jeder Punkt des einschaligen Hyperboloides Schnittpunkt einer Geraden der Schar (I) und einer Geraden der Schar (II). Durch ihn ist daher ein Wertepaar t_1, t_2 festgelegt. Umgekehrt entspricht jedem Wertepaar $t_1, t_2 \neq -t_1$ eindeutig ein Punkt des einschaligen Hyperboloides. Um dies einzusehen, bedenken wir, daß die Koordinaten x, y, z eines Punktes des einschaligen Hyperboloides und die zugehörigen t_1, t_2 den vier Gleichungen (I) und (II) genügen müssen. Durch Subtraktion der beiden ersten Gleichungen von (I) und (II) folgt:

$$0 = t_1\left(1 + \frac{x}{a}\right) - t_2\left(1 - \frac{x}{a}\right) \text{ oder } \frac{x}{a} = \frac{t_2 - t_1}{t_2 + t_1}.$$

Durch Addition, respektive Subtraktion der beiden Gleichungen (I) und Einsetzen des gefundenen Wertes von x/a wird:

$$\frac{y}{b} = \frac{t_1 t_2 + 1}{t_2 + t_1},$$
$$\frac{z}{c} = \frac{t_1 t_2 - 1}{t_2 + t_1}.$$

Setzen wir die Werte von x, y, z in der Gleichung des einschaligen Hyperboloides ein, so verschwindet die Gleichung identisch in t_1, t_2:

$$\left(\frac{t_2 - t_1}{t_2 + t_1}\right)^2 + \left(\frac{t_1 t_2 + 1}{t_2 + t_1}\right)^2 - \left(\frac{t_1 t_2 - 1}{t_2 + t_1}\right)^2 \equiv 1.$$

Es gibt keinen endlichen Punkt des einschaligen Hyperboloides, dessen Wertepaar t_1 und $t_2 = -t_1$ ist. Die zu diesen Werten gehörenden Geraden der beiden

Scharen sind parallel. Die drei Gleichungen, die x, y, z als Funktionen von t_1, t_2 ausdrücken, ergeben eine *Uniformisierung* der Gleichung des einschaligen Hyperboloides, und zwar eine besonders einfache, da die Funktionen rational in t_1, t_2 sind. Damit ist bewiesen, daß auch das einschalige Hyperboloid eine Regelfläche ist, deren Geraden man *Erzeugende* des Hyperboloides nennt.

Ist ein allgemeiner Punkt P_1:

$$P_1 \begin{cases} x = x_1 , \\ y = y_1 , \\ z = z_1 \end{cases}$$

des einschaligen Hyperboloides gegeben, so nennt man die Ebene, die durch die beiden sich in P_1 schneidenden Erzeugenden geht, die *Tangentialebene im Berührungspunkte* P_1. Da P_1 auf dem Hyperboloid liegt, muß es ein $t = t_1$ und $t = t_2$ geben, so daß für t_1, t_2 und x_1, y_1, z_1 die Gleichungen (I) und (II) erfüllt sind. Wir schreiben diese Bedingungsgleichungen zusammenfassend so:

$$\frac{y_1}{b} + \frac{z_1}{c} = t \left(1 \pm \frac{x_1}{a} \right) , \qquad \frac{y_1}{b} - \frac{z_1}{c} = t^{-1} \left(1 \mp \frac{x_1}{a} \right) , \qquad \text{(III)}'$$

wo für $t = t_1$ das obere, für $t = t_2$ das untere Vorzeichen zu nehmen ist. Die Gleichungen der beiden Erzeugenden durch P_1 sind dann:

$$\frac{y}{b} + \frac{z}{c} = t \left(1 \pm \frac{x}{a} \right) , \qquad \frac{y}{b} - \frac{z}{c} = t^{-1} \left(1 \mp \frac{x}{a} \right) , \qquad \text{(III)}$$

wobei $t = t_1$ für das obere Vorzeichen die erste, $t = t_2$ für das untere Vorzeichen die zweite Erzeugende ergibt. Aus (III) und (III)$'$ eliminieren wir t, indem wir die erste Gleichung (III) mit der zweiten von (III)$'$ und die zweite von (III) mit der ersten von (III)$'$ multiplizieren. t fällt weg und man erhält:

$$\frac{y_1 y}{b^2} - \frac{z_1 z}{c^2} + \frac{y_1 z - z_1 y}{bc} = 1 - \frac{x_1 x}{a^2} \pm \left(\frac{x}{a} - \frac{x_1}{a} \right) ,$$

$$\frac{y_1 y}{b^2} - \frac{z_1 z}{c^2} - \frac{y_1 z - z_1 y}{bc} = 1 - \frac{x_1 x}{a^2} \mp \left(\frac{x}{a} - \frac{x_1}{a} \right) .$$

Für das obere Vorzeichen erhält man die erste, für das untere die zweite Erzeugende in P_1. Addiert man die beiden Gleichungen und kürzt durch 2, so findet man die Gleichung einer Ebene:

$$\frac{y_1 y}{b^2} - \frac{z_1 z}{c^2} = 1 - \frac{x_1 x}{a^2} ,$$

die für das obere Vorzeichen dem Ebenenbüschel der ersten, für das untere Vorzeichen dem Ebenenbüschel der zweiten Erzeugenden angehört. Da aber das doppelte Vorzeichen in ihr nicht mehr auftritt, ist sie die Gleichung einer Ebene, die beiden Ebenenbüschel angehört, also durch beide Erzeugende hindurchgeht. Sie muß nach Definition *die Gleichung der Tangentialebene in* P_1 sein:

$$\frac{x_1 x}{a^2} + \frac{y_1 y}{b^2} - \frac{z_1 z}{c^2} - 1 = 0,$$

wobei x_1, y_1, z_1 der Gleichung des einschaligen Hyperboloides genügen müssen.

72. Satz: *Die Tangentialebene im Berührungspunkte* P_1 *mit den Koordinaten* x_1, y_1, z_1 *an das einschalige Hyperboloid:*

$$\frac{x^2}{a^2} + \frac{y^2}{b} - \frac{z^2}{c^2} - 1 = 0$$

hat die Gleichung:

$$\frac{x_1 x}{a^2} + \frac{y_1 y}{b^2} - \frac{z_1 z}{c^2} - 1 = 0,$$

wo:

$$\frac{x_1^2}{a^2} + \frac{y_1^2}{b^2} - \frac{z_1^2}{c^2} - 1 = 0$$

sein muß.

§ 6. Das zweischalige Hyperboloid

Alle Punkte des Raumes, deren Koordinaten die Gleichung erfüllen:

$$\frac{x^2}{a^2} - \frac{y^2}{b^2} - \frac{z^2}{c^2} - 1 = 0,$$

liegen auf einem zweischaligen Hyperboloid.

Damit ist die letzte Möglichkeit derjenigen Flächen erschöpft, die alle drei Koordinatenebenen als Symmetrieebenen besitzen und weder ein Kegel noch ein Zylinder sind. Denn alle drei Koeffizienten der Koordinatenquadrate können nicht negativ sein, wenn eine reelle Lösung vorhanden sein soll. Wir diskutieren wieder zuerst die ebenen Parallelschnitte zur xy-Ebene, deren allgemeine Gleichung $z = C$ ist. Die Gleichung des Schnittes lautet (Satz 64):

$$\frac{x^2}{a^2} - \frac{y^2}{b^2} - \left(\frac{C^2}{c^2} + 1\right) = 0,$$

oder, wenn man:

$$\lambda = \sqrt[+]{\frac{C^2}{c^2} + 1}$$

setzt:

$$\frac{x^2}{a^{*2}} - \frac{y^2}{b^{*2}} - 1 = 0,$$

wo $a^* = \lambda a$, $b^* = \lambda b$ ist. Dies sind die Gleichungen von ähnlichen Hyperbeln (wegen $a^* : b^* = a : b$) mit den reellen Halbaxen a^* und den imaginären Halbaxen b^*. Da $\lambda \geqq 1$ ist, sind a^*, b^* größer als a, b, und nur für $C = 0$ sind sie denselben gleich. Dann ist die Schnittebene die xy-Ebene selbst. Figur 104 gibt die Projektion aller Hyperbeln auf die xy-Ebene. Die gemeinsamen Asymptoten haben die

Richtungskoeffizienten $\pm \dfrac{b}{a}$. Die Fläche besteht aus zwei getrennten Schalen, die sich beide ins Unendliche erstrecken.

Die Parallelschnitte zur yz-Ebene erhält man, wenn man die Gleichung $x = A$ einer zur yz-Ebene parallelen Ebene in die Gleichung einsetzt:

$$\frac{y^2}{a^2} + \frac{z^2}{c^2} - \left(\frac{A^2}{a^2} - 1\right) = 0.$$

Wir unterscheiden:

1. $-a < A < +a$ oder $A^2 < a^2$. Da $1 - \dfrac{A^2}{a^2} > 0$ ist, ist

$$\lambda = \overset{+}{\sqrt{1 - \frac{A^2}{a^2}}}$$

eine reelle positive Zahl, und die Gleichung des Schnittes wird:

$$\frac{y^2}{b^2} + \frac{z^2}{c^2} + \lambda^2 = 0,$$

hat also wegen $\lambda > 0$ keine reellen Lösungen. Die Schnittebenen verlaufen außerhalb des zweischaligen Hyperboloides.

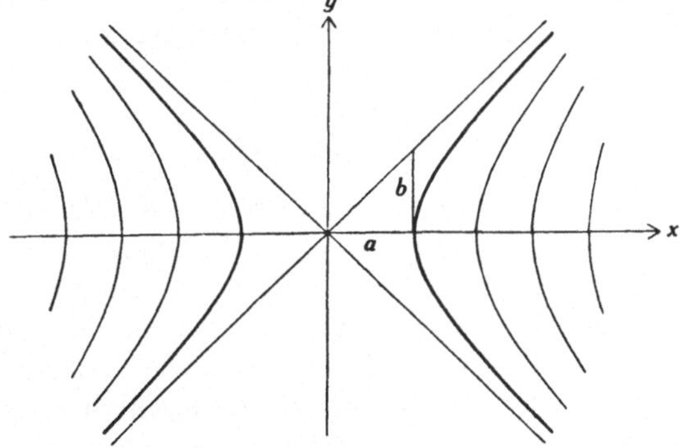

Fig. 104.

2. $A = \pm a$ oder $A^2 = a^2$. Die Gleichung des Schnittes lautet:

$$\frac{y^2}{b^2} + \frac{z^2}{c^2} = 0,$$

und besitzt nur die eine reelle Lösung $y = 0$, $z = 0$. Jede der beiden Ebenen $x = \pm a$ ist eine *Tangentialebene* mit den betreffenden *Berührungspunkten* $x = \pm a$, $y = 0$, $z = 0$.

3. $A > +a$ oder $A < -a$, das heißt $A^2 > a^2$. Da $\dfrac{A^2}{a^2} - 1 > 0$ ist, ist:

$$\lambda = \overset{+}{\sqrt{\frac{A^2}{a^2} - 1}}$$

reell und positiv, und die Gleichung des Schnittes lautet:

$$\frac{y^2}{b^{*2}} + \frac{z^2}{c^{*2}} - 1 = 0,$$

wo $b* = \lambda b$, $c* = \lambda c$ ist. Sie stellt wegen $b* : c* = b : c$ *ähnliche Ellipsen* mit den Halbaxen $b*, c*$ dar, die mit A^2 ins Unendliche anwachsen. Aus ihnen kann man die Fläche leicht zusammensetzen.

Ist $b = c$, so ist auch $b* = c*$, und alle Schnittkurven sind *Kreise*. Die Fläche heißt *ein zweischaliges Rotationshyperboloid*. Man erhält dasselbe, wenn man die Schnitthyperbel mit der xy-Ebene:

$$\frac{x^2}{a^2} - \frac{y^2}{b^2} - 1 = 0$$

um die x-Axe, das heißt ihre reelle Axe rotieren läßt. Während man somit das einschalige Rotationshyperboloid durch Rotation einer Hyperbel um die imaginäre Axe erhielt, *entsteht das zweischalige Rotationshyperboloid durch Rotation einer Hyperbel um ihre reelle Axe.*

§ 7. Das elliptische Paraboloid

Wir haben noch die Flächen zweiten Grades zu besprechen, die nur *zwei* Symmetrieebenen, also nur noch *eine* Symmetrieaxe besitzen. *Alle Punkte des Raumes, deren Koordinaten die Gleichung:*

$$\frac{x^2}{a^2} + \frac{y^2}{b^2} = 2z$$

befriedigen, liegen auf einem elliptischen Paraboloid. Während die Gleichung bei Vertauschung von x in $-x$ und ebenso bei Vertauschung von y in $-y$ ungeändert bleibt, läßt sie die Vertauschung von z in $-z$ nicht mehr zu. Daher sind wohl die xz- und yz-Ebenen Symmetrieebenen, dagegen nicht mehr die xy-Ebene, und von den drei Axen ist nur noch die z-Axe Symmetrieaxe. Die Fläche liegt ganz „über" der xy-Ebene, da $z \geq 0$ sein muß. Wenn wir also die Parallelschnitte zur xy-Ebene: $z = C$ betrachten, so kann C nur Werte ≥ 0 annehmen. wenn wir reelle Schnittpunkte erhalten wollen. Für $C = 0$ erhält man nur den einen Punkt $x = 0$, $y = 0$. Man nennt den Nullpunkt den *Scheitel* des elliptischen Paraboloides, und die Ebene $z = 0$ ist *Tangentialebene* mit dem Scheitel als Berührungspunkt. Ist $C > 0$, und setzt man $\lambda = \overset{+}{\sqrt{2C}}$, so wird:

$$\frac{x^2}{a*^2} + \frac{y^2}{b*^2} - 1 = 0,$$

wo $a* = \lambda a$, $b* = \lambda b$ ist, die Gleichung der Schnittkurve (Satz 64). Sie stellt uns wegen $a* : b* = a : b$ *ähnliche Ellipsen* dar mit den Halbaxen $a*, b*$, die mit C ins Unendliche anwachsen. Dadurch erklärt sich der Name *elliptisches* Paraboloid. Aus den Ellipsen kann man die ganze Fläche leicht zusammensetzen.

Ist $a = b$, also auch $a* = b*$, so sind alle Schnitte Kreise und die Fläche heißt *ein elliptisches Rotationsparaboloid*. Sie entsteht, wenn man die Schnittparabel mit der xz-Ebene:

$$\frac{x^2}{a^2} = 2z \text{ oder } x^2 = 2a^2 z$$

um die z-Axe, also um ihre einzige Symmetrieaxe rotieren läßt.

Betrachten wie die ebenen Schnitte parallel zur yz-Ebene, so haben wir die Gleichung $x = A$ einer solchen Ebene in die Gleichung des elliptischen Paraboloides einzusetzen. Die Gleichung der Schnittkurve (Satz 64) ist dann

$$\frac{y^2}{b^2} = 2\,z - \frac{A^2}{a^2}\,.$$

Macht man die Translation des Raumkoordinatensystems:

$$x' = x - A,$$
$$y' = y,$$
$$z' = z - \frac{A^2}{2\,a^2},$$

wo der neue Koordinatenanfangspunkt O' die alten Koordinaten $A, 0, A^2/2\,a^2$ hat, so wird die Gleichung der Schnittkurve die Gestalt:

$$y'^2 = 2\,b^2 z'$$

annehmen. Dies sind die Gleichungen von kongruenten Parabeln mit dem Scheitel in O'. Während sich O' mit wachsendem A^2 immer mehr von der xy-Ebene entfernt, bleibt die Schnittkurve stets dieselbe Parabel mit dem Parameter b^2. Übrigens wandert der Scheitel O' auf der Schnittparabel des elliptischen Paraboloides mit der xz-Ebene:

$$\frac{x^2}{a^2} = 2\,z.$$

§ 8. Das hyperbolische Paraboloid

Alle Punkte des Raumes, deren Koordinaten der Gleichung genügen:

$$\frac{x^2}{a^2} - \frac{y^2}{b^2} = 2\,z,$$

liegen auf einem hyperbolischen Paraboloid. Die Gleichung, in der gegenüber derjenigen des elliptischen Paraboloides das zweite Glied links das Minus- statt des Pluszeichens hat, zeigt, daß die Fläche genau dieselben Symmetrien hat wie das elliptische Paraboloid. Allein z kann jetzt positive und negative Werte annehmen. Betrachten wir wieder zuerst die ebenen Parallelschnitte zur xy-Ebene, so ist $z = C$ zu setzen, und die Schnittkurve hat die Gleichung (Satz 64):

$$\frac{x^2}{a^2} - \frac{y^2}{b^2} = 2\,C.$$

Wir unterscheiden:

1. $C > 0$. Setzt man $\lambda = \sqrt[+]{2\,C}$, so ist λ reell und positiv, und die Gleichung des Schnittes lautet:

$$\frac{x^2}{a^{*2}} - \frac{y^2}{b^{*2}} - 1 = 0,$$

wo $a^* = \lambda a$, $b^* = \lambda b$ ist. Dies sind wegen $a^* : b^* = a : b$ die Gleichungen von *ähnlichen* Hyperbeln mit den reellen Halbaxen a^* und den imaginären Halbaxen b^*. Die Brennpunkte liegen auf der x-Axe. Figur 105 zeigt die Projektion aller Hyperbeln auf die xy-Ebene.

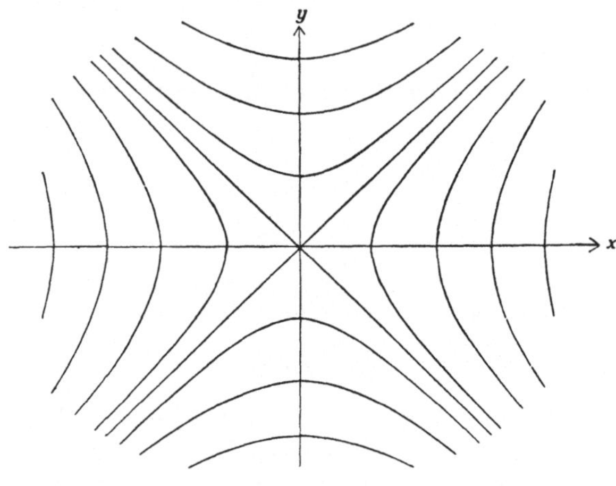

Fig. 105.

2. $C = 0$. $z = 0$ stellt die xy-Ebene selbst dar. Als Schnittkurve ergeben sich die beiden Geraden:

$$y = \pm \frac{b}{a}x,$$

die die Asymptoten der unter 1. gefundenen Hyperbeln sind (Figur 105). Die xy-Ebene ist *Tangentialebene* an das hyperbolische Paraboloid mit dem Nullpunkt als *Berührungspunkt*. Sie schneidet das Paraboloid in zwei Geraden.

3. $C < 0$. Setzt man $\lambda = \sqrt[+]{-2C}$, so ist λ reell und positiv, und die Gleichung des Schnittes lautet:

$$-\frac{x^2}{a^{*2}} + \frac{y^2}{b^{*2}} - 1 = 0,$$

wo $a^* = \lambda a$, $b^* = \lambda b$ ist; sie stellt wegen $a^* : b^* = a : b$ *ähnliche Hyperbeln* mit den reellen Halbaxen b^* und den imaginären Halbaxen a^* dar. Die Brennpunkte liegen auf der y-Axe. Figur 105 stellt die Projektionen der Hyperbeln auf die xy-Ebene dar. Die Asymptoten sind dieselben wie unter 1.

Baut man das hyperbolische Paraboloid aus den Schnitthyperbeln auf, so sieht man, daß die Fläche im Nullpunkt einen sogenannten *Sattelpunkt* besitzt (Figur 106). Denn läßt man C von negativen zu positiven Zahlen übergehen, so liegen die Schnitthyperbeln zuerst auf Seite der y-Axe zwischen den Asymptoten, nachher auf Seite der x-Axe zwischen den Asymptoten. Zeigt somit die z-Axe wieder gegen den Zenith, so senkt sich die Fläche von O aus in Richtung der $\pm y$-Axe, hebt sich aber in Richtung der $\pm x$-Axe.

Die Parallelschnitte zur yz-Ebene: $x = A$ ergeben, wenn man wie im Falle des elliptischen Paraboloides die Translation:

$$x' = x - A\,,$$
$$y' = y,$$
$$z' = z - \frac{A^2}{2\,a^2}\,,$$

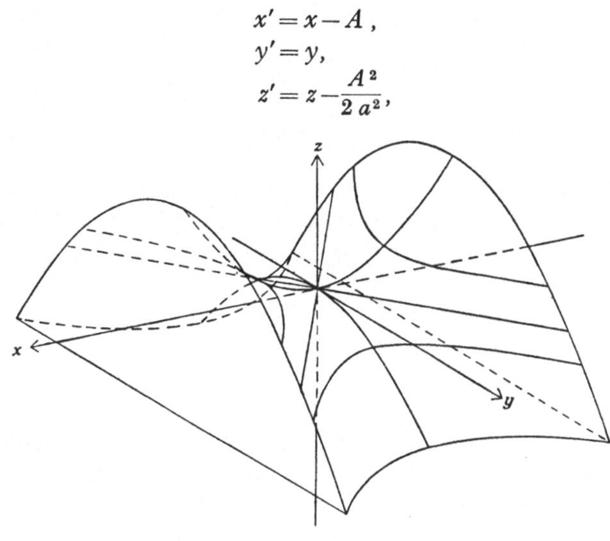

Fig. 106.

ausübt, die Gleichung:

$$y'^2 = -2\,b^2 z',$$

somit kongruente Parabeln, die nach «*unten*» gerichtet sind. Die Scheitel wandern auf der Parabel $x^2 = 2\,a^2 z$ in der xz-Ebene. Die Parallelschnitte parallel zur xz-Ebene ergeben entsprechende Resultate.

Die Tatsache, daß die Ebene $z = 0$ das hyperbolische Paraboloid in zwei Geraden schneidet, kann wieder weitgehend verallgemeinert werden. Wir schreiben die Gleichung des Paraboloides so:

$$\left(\frac{x}{a} + \frac{y}{b}\right)\left(\frac{x}{a} - \frac{y}{b}\right) = 2\,z,$$

und ersetzen sie mittels der Einführung eines Parameters t_1 durch die beiden Gleichungen:

$$\frac{x}{a} + \frac{y}{b} = 2t_1,$$
$$\frac{x}{a} - \frac{y}{b} = t_1^{-1}z\,. \qquad\text{(I)}$$

Für jede reelle Zahl t_1 ergeben die Lösungen x, y, z der beiden Gleichungen Punkte des Paraboloides. Umgekehrt bestimmt jeder Punkt x, y, z des Paraboloides ein t_1, so daß (I) bei Wahl dieses t_1 durch die Koordinaten des Punktes erfüllt ist. Der Wert $t_1 = 0$ ergibt die Schnittgerade $y = -\frac{b}{a}x$ der xy-Ebene $z = 0$ mit dem Paraboloid. Wird t_1 festgehalten, so stellen die Gleichungen (I) für jedes t_1 eine *Gerade dar. Somit gibt es eine einfach unendliche Schar von Geraden auf dem hyperbolischen Paraboloid, und durch jeden seiner Punkte geht eine Gerade der Schar.*

Setzen wir:

$$\frac{x}{a} - \frac{y}{b} = 2\,t_2\,,$$
$$\frac{x}{a} + \frac{y}{b} = t_2^{-1}\,z, \qquad \text{(II)}$$

so zeigt dieselbe Überlegung, daß es eine *zweite einfach unendliche Schar von Geraden gibt, die auf dem hyperbolischen Paraboloid liegen, wobei durch jeden seiner Punkte eine Gerade der Schar geht.* Wir fassen die Gleichungen (I) und (II) wieder in der Form zusammen:

$$\frac{x}{a} \pm \frac{y}{b} = 2\,t,$$
$$\frac{x}{a} \mp \frac{y}{b} = t^{-1}z, \qquad \text{(III)}$$

wobei für das obere Zeichen $t = t_1$, für das untere $t = t_2$ zu setzen ist. Jeder Punkt P des hyperbolischen Paraboloides ist Schnittpunkt einer Geraden der ersten und einer Geraden der zweiten Schar. Denn durch den Punkt wird das Wertepaar t_1, t_2 festgelegt, und x, y, z, t_1, t_2 müssen alle vier Gleichungen (III) erfüllen. Aus der Summe und Differenz der zwei ersten folgt nach Kürzung durch 2:

$$\frac{x}{a} = t_1 + t_2\,,$$
$$\frac{y}{b} = t_1 - t_2\,,$$

und diese Werte in eine der zweiten eingesetzt ergeben:

$$z = 2\,t_1 t_2\,.$$

Setzen wir die Werte von x, y, z in der Gleichung des hyperbolischen Paraboloides ein, so verschwindet die Gleichung identisch:

$$(t_1 + t_2)^2 - (t_1 - t_2)^2 - 4\,t_1 t_2 \equiv 0.$$

Die drei Funktionen von t_1, t_2 ergeben die einfachste *Uniformisierung* der Gleichung des hyperbolischen Paraboloides, nämlich durch ganze rationale Funktionen zweiten Grades in t_1, t_2. Die Geraden der beiden Scharen nennt man die *Erzeugenden des hyperbolischen Paraboloides.*

Ist der allgemeine Punkt des hyperbolischen Paraboloides durch seine Gleichungen:

$$P_1 \begin{cases} x = x_1\,, \\ y = y_1\,, \\ z = z_1 \end{cases}$$

gegeben, so ist die Ebene durch die beiden in P_1 sich schneidenden Erzeugenden *die Tangentialebene an das Paraboloid mit dem Berührungspunkt P_1.* Da P_1 auf dem Paraboloid liegt, muß es ein $t=t_1$ und ein $t=t_2$ geben, so daß:

$$\frac{x_1}{a} \pm \frac{y_1}{b} = 2\,t.$$
$$\frac{x_1}{a} \mp \frac{y_1}{b} = t^{-1}z_1$$

$$\text{(III)}'$$

ist, wobei wieder für das obere Zeichen $t=t_1$, für das untere $t=t_2$ zu setzen ist. Um die Gleichungen der beiden Erzeugenden in P_1 zu erhalten, eliminieren wir t aus (III) und (III)', indem wir die beiden ersten Gleichungen von (III) mit den zweiten von (III)', und die zweiten von (III) mit den ersten Gleichungen von (III)' multiplizieren. Es folgt:

$$\frac{x_1\,x}{a^2} - \frac{y_1\,y}{b^2} \pm \frac{x_1\,y - y_1\,x}{a\,b} = 2\,z_1,$$
$$\frac{x_1\,x}{a^2} - \frac{y_1\,y}{b^2} \mp \frac{x_1\,y - y_1\,x}{a\,b} = 2\,z.$$

Für das obere Vorzeichen stellen die Gleichungen die eine Erzeugende durch P_1 dar, für das untere die andere. Addieren wir die beiden Gleichungen, und kürzen durch 2, so wird:

$$\frac{x_1\,x}{a^2} - \frac{y_1\,y}{b^2} = z + z_1$$

die *Gleichung der gesuchten Tangentialebene*; denn sie enthält kein doppeltes Vorzeichen mehr, gehört somit dem Ebenenbüschel beider Erzeugenden an.

73. Satz: *Die Tangentialebene im Berührungspunkte P_1 mit den Koordinaten $x_1, y_1,\ z_1$ an das hyperbolische Paraboloid:*

$$\frac{x^2}{a^2} - \frac{y^2}{b^2} = 2\,z$$

hat die Gleichung:

$$\frac{x_1\,x}{a^2} - \frac{y_1\,y}{b^2} = z + z_1 ,$$

wo:

$$\frac{x_1^2}{a^2} - \frac{y_1^2}{b^2} = 2\,z_1$$

sein muß.

Damit sind alle durch eine quadratische Gleichung von drei Variablen dargestellten Flächen besprochen. Den Beweis, daß wirklich keine weiteren Flächen erhalten werden können als Zylinder, Kugeln, Kegel, Ellipsoide, ein- und zweischalige Hyperboloide, elliptische und hyperbolische Paraboloide werden wir nicht mehr erbringen. Wir sprechen nur noch das Resultat aus:

VII. Hauptsatz: *Die allgemeine quadratische Gleichung:*

$$f(x,y,z) \equiv A x^2 + B y^2 + C z^2 + 2 D xy + 2 E x z + 2 F y z + 2 G x + 2 H y + 2 J z + K = 0$$

stellt ein Ellipsoid (inklusive Kugel), ein ein- oder zweischaliges Hyperboloid, ein elliptisches oder hyperbolisches Paraboloid, eine Zylinder- oder Kegelfläche dar, die auch in zwei sich schneidende, parallele oder zusammenfallende reelle oder konjugiert imaginäre Ebenen ausarten kann.

NAMEN- UND SACHVERZEICHNIS

A

B

C

D